逆作法施工关键问题及处理措施

董年才　主编

中国建筑工业出版社

图书在版编目（CIP）数据

逆作法施工关键问题及处理措施/董年才主编．
北京：中国建筑工业出版社，2016.11
ISBN 978-7-112-20204-1

Ⅰ.①逆⋯ Ⅱ.①董⋯ Ⅲ.①逆作法-研究 Ⅳ.
①TU753

中国版本图书馆CIP数据核字（2017）第 004231 号

全书共分 3 章，主要内容包括逆作法概述、逆作法设计、逆作法施工中关键问题及解决措施三大板块。本书通过实际案例，总结了多年来在逆作法设计和施工中的相关经验和成果，就工程中比较常见的关键问题，如：施工组织部署、围护形式、典型节点构造、施工技术要点、关键技术措施等作了较为全面的介绍。

责任编辑：何玮珂　辛海丽
责任设计：李志立
责任校对：李欣慰　刘梦然

逆作法施工关键问题及处理措施
董年才　主编

*

中国建筑工业出版社出版、发行（北京海淀三里河路 9 号）
各地新华书店、建筑书店经销
北京佳捷真科技发展有限公司制版
北京君升印刷有限公司印刷

*

开本：787×1092 毫米　1/16　印张：14¾　字数：360 千字
2017 年 3 月第一版　2017 年 3 月第一次印刷
定价：**38.00** 元
ISBN 978-7-112-20204-1
(29608)

版权所有　翻印必究
如有印装质量问题，可寄本社退换
（邮政编码 100037）

编 委 会

主　　编：董年才
副 主 编：魏国伟　赵　昕（同济大学设计研究院）
编写委员：（以姓氏笔画为序）

王文东　王志田　王继远　王淑新　刘　跃　刘射洪　汤东健
孙海龙　杜志平　杨　兵　吴伟杰　吴亦天　何　健　张　军
张　雷　陈　俊　陈耀钢　周文松　姜吉龙　娄志会　袁秦标
晏金洲　钱益锋　徐晓东　凌慕华　解复冬

前　言

　　本书共分 3 章，主要分为逆作法概述、逆作法设计、逆作法施工中关键问题及解决措施三大板块。本书通过实际案例，总结了多年来在逆作法设计和施工中的相关经验和成果，就工程中比较常见的关键问题，如施工组织部署、围护形式、典型节点构造、施工技术要点、关键技术措施等作了较为全面的介绍。

　　本书精选了多个工程实例并附有大量工程照片和插图，以便读者能更为直观地了解逆作法的具体实施过程。可供从事相关逆作施工的建筑工程设计、施工技术和管理人员参考使用。

　　编写组主要通过在江苏中南建筑集团有限责任公司从事逆作法设计、施工技术的实践经验，结合相关国内外逆作施工的典型案例进行阐述，可谓是做到理论与实践相结合，并多方位、多角度去分析，凝练逆作设计、施工的精华，施工示范性强。书中所介绍的多项逆作法设计施工的重大工程实例，类型广泛，经验丰富，从大型工程逆作法设计施工开始，到全面推广到各种超大规模、超大深度、复杂环境的深基坑逆作法设计施工的实践。

　　本书展示了江苏中南建筑集团有限责任公司对逆作法设计施工技术的不断探索。针对周边环境保护等级的提高，如紧贴历史保护建筑、地铁、轻轨、过江隧道、重要的市政基础设施和地下管线等，唯有采用逆作法设计施工技术才真正体现经济合理。实践表明，合理的逆作法设计施工，完全可以达到预期的变形控制和环境保护要求。

　　本书的工程经验指导性和系统性强。书中详尽记录了从 20 世纪 90 年代至今各项大型且具有代表性的逆作法工程实例，针对不同工程特点，采取独特的设计施工组织、节点处理、优化措施，诸如两墙合一逆作法、临时围护结构逆作法、柔性接头、刚性接头、一柱一桩、一柱多桩、钻孔灌注桩逆作立柱，钢管桩结合 H 型钢逆作立柱、裙楼顺作与地下室逆作同时施工、专用取土架的研制等，指导性和系统性很强。

目　　录

1 概 述

随着国内外城市建设的跨越式发展，大规模的高层建筑地基基础与地下室、大型地下商场、地下停车场、地下车站、地下交通枢纽、地下变电站等的建设中都面临着深基坑工程的问题。由于工程地质和水文地质条件复杂多变、环境保护要求越来越高、基坑工程规模向超大面积和大深度方向发展、工期进度及资源节约等开发条件要求日益复杂。与传统的深基坑施工方法相比，逆作法具有保护环境、节约社会资源、缩短建设周期等诸多优点，它克服了常规临时支护存在的诸多不足之处，尤其在地质条件复杂的沿海经济发达地区的一、二线城市，因城市发展需要得到广泛的应用。地下逆作施工是进行可持续发展的城市地下空间开发和建设节约型社会的有效经济手段。

1.1 逆作法施工工艺

1.1.1 逆作施工的概念

逆作法（逆筑法）在西方一些国家称之为 Up-Down Method，意思是指从上往下施工的方法，在日本称之为逆打工法（Slab Substitute Shore，简称 SSS 法），意思是指用楼板代替支撑的方法。

目前国内对逆作法施工技术的定义，是指利用主体地下结构的全部或部分作为支护结构，自上而下施工地下结构并与基坑开挖交替实施的施工方法。

1.1.2 逆作施工的工艺

逆作法是一种与顺作法施工顺序截然相反的施工技术（图 1.1-1）。即沿建筑物或构筑物地下室轴线或周围施工地下连续墙或密排桩或其他支护结构，作为地下室外墙或基坑的围护结构，同时在建筑物内部有关位置（柱或墙体相交处）浇筑或设置中间支承桩和柱，作为施工期间于底板封底之前承受上部结构自重和施工荷载的支撑，形成逆作的竖向承重体系。随后施工临近自然地面的某一层地下室梁板楼面结构，待其达到一定强度后，即可作为围护结构内的水平支撑，以满足继续往下施工的安全要求。随后逐层向下开挖土方和浇筑各层地下结构，直至底板封底。与此同时，由于地下室顶面结构的完成，也为上部结构施工创造了条件，所以也可以同时向上逐层进行地上结构的施工，如此地面上、下同时进行施工，直至工程结束（但是地下室浇筑钢筋混凝土底板之前，上部结构允许施工的层数需要通过整体结构的施工工况计算来确定，尤其是计算地下结构以及基础受力，以确保结构安全）。

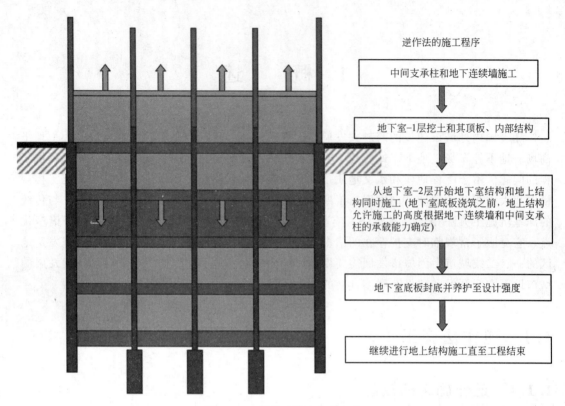

图 1.1-1　逆作法施工工艺示意

1.2　逆作法在国内外发展现状

1.2.1　国外发展历程

　　日本于 1933 年首次提出了逆作法施工的设想，并在 1935 年首次应用于实际工程建设当中，即东京都千代田区第一生命保险株式会社本社大厦，该项目采用的是人工挖孔桩（图 1.2-1）。

　　在 1950 年，意大利米兰的 ICOS 公司首先研发出了排桩式地下连续墙，随后又创造了两钻一抓的地下连续墙施工方法，并在后续相继开发出了止水结构与挡土墙结构，从而使逆作法施工技术在地下水位以下的施工工况变为了可能。不久，米兰地区就首次利用地下连续墙作为围护进行过街地道的盖挖逆作法施工，当时是在马路下施工地下连续墙，另一半马路仍旧通车，一边地下连续墙做好了之后，再做另一边墙，连续墙施工完毕之后，利用半夜时间，打开一小段马路，进行挖土运土，接着在地下墙上架设桁架，上铺临时路面，在桁架下浇筑顶板，然后设置支撑，继续挖土，直至浇好底板。其后，随着地下连续墙在欧洲、美国及日本的传播和发展，逆作法施工也逐渐在这些国家发展起来。

　　进入 20 世纪 60 年代，低振动、低噪声的机械被开发利用，如贝诺特挖掘机、钻孔挖

图 1.2-1 第一生命保险株式会社本社大厦

掘机，并引入反循环工法等，机械化施工在各方面成为主流，机械的进步促进了逆作法在更大范围内推广，使之成为施工高层建筑多层地下室和其他多层地下结构的有效方法，在美、日、德、法等国家已广泛应用，收到了较好的效果。此时期采用逆作法施工的代表工程有德国德意志联邦银行大楼（图 1.2-2）、法国巴黎拉弗埃特百货大楼（图 1.2-3）、美国芝加哥水塔广场大厦（图 1.2-4）。

图 1.2-2 德国德意志联邦银行大楼

图 1.2-3　法国巴黎拉弗埃特百货大楼

图 1.2-4　芝加哥水塔广场大厦

20世纪70年代以后，由于打桩机技术的发展，使支承立柱的施工精度大大提高，逆作法最明显的特征表现在逆作结构起到了承担结构本体重量的作用，逆作法所需要的临时支承立柱费用大幅度降低，应用的领域已包括高层建筑、地铁车站、地下广场、市政工程及旧建筑改建等。

目前，逆作法施工工艺经过80多年的研究和工程实践，在理论和工程实践中都取得了一定的成果，已经在一定规划上应用于高层和超高层建筑的多层地下室、大型地下商场、地下车库、地铁、隧道、大型污水处理池等结构的施工。日本是目前逆作法应用最为广泛，也是工法和技术应用最为成熟的国家。

国外采用逆作法施工较为典型的工程有：莫斯科切尔坦沃住宅小区地下商业街、日本东京八重洲地下街、美国芝加哥水塔广场大厦、德国德意志联邦银行大楼、法国巴黎拉弗埃特百货大楼、日本读卖新闻社大楼。其中日本的读卖新闻社大楼（图1.2-5），地上9层、地下6层，采用逆作法施工，总工期只用22个月，与当时日本采用传统施工方法的类似工程相比，缩短工期6个月。又如美国芝加哥水塔广场大厦，地上75层、高203m，地下4层，采用18m深的地下连续墙和144根大直径套管钻孔扩底灌注桩共同作用，采用逆作法施工，使地下结构和上部结构的施工可以同时立体交叉进行，当该工程地下室结构全部完成时，主楼上部结构已施工至32层，从而使整个工程的工期大大缩短。

图1.2-5　日本读卖新闻社大楼

1.2.2 国内应用现状

我国逆作法施工技术的研究与应用相对较晚，在 1955 年的哈尔滨地下人防工程中，首次提出和应用了逆作法工艺，自此国内工程界开始了对逆作法施工技术进行探索和研究。到 1958 年，地下连续墙在我国得到应用。从 1976 年开始，上海比较系统地研究地下连续墙在工业与民用建筑的地下工程中的应用。

上海市是目前我国在逆作法施工技术上应用较早也是技术较为成熟的一个城市。上海于 20 世纪 80 年代进行了一个试验性工程——上海特种基础工程研究所办公楼（图 1.2-6），该项目位于上海西南角徐家汇天钥桥路，地下 2 层，地上 5 层，底板埋置深度为-7.30m，为了探索基础结构与上部结构同时施工，以期缩短施工总工期，该大楼采用了逆作法施工技术并取得了成功。通过这一工程实践，为在密集建筑群中应用地下连续墙作为地下室外墙、缩短施工总工期，减少地下基础施工对周围相邻建筑的影响，提供了一种新的施工方法。

图 1.2-6　上海特种基础工程研究所办公楼

20 世纪 90 年代初，上海地铁一号线工程在淮海路上同时有三个地铁车站开工，按政府要求，淮海路交通中断不能超过 10 个月。由于施工任务紧，为此，在超过 16m 深的地铁车站多层地下室施工中，采用了一明二暗的半逆作法施工工艺，即车站顶板先施工，再进行下部各层板和基础底板的施工。这是我国第一次在地铁车站建设中采用逆作法施工技术，施工面积缩小了一半，减少动拆迁 1/3，比常规顺作法提前一年半恢复路面通车和车站两侧的商业活动，大大缩短了淮海路交通中断的时间，也为逆作法施工工程的进一步开展积累了经验。

到 20 世纪 90 年代中期，上海高层建筑地下室应用逆作法施工的工程已逐渐增多，比如由上海第二建筑工程公司施工的恒积大厦工程，以逆作法施工地下 4 层，基坑深 17m，施工仅用了 5 个月，整个工期明显加快，并减少支撑费用 400 万元，周边管线沉降仅为 15mm，四周道路及民房位移均在 5mm 以内，取得了显著的经济效益和社会效益。由于这种施工方法既能缩短工期，又可减少挡墙变形并对周边环境影响小等优点的逆作思路，在上海地区掀起了一股逆作法热，其后相继有明天广场、京沙住业大厦等数十项工程采用逆作法施工（图 1.2-7～图 1.2-9）。

图 1.2-7　上海恒积大厦

图 1.2-8　上海明天广场

图 1.2-9　上海京沙住业大厦

由于媒介的传播，逆作法的优点也被其他省市接受，在北京、天津、厦门、南京、杭州、广州和昆明等地也均有工程运用了逆作法施工。1995年，广州好世界广场大厦采用全逆作法施工，立柱桩采用人工挖孔桩加钢管混凝土柱，在地下3层施工结束时，上部结构施工到29层，缩短工期6个月，这也是广州第一次采用全逆作法的工程（图1.2-10）。

图 1.2-10 广州好世界广场大厦

1997年，天津开发区东海路雨水泵站采用边向下挖土，边逆作泵房井壁法施工，该工程是天津市超大规模的雨水泵站，也是我国第一次在市政工程建设中采用逆作法技术（图1.2-11）。

图 1.2-11 天津开发区东海路雨水泵站

1999 年，上海城市规划展示馆采用逆作法施工，这是我国第一个采用逆作法的钢结构工程，地下 2 层，地上 4 层同时完成，缩短工期 3 个月（图 1.2-12）。深圳赛格广场地上 70 层，地下 4 层，开挖深度 19.95m，是我国第一个采用钢—混凝土组合结构的逆作法施工，缩短工期 6 个月，地下墙的最大变形为 21mm。这些逆作法施工项目的实施均取得了较好的工程效益和环境保护效果。

图 1.2-12　上海城市规划展示馆

随着中国城市建设的跨越式发展，大规模的高层建筑地基基础与地下室、大型地下商场、地下停车场、地下车站、地下交通枢纽、地下变电站等的建设中都面临着深基坑工程的问题。由于工程地质和水文地质条件复杂多变、环境保护要求越来越高、基坑工程规模向超大面积和大深度方向发展、工期进度及资源节约等开发条件要求日益复杂。与传统的深基坑施工方法相比，逆作法具有保护环境、节约社会资源、缩短建设周期等诸多优点，它克服了常规临时支护存在的诸多不足之处，是进行可持续发展的城市地下空间开发和建设节约型社会的有效经济手段。

2006 年，上海市的 500kV 世博（静安）地下输变电站工程采用框架剪力墙结构体系的全地下四层圆筒形结构，地下结构外墙外壁直径 130m，基坑开挖深度 34m，局部落深达 38m。地下连续墙宽 1.2m，抗拔工程桩采用 ϕ800 钻孔灌注桩，有效桩长 48.6m，桩底标高为 -82.000m，为目前国内最深逆作法工程（图 1.2-13）。

图 1.2-13 上海 500kV 世博（静安）地下输变电站

1.2.3 逆作法应用前景

虽然逆作法的施工工艺和相关理论都取得一定成果，应用也有一定的普及，但目前仍作为一种特殊施工方法应用，主要用于对工程有特殊要求，或用传统方法施工满足不了要求而又十分不经济的情况下才体现出其应用的价值和优势。

在这种前提下推广应用逆作法，能够提高地下工程的安全性，可以大大节约工程造价，缩短施工工期，减小周围地基出现下沉，是一种很有发展前途和推广价值的深基坑支护和地下工程施工技术，在上海、天津、辽宁、南京、广州这类地区应用逆作法施工高层建筑深基坑较多。

逆作法已列入 2001 年颁布的中华人民共和国国家标准《建筑地基基础设计规范》，并于 2010 年 12 月 20 颁发了《地下建筑工程逆作法技术规程》JGJ 165—2010 行业标准，该标准于 2011 年 8 月 1 日开始实施；各地也陆续公布了国家级地下室逆作法施工工法

（YJGF02-96）和（YJGF07-98），其中上海市更进一步于 2012 年颁发实施了《逆作法施工技术规程》DG/TJ 08—2113—2012，用于实际指导逆作法的实施。由此可说明逆作法施工已日趋成熟，其在深基坑支护中的前景乐观，尤其在目前国家经济发展提速的今天，伴随着地铁隧道工程在大城市中的不断运用，地下空间的综合运用越来越广泛，地下施工环境需要采取的逆作思维也越来越频繁，如果说 20 世纪是逆作法起步时期，紧接着在全国范围内迅速发展和大量应用之后，如今它正处于技术成熟期，在今后将是更大发展的全盛时期。

1.3 逆作法的分类

逆作法按不同分类方法有不同类型，一般按照上部建筑与地下室是否同步施工进行分类，逆作法可分为全逆作法和半逆作法两种。

1.3.1 全逆作法施工

按照地下结构从上至下的工序先浇筑界面层楼板，再开挖该层楼板下的土体，然后浇筑下一层的梁板，再开挖下一层楼板下的土体，这样一直施工至底板完成。同时进行上部结构施工，这种地面以下结构采取逆作方式来完成，上部结构同步施工的施工方法称为全逆作法施工（图 1.3-1）。但上部结构施工层数，则需根据桩基的布置和承载力、地下结构状况、上部建筑荷载等确定相应的施工进度，以确保整体结构的安全。

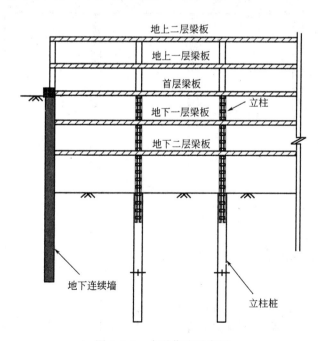

图 1.3-1 全逆作法示意图

1.3.2 半逆作施工

半逆作法施工，是利用全逆作法施工的方法思路，结合常规顺作方法，将地下施工的局部空间、局部区域或浅层部位采取逆作法与顺作法组合的方式来完成施工的总称（图1.3-2）。其除部分内容延续采用了常规施工的方式之外，又选择了局部地下结构与全逆作法相同的方式，相互依托又相互穿插在一起，总体达到节约成本、安全经济的效果。

常规的半逆作施工方式有：如将整个地下工程进行划分，因其某些部位与周边关系复杂且难以控制，将其难以控制的范围圈定，采取逆作施工，其余部分顺作施工；再如，因项目划分为主楼和裙楼，而主楼和裙楼会根据施工需要错开施工，其主楼采取顺作裙楼采取逆作，或裙楼顺作主楼逆作。这些将整个地下部分划分出部分空间不全部采取逆作的方式称为部分逆作施工。除了垂直分布的部分逆作和顺作组合外，也可因地表或上层水平方向采取顺作，将结构板的临界面下移至地下一层平面或更深，其主要原因会因地面原始标高的因素来决定，从而减少地下逆作的出土量，降低工程造价的方式称之为分层逆作施工。

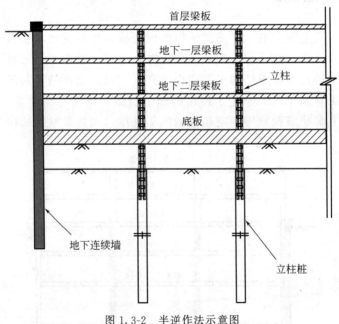

图1.3-2 半逆作法示意图

1.4 逆作法的特点

逆作法的基本特点体现在三个结合上：
（1）水平结构构件与基坑支撑相结合，俗称"以板代撑"；
（2）竖向结构与立柱桩相结合，俗称"桩柱合一"；
（3）地下室外墙与围护墙体相结合，俗称"两墙合一"。

1.4.1 逆作施工的优势

（1）缩短了结构施工总工期。

传统顺作法施工工序是水平交接，而且工序多（包括临时支撑的安装与拆除）；而逆作法可使建筑物上部结构的施工和地下基础结构施工平行立体作业，且工序少，没有了临时支撑、换撑、拆撑。一般来说基坑越深，缩短的总工期越显著。

（2）降低工程能耗，节约了资源。

逆作法与常规基坑施工相比，采用的是以桩代柱、以板代撑、以围护代墙，还可以解决特殊平面形状建筑或局部楼盖缺失所带来的布置支撑的困难，并使受力更加合理，从而省去了大量基坑支护及支撑等临时结构，节约了大量的物资和人力资源，减少了施工费用。

（3）保护了环境。

较顺作法相比，逆作法可以利用结构楼板本身作内支撑，而结构本身的侧向刚度是无限大，且压缩变形值相对围护桩的变形要求来讲几乎等于零，而且是一次变形（无拆撑变形），受力良好合理，可以说从根本上解决了支护桩的侧向变形，从而使周围环境不至出现因变形值过大而导致路面沉陷、基础下沉等问题，对邻近建筑的影响也小，对周边环境变形的可控性强。此外，逆作法的技术特点满足了封闭施工的原则，因表层楼面的阻隔大大降低了施工中的噪声污染，从而避免了因夜间施工噪声问题而延误工期，还最大限度地减少了施工扬尘污染，同时也减少了施工造成的城市环境污染。

（4）现场作业环境更为合理。

逆作法可以利用顶板优先施工的有利条件，进行施工场地的有序布置，解决狭小场地施工安排问题，满足文明施工的要求，此外，下部基坑施工在相对比较封闭的环境中进行，施工受风雨等气候影响小。

（5）减少对城市交通的干扰。

由于逆作法采取表层支撑、底部施工的作业方法，故在城市交通土建中大有用武之地，它可以在地面道路继续通车的情况下，进行道路地下作业，从而避免了因堵车绕道而产生的损失。

（6）增加了地下空间利用率。

与常规基坑开挖相比，逆作法施工对周边环境影响极小，便于从设计上最大限度利用城市规划红线内地下空间增加开发面积及层数，而不需要大幅增加围护成本，尤其适用于已开发成熟的市中心区域。

（7）结构受力更合理。

由于开挖和施工的交错进行，逆作结构的自身荷载由立柱直接承担并传递至地基，减少了大开挖时卸载对持力层的影响，降低了基坑内地基回弹量。

（8）有利于结构抵抗水平风力和地震作用。

采用逆作法施工，地下连续墙与地下原状土体粘结一起，地下连续墙与土体之间粘结力和摩擦力不仅可利用它来承受垂直荷载，而且还可充分利用它承受水平风荷载和地震作用所产生建筑物底部巨大水平剪力和倾覆力矩，从而大大提高了抗震效应。我国是个地震多发区，对地震的防治是必不可少的，从建筑业角度来说，采用适宜的施工工艺便可将地震带来的危害降低到最小，逆作法施工便具有这样的优点，所以在深基坑支护中大量运用逆作法具有广泛的社会效益。

1.4.2 逆作施工的局限性

封闭式逆作法使施工人员在地下各层基本处于封闭状态下的环境进行施工，作业环境较差，地下通风与照明工程的投入也较大。

（1）水平支撑高度受限。由于逆作法是利用地下结构楼板作为水平支撑，其位置受地下室层高的限制，无法调整高度，如遇较大层高的地下室，为了满足支护要求，有时需另设临时水平支撑或加大围护墙的断面及配筋，不同程度增加了施工的难度及成本。

（2）土方开挖困难。逆作法的挖土施工是在顶部封闭状态下进行的，作业空间狭小，开挖出的土方还需要在基坑内进行水平倒运，基坑中还分布有一定数量的中间支承柱和降水用井点管，土方的外运又受到出土口限制，目前尚缺乏小型、灵活、高效的小型挖土及运土机械，大大增加了挖土施工的难度。

（3）材料运输困难。由于顶部结构的封闭，地下结构施工所需的材料难以利用大型机械吊运到位，大多需要靠人工搬运来完成，增加了大量二次搬运的人工成本，大大降低了地下室的施工效率。

（4）节点处混凝土浇筑困难。水平构件与地下连续墙的相交节点，地下梁、柱相交节点，墙柱的混凝土交接等部位质量较难控制，若措施不当，极易出现承载力降低等后果。

（5）竖向支撑构件施工质量要求较高。在逆作法施工中的动、静载均作用于地连墙与支撑柱上，因此对于地连墙、支撑柱等的垂直度、预埋件位置及混凝土浇筑质量等要求极高。

（6）易出现地下水渗漏。逆作法施工一般是以地下连续墙与内衬墙组成复合式结构做成结构自防水的地下室外墙，难以形成封闭的地下室外柔性防水层，此外基础底板与地连墙间的节点、底板与支撑桩柱间的节点、底板施工缝、内衬墙与顶板间的施工缝等均是刚性防水的薄弱环节，若措施不当，极易出现地下水渗漏问题。

1.4.3 逆作法的适用范围

受多种因素影响，逆作法施工常用于以下几种情况：

（1）周边环境复杂、周边保护要求极高、文明施工要求高；

（2）工期要求紧；

（3）地下室层数多，基坑较深；

（4）周边场地紧缺、支撑布置困难、距建筑红线距离极近；

（5）成本控制严格；

（6）地基承载力较差，设计采用桩基础。

2 逆作法设计

2.1 概述

逆作法基坑工程的施工流程与常规顺作法的基坑工程不同,一般情况下不再需要设置大量的临时性水平支撑体系,而是采用自上向下的地下各层结构梁板作为水平支撑体系,基坑开挖到基底完成基础底板后,地下结构基本形成。逆作法的出现使得支护结构体系与主体地下室结构体系不再是两套独立的系统,两者合二为一大大减少了临时性支护结构的设置与拆除造成的材料浪费,大刚度的结构梁板作为水平支撑为满足严苛的周边环境保护要求创造了条件,首层结构梁板的完成在提供了便利的施工平台的同时也使得同步进行上部结构施工成为可能。与此同时,为实现上述各项要求,也对逆作法施工的设计提出了更高的要求,使其与常规的顺作法基坑工程设计有所区别。

在采用常规顺作法的基坑工程中,基坑工程的设计一般与主体地下结构设计相互独立,主体结构的设计只需要考虑永久使用阶段的受力和使用要求,且主要是对整个受力体系完全形成后的荷载情况和受力状态进行计算分析;支护设计则根据基坑的规模和周边环境条件进行相关计算分析,确保基坑开挖及地下结构施工的安全,并为地下室结构的施工创造出有利条件。

但在采用逆作法的基坑工程中,主体地下结构在逆作法施工阶段发挥着不同于使用阶段的作用,其承载和受力机理与永久使用阶段迥然不同,例如周边围护结构的受力情况不同,内部利用主体结构梁板替代临时水平支撑,基坑施工阶段采用格构柱或钢管柱进行竖向支承等。逆作施工阶段结构整体性还不够完善,如果围护结构设计和主体结构设计脱离将造成逆作法实施过程中存在各种问题,因此周密严谨的设计是非常必要的,并且在设计中需分别考虑施工阶段和永久使用阶段的受力和使用要求,兼顾水平和竖向的受力分析,有时还需要根据现场逆作施工的要求对结构开洞、施工荷载和暗挖土方等施工情况进行专项设计计算。

逆作法设计主要包括三个方面的内容:

(1) 总体方案设计。总体方案设计即施工流程设计,包括逆作法施工的时间顺序和空间顺序等。总体方案设计时应考虑以下几方面:工程的具体条件和要求、主体结构形式、施工的可操作性等。

(2) 结构构件设计。结构构件设计即根据逆作法的施工流程,分析结构在不同施工阶段的受力及变形机理,进行总体概念设计及结构构件设计验算。结构构件设计主要包括基坑围护结构、水平结构体系、竖向支承体系和节点构造措施等内容。逆作法是一个分步的施工过程,结构的主要受力构件兼有临时结构和永久结构的双重功能,其结构形式、刚度、支承条件和荷载情况随开挖过程不断变化，因此结构构件设计时因进行不同施工工况下的内力、变形验算。

（3）监测方案设计。基坑监测与工程的设计、施工同被列为深基坑工程质量保证的三大基本要素。因此，逆作法设计中的监测方案设计是必不可少的内容之一。通过实时的动态监测数据，不仅可以及时了解基坑支护体系及周边环境的受力状态及影响程度，根据动态信息反馈来指导施工全过程，还可以及时发现和预报险情的发生及险情的发展程度，为及时采取安全补救措施提供有力的数据支撑。同时，通过动态监测数据，还可以了解基坑的设计强度，为设计、施工更复杂的基坑工程积累经验。

2.2　总体方案设计

逆作法施工是一个系统工程，尤其是地下部分必须将结构设计与围护设计有效紧密的结合，设计方案制约了施工方案的选择，同时施工方案的选择又影响着设计方案，二者相互交融，相互制约。因此采用逆作法施工的工程中，设计单位在完成正常的设计图纸后，施工方介入，以施工方案指导设计单位的逆作法施工图设计。

逆作法的设计是主体结构和基坑支护相互结合、设计与施工相互配合协调的过程。除了常规顺作法基坑工程需要的设计条件外，在设计前还需要明确一些必要的设计条件。

（1）了解主体结构资料。通常情况下可实施逆作法的建筑结构以框架结构体系为宜，水平结构宜采用梁板结构或无梁楼盖。对于上部建筑较高的（超）高层结构以及采用剪力墙作为主要承重构建的结构，从抗震性能和抗风角度，其竖向承重构件的受力要求相对更高，不适合采用逆作法。随着工程实践的经验积累，逆作法也因地制宜地有了新的发展。比如"裙楼逆作—塔楼顺作"相结合的方法。

（2）明确是否采用上下同步施工的全逆作设计方案。上下同步施工可以缩短地面结构乃至整个工程的工期，但也意味着施工阶段的竖向荷载大大增加，在基础底板封闭前，所有竖向荷载将全部通过竖向支承构件传递至地基中，因此上部结构能够施工多少层取决于竖向支承体系的承载能力。因此是否采用全逆作法以及基坑逆作期间同步施工的上部结构的层数都应该综合确定，以确保工程经济性的平衡和设计的合理。

（3）确定首层结构梁板的施工布局，提出具体的施工行车路线、荷载安排以及出土口布置等。逆作法设计前应与施工单位密切配合，共同确定首层结构梁板上的施工布局，明确施工行车路线、施工车辆荷载以及挖土机械、混凝土泵车等重要施工超载，根据结构体系的布置和施工需要对结构梁板进行加强，为逆作施工提供便利的同时，确保基坑逆作施工的结构安全。

因此，工程采用逆作法施工时，首先需要明确逆作法的形式，是采用半逆作法或全逆作法施工，哪些部位采用逆作法施工，明确上述情况后，再考虑逆作法转换层设置在哪一层，这是逆作法施工图设计前提条件。

以全逆作法施工为例，根据众多的全逆作法施工经验，全逆作法施工转换层设置在B1层较为有利，其主要优势有以下几个方面：

（1）首层土方可以明挖，提高挖土功效，降低挖土难度，工程费用相对降低；

（2）由于土方暗挖时，所有机械设备均停靠、行走在首层楼面，因此首层楼面荷载较大，尤其是重车道、取土码头等区域。在较大的动荷载作用下，结构楼板及梁截面尺寸均要加强处理，若逆作法预插钢柱延伸到 B0 层，相应的梁柱节点处理难度较大。转换层设置在 B1 层，通过转换处理在 B1 层以上将逆作法钢柱转换成普通混凝土柱、墙，降低首层大荷载区域梁柱节点设计、施工难度，能有效地保证设计、施工要求。

（3）转换层设置在 B1 层，然后向上施工 B0 层，在首层结构达到行车要求时，B1 层结构具备拆模强度，可直接向下开挖土方，节约工期。

如南京青奥中心双塔楼项目（图 2.2-1、图 2.2-2），逆作法转换层设置在 B1，B1 层以上除部分需要继续上升的钢柱外，其他钢柱全部在 B1 层转换成混凝土柱、墙，从而使首层结构施工难度降低。

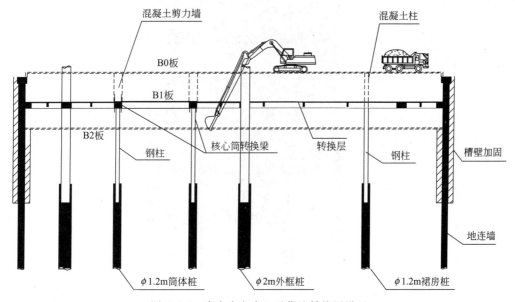

图 2.2-1　南京青奥中心逆作法转换层设置

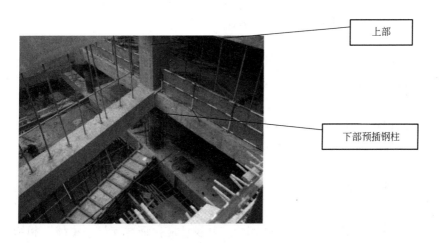

图 2.2-2　南京青奥中心逆作法钢柱与混凝土转换示意图

2.3 结构构件设计内容

总体方案设计可以看做是结构构件设计的前提与条件，该设计条件明确后，则可以开展逆作法的结构构件设计工作。逆作法基坑工程的结构构件设计内容主要包括基坑围护结构、水平结构体系、竖向支承体系和节点构造措施等内容（图 2.3-1）。

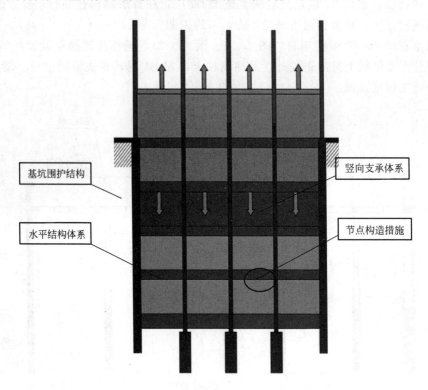

图 2.3-1　逆作法基坑工程设计内容

2.3.1　基坑围护结构

设计基坑围护结构时应结合基坑开挖深度、周边环境条件、内部支撑条件以及工程经济性和施工可行性等因素综合确定。与常规的顺作法基坑工程类似，一般情况下，逆作法的基坑工程周边设置板式支护结构围护墙。围护结构应根据实际工况分别进行施工阶段和正常使用阶段的设计计算。基坑围护结构的设计应包括受力计算、稳定性验算、变形验算和围护墙体本身以及围护墙与主体水平结构连接的设计构造等内容。

2.3.2　水平结构体系

水平结构体系本身是主体结构的一部分。其设计应保证"支护—主体"相结合，逆作法基坑工程中的水平结构体系在满足永久使用阶段的受力计算要求的同时，还应根据逆作实施过程中需要满足传递水平力、承担施工荷载以及暗挖土方等要求进行相关的节点设计，以确保水平受力的合理和逆作施工的顺利进行。

2.3.3 竖向支承体系

竖向支承体系是基坑逆作实施期间的关键构件，在此阶段承受已浇筑的主体结构自重和施工荷载，在整体地下结构形成前，每个框架范围内的荷载全部由一根或几根竖向支承构件承受。逆作施工阶段的竖向支承构件的设计包括平面布置、立柱桩的竖向承载力计算、沉降验算、立柱的受力计算、构造设计以及立柱与立柱桩的连接节点设计等。

2.3.4 节点构造措施

可靠的节点连接是结构整体稳定、安全的关键因素。在逆作法施工中，先施工的地下连续墙以及中间支承柱与自上而下逐层浇筑的地下室梁板结构通过一定的连接构成一个整体，共同承担结构自重及各种施工荷载，因此地下连续墙墙段之间、墙与梁板、中间支承柱与梁板的连接是否可靠关系到结构体系能否协调工作，对于确保结构整体稳定和地下室功能得以实现起着重要作用。逆作法结构节点设计，通常应根据工程实际情况满足以下要求：满足施工阶段和永久使用阶段的受力和使用要求；现有的工艺手段与施工能力能满足节点形式和构造在工艺上的要求；满足抗渗防水要求。

2.4 结构构件设计计算方法

2.4.1 基坑围护结构

围护结构作为基坑工程中最直接的挡土结构，与水平支撑共同形成完整的基坑支护体系。逆作法基坑工程采用结构梁（板）体系替代水平支撑传递水平力，因此基坑围护结构相当于以结构梁板作为支点的板式支护结构围护墙。逆作法基坑工程对围护结构的刚度、止水可靠性等都有较高的要求，目前国内常用的板式围护结构包括地下连续墙、灌注排桩结合止水帷幕、咬合桩和型钢水泥土搅拌墙等。

从围护结构与主体结构的结合程度来看，基坑围护结构可以分为两种类型。一类是采用"两墙合一"设计的地下连续墙，另一类是临时性的围护结构。

上述两类围护结构应用在逆作法基坑工程中，实施过程的主要区别在于：（1）前者在各层结构梁板施工时完成与地下室结构外墙的连接，后者结构梁板与临时围护结构间需设置型钢支撑；（2）前者基础底板形成后只需在地下室周边进行内部构造墙体或部分复合（叠合）墙体施工，后者则需要在基础底板形成后方可进行地下室周边结构外墙的浇筑；（3）前者无需进行地下室周边的土体回填，后者则需在地下室外墙形成后进行周边土体回填。

在逆作法基坑工程中采用"两墙合一"地下连续墙或临时围护结构两种类型的围护结构，不仅在施工流程上存在一定的差别，其他方面的特点也不尽相同。这两类围护结构除了在基坑开挖阶段的设计计算方法基本相同外，都还有着自身的特点、适用性和设计要求，具体如下。

2.4.1.1　施工阶段的设计计算

1. 基坑稳定性计算

基坑的稳定性计算包括整体稳定性、抗倾覆稳定性以及抗隆起稳定性计算等内容，验算基坑稳定性的计算方法可以分为三类，即土压力平衡验算法、地基极限承载力验算法和圆弧滑动稳定验算法。

通过基坑稳定性验算合理确定围护结构的墙体入土深度，各项稳定系数要求应根据基坑开挖深度以及基坑周边的环境保护情况综合确定。一般情况下，基坑开挖越深、环境保护要求越严格，基坑稳定性要求越高，相应的围护结构墙体入土深度越大。但由于埋藏较深的土层的各项指标通常要好于浅部土层，因此基坑开挖深度加深后，围护结构墙体的插入比（基底以下长度与开挖深度的比值）可能反而较小。

2. 围护结构内力计算

无论是"两墙合一"的地下连续墙，还是临时性的围护结构，其设计与计算都需要满足基坑开挖阶段对承载能力极限状态的设计要求。目前对于围护结构的设计计算，应用最多的是竖向弹性地基梁法。墙体内力计算应按照主体工程地下结构的梁板布置和标高以及施工条件等因素，合理确定基坑分层开挖深度等工况，并按基坑内外实际状态选择计算模式，充分考虑基坑分层开挖与结构梁板进行分层设置及换撑拆除等在时间上的先后顺序和空间上的不同位置，进行各种工况下完整的设计计算。

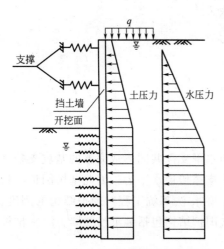

图 2.4-1　竖向弹性地基梁法计算简图

竖向弹性地基梁法取单位宽度的挡土墙作为竖向放置的弹性地基梁，支撑和锚杆简化为弹簧支座，基坑内开挖面以下土体采用弹簧模拟，挡土结构外侧作用已知的水压力和土压力，如图 2.4-1所示。

（1）水土压力

在逆作法的基坑工程中，围护结构外侧的土压力计算一般既可直接按朗肯主动土压力理论计算（即三角形分布土压力模式，图 2.4-2a），也可按矩形分布的经验土压力模式计算（图 2.4-2b），即开挖面以上土压力仍按朗肯主动土压力理论计算，但在开挖面以下假定为矩形分布。这种经验土压力模式在我国基坑支护结构设计中被广泛采用。

围护结构外侧的水土压力作用计算时，应根据土层性质确定采用水土分算或水土合算以及相应的抗剪强度指标。一般情况下，对砂土采用水土分算，对黏土采用水土合算。水压力计算时应考虑渗流影响。

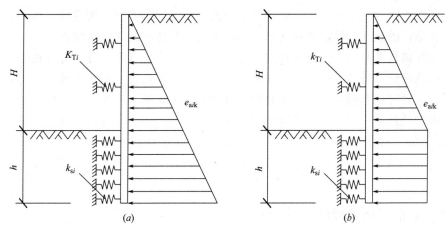

图 2.4-2 竖向弹性地基梁法中围护结构外侧作用土压力分布

(a) 三角形土压力模式；(b) 矩形土压力模式

（2）地基土的水平抗力

在竖向弹性地基梁法中，水平地基系数 K_h 通常是随土体深度 x 变化的系数，其通式为：

$$K_h = A_0 + kx^n \tag{2.4-1}$$

式中　k——比例系数；

n——反映地基反力系数随深度变化情况的指数；

A_0——地面或开挖面处地基反力系数，一般 $A_0=0$。

当 $n=1$ 时，$K_h=kx$，通常用 m 表示 k，即 $K_h=mx$，因此称为 m 法。其中，m 可由现场试验或参考相关基坑规范和手册确定。

（3）内支撑刚度

逆作法工程采用结构梁板替代临时水平支撑，进行围护结构计算时，支撑刚度应采用梁板刚度。结构梁板上开设比较大的洞口时，应设置临时支撑，并对支撑刚度进行适当的调整。

3. 围护结构的变形计算

围护结构的变形也可以采用上述弹性地基梁法进行计算，在逆作法的基坑工程中，围护结构的计算变形通常都小于常规的顺作法基坑工程，这也是基坑周边的环境保护要求较高的工程往往采用逆作法作为基坑工程实施方案的重要原因。

对于环境保护等级较高的基坑工程，在进行围护结构变形计算的同时，还应对基坑开挖对周边环境的变形影响进行分析。变形影响可以结合当地工程实践，采用经验方法或数值方法进行模拟分析。

工程实践中，由于基坑维护结构的变形影响因素很多，除了土质条件、围护体及支撑系统的刚度等因素外，现场施工的时空效应也会对围护体变形产生较大的影响，周边环境本身对土体变形的敏感程度也不相同，因此围护结构的变形计算以及环境影响分析结果只能作为参考，现场还是应该从工程实施的有效组织、施工方案的合理安排等方面提高基坑工程实施效果，减少围护结构的变形和环境影响。

总体上看，逆作法基坑工程中的围护体在施工阶段的设计计算方法与常规的板式支护结构体系基本相同，只是在具体参数的取值以及设计工况等方面有所区别。因此，此类基坑工程围护结构的设计计算应遵照现场实际情况进行具体问题的具体分析。

随着计算机技术和数值分析方法的迅速发展，连续介质有限元方法逐渐成为一种模拟基坑开挖问题的最有效的方法。该方法能够考虑土层分布情况、土体性质、支撑系统分布及其性质、土层开挖和围护结构施工过程等复杂因素的影响，因此，在实际工程分析中计算机数值模拟已经是必不可少的计算内容。随着有限元技术、计算机软硬件技术和土体本构关系的发展，有限元在基坑工程中的应用取得了长足的进步，出现了 EXCAV、PLAXIS、ADINA、CRISP、FLAC2D/3D、ABAQUS 等适合于基坑开挖分析的岩土工程专业软件。

2.4.1.2　正常使用阶段的设计计算

采用"两墙合一"的地下连续墙作为基坑围护结构时，除需按照上述要求进行施工阶段的受力、稳定性和变形计算外，在正常使用阶段，还需进行承载能力极限状态和正常使用状态的计算。

1. 水平承载力和裂缝计算

与施工阶段相比，地下连续墙结构受力体系主要发生了以下两个方面的变化：

（1）侧向水土压力的变化。主体结构建成若干年后，侧向土压力、水压力已从施工阶段恢复到稳定状态，土压力由主动土压力变为静止土压力，水位恢复到静止水位。

（2）由于主体地下结构梁板以及基础底板已经形成，通过结构环梁和结构壁柱等构件与墙体形成了整体框架，因而墙体的约束条件发生了变化，应根据结构梁板与墙体的连接节点的实际约束条件进行设计计算。

在正常使用阶段，应根据使用阶段侧向的水土压力和地下连续墙的实际约束条件，取单位宽度地下连续墙作为连续梁进行设计计算，尤其是结构梁板存在错层和局部缺失的区域应进行重点设计，并根据需要，局部调整墙体截面厚度和配筋。正常使用阶段设计主要以裂缝控制为主，计算裂缝应满足相关规范规定的裂缝宽度要求。

2. 竖向承载力和沉降计算

"两墙合一"的地下连续墙在正常使用阶段作为结构外墙，除了承受侧向水土压力以外，还要承受竖向荷载，因此地下连续墙的竖向承载力和沉降问题也越来越受到人们的关注。大多数情况下，地下连续墙仅承受地下各层结构梁板的边跨荷载，需要满足与主体基础结构的沉降协调。少数情况下，当有上部结构柱或墙直接作用在地下连续墙时，则地下连续墙还需要承担部分上部结构荷载，此时地下连续墙需要进行专项设计。

2.4.2　水平结构体系

在逆作法基坑工程中，利用地下结构的梁板等内部水平构件兼做水平支撑系统，具有多方面的优点，主要体现在两个方面：一方面可利用地下结构梁板具有平面内巨大结构刚度的特点，可有效控制基坑开挖阶段围护体的变形，保护周边的环境，因此，该设计方法在有严格环境保护要求的基坑工程中得到了广泛的应用；另一方面，还可以节省大量临时支撑的设置和拆除，对节约社会资源具有显著的意义，同时可以避免由于大量临时支撑的设置和拆除，而导致围护体的二次受力和二次变形对周边环境以及地下结构的不利影响。另外，随着逆作挖土技术的提高，该设计方法对节省地下室的施工工期也有重大的意义。

2.4.2.1 水平结构形式

地下室结构楼板可采用多种结构体系，工程中采用较多的是梁板结构体系和无梁楼盖结构体系。

1. 梁板结构

地下结构采用肋梁楼盖作为水平支撑适于逆作法施工，其结构受力明确，可根据施工需要在梁间开设取土孔洞，并在梁周边预留止水片，在逆作法结束后再浇筑封闭。

此外，梁板结构在逆作法施工阶段也可采用结构楼板后做的梁格体系。在开挖阶段仅浇筑框架梁作为内支撑，待基础底板浇筑后再封闭楼板结构。该方法可减少施工阶段竖向支承的竖向荷载，同时也便于土方的开挖，不足之处在于梁板二次浇筑，存在二次浇筑接缝位置止水和连接的整体性问题。

2. 无梁楼盖

在逆作法设计中采用无梁楼盖作为水平支撑，其整体性好、支撑刚度大，并便于结构模板体系的施工。在无梁楼盖上设置施工孔洞时，一般需设置边梁并附加止水结构。无梁楼盖通常通过边环梁与地下连续墙连接。

上述两种结构体系，当同层楼板面标高有高差时，应设置可靠的水平向转换结构，转换结构应有足够的刚度和稳定性，并满足受弯、受剪和受扭承载力的要求；当结构楼板存在较大范围的缺失或在车道位置无法形成有效水平传力平面时，均需架设临时水平支撑，考虑拆除方便一般采用钢支撑；当地下结构梁板兼做施工用临时平台或栈桥时，其构件设计应考虑承受施工荷载的作用。

2.4.2.2 水平结构设计计算方法

当地下水平结构作为支撑时，对水平支撑体系的受力分析必须考虑梁板的共同作用，根据实际的支撑结构形式建立考虑围檩、主梁、次梁和梁板的有限元模型，设置必要的边界条件并施加荷载进行分析。当有局部临时支撑时，模型中尚需考虑这些临时支撑的作用。一般的大型通用有限元程序，如 ANSYS、ABAQUS、ADINA、SAP2000、MARC 等均可完成这种分析。

在水平结构设计中，需要注意的是水平力传递的设计和水平结构作为施工平台的设计。

1. 水平力传递的设计

（1）后浇带以及结构缝位置的水平传力与竖向支承

超高层建筑通常由主楼和裙房组成，主楼和裙房之间由于上部荷重的差异较大，一般二者之间需设置沉降后浇带。此外，当地下室超长时，考虑到大体积混凝土的温度应力以及收缩等因素，通常间隔一定距离设置温度后浇带。但逆作法施工中，地下室各层结构作为基坑开挖阶段的水平支撑系统，后浇带的设置无异于将承受压力的支撑一分为二，使水平力无法传递。因此，必须采取措施解决后浇带位置的水平传力问题。工程中可采取如下的设计对策：

水平力传递可通过计算，在框架梁或次梁内设置小截面的型钢。后浇带内设置型钢可以传递水平力，但型钢的抗弯刚度相对于混凝土梁的抗弯刚度要小得多，因此无法约束后浇带两侧单体的自由沉降。图 2.4-3 为后浇带的处理措施示意图。

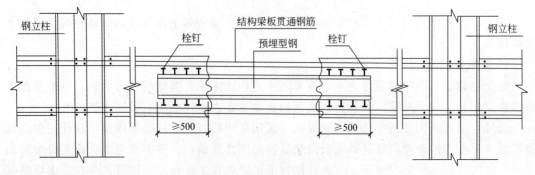

图 2.4-3 后浇带的处理措施

后浇带两侧的结构楼板处于三边简支、一边自由的不利受力状态，在施工重载车辆的作用下易产生裂缝。此时，可考虑在后浇带两侧内退一定距离增设两道边梁对自由边楼板进行改口，以改善结构楼板的受力状态。

超高层建筑中主楼与裙楼也常设置永久沉降缝，以实现使用阶段两个荷重差异大的单体自由沉降的目的。此外，根据结构要求，地下室各层结构有时尚需设置抗震缝及诱导缝等结构缝，结构缝一般有一定宽度，两侧的结构完全独立。为实现逆作施工阶段水平力的传递，同时又能保证沉降缝在结构永久使用阶段的作用，可采取在沉降缝两侧预留埋件，上部和下部焊接一定间距布置的型钢，以达到逆作施工阶段传递水平力的目的，待地下室结构整体形成后，割除型钢恢复结构的沉降缝。

（2）局部高差、错层时的处理

实际工程中，地下室楼层结构的布置往往不是一个理想的完整平面，常出现局部结构突出和错层的现象，逆作法设计中需视具体情况给予相应的对策。

采用逆作法，顶层结构平面往往利用作为施工的场地。逆作施工阶段，其上将有施工车辆频繁运作。当局部结构突出时，将对施工阶段施工车辆的通行造成障碍，此时局部突出结构可采取后浇筑，但在逆作施工阶段需留设好后接结构的埋件，以保证前后两次浇筑结构的整体连接。如局部突出区域必须作为施工车辆的通道时，可考虑在该处设置临时的车道板。

当结构平面出现较大高差的错层时，周边的水、土压力通过围护墙最终传递给该楼层时，错层位置势必产生集中应力，从而导致结构的开裂。此时，可在错层位置加设临时斜撑（每跨均设）；也可在错层位置的框架梁位置加腋角，具体措施可根据实际情况通过计算确定。图 2.4-4 为错层位置加腋处理措施的示意图。

2. 水平结构作为施工平台的设计

地下结构逆作法施工阶段的垂直运输（包括暗挖的土方、钢筋以及其他施工材料的垂直运输），主要依靠在顶层以及地下各层结构相对应的位置留设出土口的方式来解决。出土口的数量、大小以及平面布置的合理性与否直接影响逆作法期间的基坑变形控制效果、

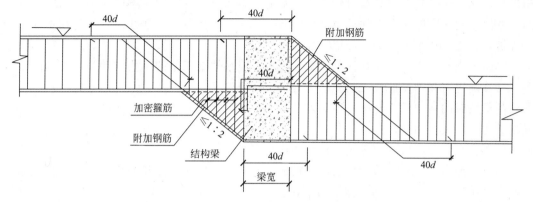

图 2.4-4 错层位置结构加腋处理配筋图

土方工程的效率和结构施工速度。通常情况下，出土口设计原则如下：

（1）出土口位置的留设根据主体结构平面布置以及施工组织设计等共同确定，并尽量利用主体结构设计的缺失区域、电梯井以及楼梯井等位置作为出土口；

（2）相邻出土口之间应保持一定的距离，以保证出土口之间的梁板能形成完整的传力带，利于逆作法施工阶段水平力的传递；

（3）由于出土口呈矩形状，为避免逆作法施工阶段在水平力作用下出土口四角产生较大应力集中，从而导致局部结构破坏，在出土口四角均应增设三角形梁板以扩散该范围的应力；

（4）由于逆作施工阶段出土口周边有施工车辆的运作，将出土口边梁设计为上翻口梁，以避免施工车辆、人员坠入基坑内等事故的发生；

（5）由于首层结构在永久使用阶段其上往往需要覆盖较大厚度的土，而出土口区域的结构梁分两次浇筑，削减了连接位置结构梁的抗剪能力，因此在出土口周边的结构梁内预留槽钢作为与后接结构梁的抗剪件。

此外，施工期顶板除了留有出土口外，还要作为施工的便道，需要承受土方工程施工车辆巨大的动荷载作用。因此，顶板除了承受挡土结构传来的水平力外，还需要承受较大的施工荷载和结构自重荷载。中楼板同样也要受自重荷载、施工荷载、地下连续墙传来的水平力三种荷载作用，但与顶板不同的是，中楼板的施工荷载相对顶板较小，而地下连续墙传来的水平力较大。因此，地下室各层结构梁板在设计时，应根据不同的情况考虑荷载的最不利组合进行设计。

2.4.3 竖向支承体系

逆作施工过程中，地下结构的梁板和逆作阶段需向上施工的上部结构（包括剪力墙）竖向荷载均需由竖向支承系统承担，其作用相当于主体结构使用阶段地下室的结构柱和剪力墙，即在基坑逆作开挖实施阶段，承受已浇筑的主体结构梁板自重和施工加载等荷载；在地下室底板浇筑完成、逆作阶段结束以后，与底板连接成整体，作为地下室结构的一部分，将上部结构等荷载传递给地基。

逆作法竖向支承系统通常采用钢立柱插入桩基的形式。由于逆作阶段结构梁板的自重相当大，钢立柱较多采用承载力较高而截面相对较小的角钢拼接格构柱或钢管混凝土柱。为了方便与钢立柱连接，立柱桩通常采用钻孔灌注桩。竖向支承立柱桩尽量利用主体结构工程桩，在无法利用工程桩的部位需加临时立柱桩。

竖向支承系统立柱和立柱桩的位置和数量，要根据地下室的结构布置和制定的施工方案经计算确定，其承受的最大荷载，是地下室已浇筑至最下一层，而地面上已浇筑至规定的最高层数时的结构重量与施工荷载的总和。除承载能力必须满足要求外，钢立柱底部桩基础的主要涉及控制参数是沉降量，目标是相邻立柱以及立柱与基坑周边围护体之间的沉降差控制在允许范围内，以免结构梁板中产生过大附加应力。

对于一般承受结构梁板荷载及施工超载的竖向支承系统，结构水平构件的竖向支承立柱和立柱桩采用临时立柱和主体结构工程桩相结合的立柱桩（一柱多桩，图2.4-5）的形式，也可以采用与主体地下结构及工程桩相结合的立柱和立柱桩（一柱一桩）的形式。除此之外，还有在基坑开挖阶段承受上部结构剪力墙荷载的竖向支承系统等立柱和立柱桩形式（图2.4-6）。

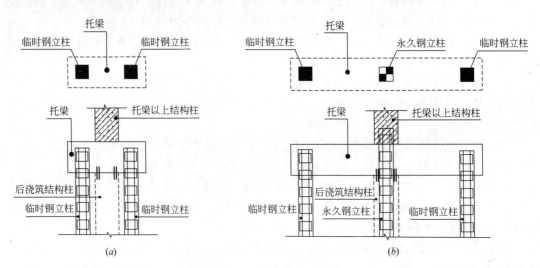

图2.4-5　一柱多桩布置示意图
（a）一柱两桩；（b）一柱三桩

2.4.3.1　竖向支承立柱的设计与计算原则

逆作法工程中竖向支承系统与临时基坑工程中竖向支承系统设计原则的最大区别在于，必须使立柱与立柱桩同时满足逆作阶段和主体工程永久使用阶段的各项设计与计算要求。

1. 设计原则

在基坑围护设计中，应考虑的主要问题如下：

（1）支承地下结构的竖向立柱的设计和布置，应按照主体地下结构的布置，以及地下结构施工时地上结构的建设要求和受荷大小等综合考虑。当立柱和立柱桩结合地下结构柱（或墙）和工程桩布置时，立柱和立柱桩的定位与承载能力应同主体地下结构的柱和工程桩的定位与承载能力相一致。

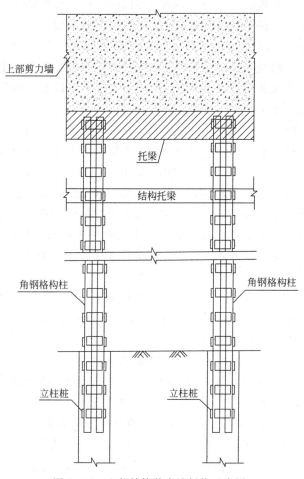

图 2.4-6 上部结构剪力墙托换示意图

（2）一般宜采用一根结构柱位置布置一根立柱和立柱桩形式（"一柱一桩"），考虑到一般单根钢立柱及软土地区的立柱桩的承载能力较小，要求在基坑工程实施过程中施工的结构层数不超过 6～8 层。当一柱一桩设计在局部位置无法满足基坑施工阶段的承载能力与沉降要求时，也可采用"一柱多桩"，考虑到工程的经济性要求，"一柱多桩"设计中的立柱桩仍应尽量利用主体工程桩，但立柱可在主体结构完成后割除。

（3）钢立柱通常采用型钢格构柱或钢管混凝土立柱等截面构造简单、施工便捷、承载能力高的构造形式。型钢格构立柱是最常采用的钢立柱形式，在逆作阶段荷载较大并且主体结构允许的情况下可采用钢管混凝土立柱。立柱宜采用灌注桩，并应尽量利用主体工程桩。钢管柱等其他桩型由于与钢立柱底部的连接施工不方便，钢立柱施工精度难以保证，因此较少采用。

（4）当钢立柱需外包混凝土形成主体结构框架柱时，钢立柱的形式与截面设计应与地下结构梁板、柱的截面和钢筋配置相协调，设计中应采取构造措施以保证结构整体受力与节点连接的可靠性。立柱的截面尺寸不宜过大，若承载能力不能满足要求，可选用 Q345B 等具有较高承载能力的钢材。

（5）框架柱位置钢立柱待地下结构地板混凝土浇筑完成后，可逐层在立柱外侧浇筑混凝土，形成地下结构的永久框架柱。地下结构墙或结构柱一般在地板完成并达到设计要求后方可施工。临时立柱应在结构柱完成并达到设计要求后拆除。

2. 计算原则

与主体结构相结合的竖向支承系统，应根据基坑逆作施工阶段和主体结构永久使用阶段的不同荷载状况与结构状态，进行设计计算，满足两个阶段的承载能力极限状态和正常使用极限状态的设计要求。

（1）逆作施工阶段应根据钢立柱的最不利工况荷载，对其竖向支承能力、整体稳定性以及局部稳定性等进行计算；立柱桩的承载能力和沉降均需要进行计算。主体结构永久使用阶段，应根据该阶段的最不利荷载，对钢立柱外包混凝土后形成的劲性构件进行计算；兼作立柱桩的主体结构工程桩应满足相应的承载能力和沉降计算要求。

钢立柱应根据施工精度要求，按双向偏心受力劲性构件计算。立柱桩的竖向承载能力计算方法与工程桩相同。基坑开挖施工阶段由于底板尚未形成，立柱桩之间的连系较差，实际尚未形成一定的沉降协调关系，可按单桩沉降计算方法近似估算最大沉降值，通过控制最大沉降的方法以避免桩间出现较大的不均匀沉降。

（2）由于水平支撑系统荷载是由上至下逐步施加于立柱之上，立柱承受的荷载逐渐加大，但计算跨度逐渐缩小，因此应按实际工况分布对立柱的承载能力及稳定性进行验算，以满足其在最不利工况下的承载能力要求。

（3）逆作施工阶段立柱和立柱桩承受的竖向荷载包括结构梁板自重、板面活荷载以及结构梁板施工平台上的施工超载等，计算中应根据荷载规范要求考虑从动、静荷载的分项系数及车辆荷载的动力系数。一般可按如下考虑进行设计：

1）在围护结构方案设计阶段：结构构件自重荷载应根据主体结构设计方案进行计算；不直接作用施工车辆荷载的隔层结构梁板面的板面施工活荷载可按 2.0～2.5kPa 估算；直接作用施工机械的结构区域可以按每台挖掘机自重 40～60t、运土机械 30～40t、混凝土泵车 30～35t 进行估算。

2）施工图设计阶段应根据结构施工图进行结构荷载计算，施工超载的计算要求施工单位提供详细的施工机械参数表、施工机械运行布置方案图以及包含材料堆放、钢筋加工和设备堆放等内容的场地布置图。

3）永久使用阶段的荷载计算应根据主体结构的设计要求进行。

2.4.3.2　角钢格构柱立柱设计

立柱的设计一般应按照偏心受弯构件进行设计验算，同时应考虑所采用的立柱结构构件与主体结构水平构件的连接构造要求以及底板连接位置的止水构造要求。基坑工程的立柱与主体结构的竖向钢构件的最大不同在于，立柱需要在基坑开挖前置于立柱桩孔中，并在基坑开挖阶段逐层与水平支撑构件完成连接。因此，立柱的截面尺寸大小要有一定限制，同时也应能够提供足够的承载能力。立柱界面构造应尽量简单，与水平支承体系的连接节点应易于现场施工。

型钢格构柱由于构造简单、便于加工且承载能力较大，最常用的型钢格构柱用 4 根角钢拼接而成的缀板格构柱，工程常用的角钢规格∟120mm×12mm、∟140mm×14mm、∟160mm×16mm和∟180mm×18mm 等规格，钢立柱设计钢材常用 Q235B 或 Q345B 级钢。

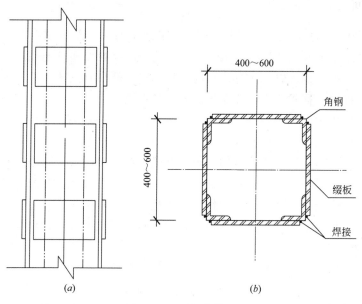

图 2.4-7　型钢格构柱

钢立柱一般需要插入立柱桩顶以下 3～4m。角钢格构柱在梁板位置也应当尽量避免梁板内的钢筋。因此其截面尺寸除需满足承载能力要求外，尚应考虑立柱桩桩径和所穿越的结构梁等结构构件的尺寸。常用的钢立柱截面边长为 420mm、440mm 和 460mm，所适用的最小立柱桩桩径分别为 ϕ700mm、ϕ750mm、ϕ800mm。

钢立柱的拼接应采用从上至下平行、对称分布的钢缀板，不应采用交叉、斜向分布的钢缀条连接。钢缀板宽度应略小于钢立柱界面宽度，钢缀板高度、厚度和竖向间距根据稳定性计算确定，其中钢缀板的实际竖向布置，除了满足设计计算的间距要求外，也应当设置于能够避开水平结构构件主筋的标高位置。基坑开挖施工时，在隔层结构梁板位置需要设置抗剪件以传递竖向荷载。

2.4.3.3　钢管混凝土立柱设计

钢管混凝土柱作为竖向支承立柱由于具有较高的竖向承载能力，在逆作法工程中有着不可替代的位置。角钢拼接格构柱的竖向承载能力值一般不超过 6000kN，因此，若地下结构层数较多且作用较大的施工超载，或者在地下结构逆作期间同时施工一定层数的上部结构，则单根角钢格构柱所能提供的承载力往往无法满足一个柱网范围内的荷载要求。在此情况下，工程中可以采用"一柱多桩"来解决，但是在主体结构设计可行的条件下，基坑围护工程采用单根承载力更大的钢管混凝土柱作为立柱插入立柱桩的"一柱一桩"设计则是技术、经济上更为合理的方案。

钢管的常用直径为 ϕ500～ϕ700mm。钢管混凝土柱通常内填设计强度等级不低于 C40 的高强混凝土。考虑到立柱桩一般采用 C30、C35 的混凝土，因此在混凝土浇筑至钢管与立柱桩交界面处的不同强度等级混凝土的施工工艺也是一个值得注意的问题。

采用钢管混凝土作为立柱还必须采取其他一系列与角钢格构柱不同的基础处理措施，如与结构梁板的连接构造、梁板钢筋穿立柱位置的处理等问题。

2.4.3.4 竖向支承柱桩设计

逆作法工程中，立柱桩必须具备较高的承载能力，同时钢立柱需要与其下部立柱桩具有可靠的连接，工程中采用灌注桩将钢立柱承担的竖向荷载传递给地基。立柱桩可以是专门加设的钻孔灌注桩，也可以利用主体结构工程桩以降低临时围护体系的工程量，提高工程经济性。立柱桩应根据相应规范按受压桩要求进行设计，且其承载力应结合主体结构工程桩的静载荷试验确定。因此，在工程设计中需保证立柱桩的设计承载力具备足够安全度，并应提出全面的成桩质量检测要求。

立柱桩的设计计算方法与主体结构工程桩相同，可按照国家标准或工程所在地区的地方标准进行。逆作法工程中，利用主体结构工程桩的立柱桩设计应综合考虑满足基坑开挖阶段和永久使用阶段的设计要求。与主体结构工程桩设计相结合的立柱桩设计流程如下：

（1）主体结构根据永久使用阶段的使用要求进行工程桩设计，设计中应根据支护结构的设计兼顾作为立柱桩的要求。

（2）基坑围护结构设计根据逆作阶段的结构平面布置、施工要求、荷载大小、钢立柱设计等条件进行立柱桩设计，并与主体结构设计进行协调，对局部工程桩的定位、桩径和桩长等进行必要的调整，使桩基础设计能够同时满足永久阶段和逆作法开挖施工阶段的要求。

（3）主体结构设计根据被调整后的桩位、桩型布置出图；支护结构设计对所有临时立柱和与主体结构相结合的立柱桩出图。

（4）逆作法工程中作为立柱桩的工程桩大多采用大直径的灌注桩，以满足钢立柱的插入。立柱桩的设计内容包括立柱桩承载力和沉降计算以及钢立柱与立柱桩的连接节点设计。

（5）对于灌注桩桩型，若利用主体结构承压桩作为立柱桩，支护设计将其桩径或桩长调整后，应确保配筋满足相关规范的构造要求；若利用抗拔桩作为立柱桩，其桩径、桩长调整后，应根据抗拔承载力进行计算，配筋应满足相关规范的抗裂设计要求。

（6）钢立柱插入立柱桩需要确保在插入范围内钢筋笼内径大于钢立柱的外径或对角线长度。若遇钢筋笼内径小于钢立柱外径或对角线长度的情况，可以将灌注桩端部一定范围进行扩径处理，其做法如图 2.4-8 所示。

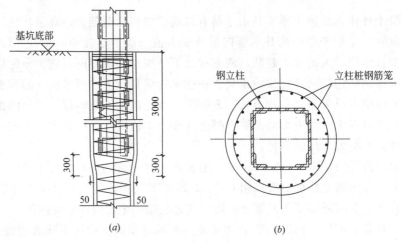

图 2.4-8　钢立柱插入钻孔灌注立柱桩构造

2.4.4 节点构造措施

2.4.4.1 地下连续墙的构造措施

1. 地下连续墙与主体结构的连接

地下连续墙与主体结构的连接主要涉及以下几个位置：压顶梁、地下室各层结构梁板、基础底板、周边结构壁柱。

（1）地下连续墙与压顶梁的连接

地下连续墙顶出于施工泛浆高度、减少设备管道穿越地下连续墙等因素需要适当落低，地下连续墙顶部需要设置一道贯通的压顶梁，墙体顶部纵向钢筋锚入到压顶梁中。墙顶设置防水构造措施。考虑到压顶梁还需跟主体结构侧墙或首层结构梁板进行连接，因此需要留设相应的锚固和构造措施，如图 2.4-9 所示。

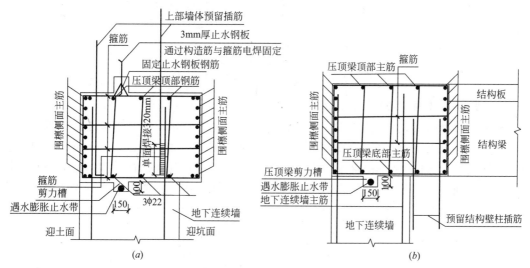

图 2.4-9　地下连续墙与压顶梁的连接

（a）与主体结构地下室侧墙的连接；（b）与主体结构首层地下室外墙的连接

（2）地下连续墙与地下室各层结构梁板的连接

地下连续墙与地下室各层结构梁板的连接形式较多，可以通过预留插筋、接驳器、预留抗剪件等通过锚入、接驳、焊接等方式进行连接。根据主体结构与地下连续墙的连接要求确定具体的连接方式。为提高地下连续墙的整体性，加强地下连续墙与主体结构的连接，各层结构梁板在周边宜设置环梁，预埋件的连接件可以通过锚入环梁的方式达到与主体结构连接的目的。

（3）地下连续墙与基础底板的连接

一般情况下，基础底板是与地下连续墙连接要求最高的部位。在顺作法施工的地下结构中，基础底板与侧墙连接位置都是一次浇筑、刚性连接。在逆作法的基坑工程中，基础底板的钢筋常常需要锚入到地下连续墙内，以加强连接刚度。因此，地下连续墙内需要按照底板钢筋的规格和间距留设钢筋接驳器，待基坑开挖后与底板主筋进行连接。底板厚度较大时，也需要在底板内设置加强环梁（暗梁），地下连续墙内留设预留钢筋，待开挖后锚入环梁，如图 2.4-10 所示。

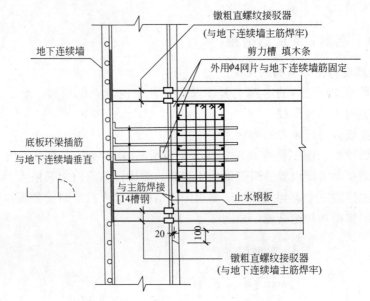

图 2.4-10 地下连续墙与基础底板的连接

（4）地下连续墙与结构壁柱的连接

地下连续墙的接头部位是连接和止水的薄弱点，尤其是采用柔性接头进行连接时，接头区域均为素混凝土，二次浇筑的密实度难以保证，连接刚度不理想，在槽段接头位置设置结构壁柱是弥补这一缺陷的有效方法。在地下连续墙槽幅分缝位置设置结构壁柱，壁柱通过预先在地下连续墙内预留的钢筋与地下连续墙形成整体，既增强了地下连续墙的整体性，也减少了墙段接缝位置渗漏的可能性，如图 2.4-11 所示。

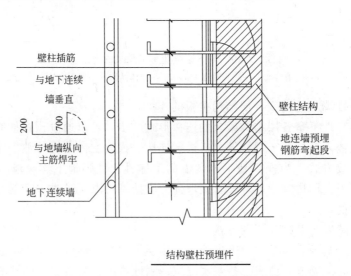

图 2.4-11 地下连续墙与结构壁柱的连接

2. 地下连续墙的防水设计

逆作法中的地下连续墙防水设计，可以采用与顺作法相同的方式进行处理，主要包括地下连续墙与压顶梁连接位置的防水、地下连续墙槽段接头位置的防水、地下连续墙与基础底板连接位置的防水等内容。此处不予赘述。

2.4.4.2　临时围护结构的构造措施

在逆作法中，除了可以采用"两墙合一"的地下连续墙作为基坑围护结构外，也可以采用临时围护结构作为围护体。因此，临时围护结构的构造措施也是逆作法中节点构造措施的重要内容之一。采用临时围护结构的逆作法基坑工程中，其构造措施主要针对临时围护结构与水平结构梁板之间的水平传力体系。

临时围护体与内部结构之间必须设置可靠的水平传力支撑体系，该支撑体系的设计至关重要。"两墙合一"逆作法中以结构楼板替代支撑，水平梁板结构直接与地下连续墙连接，水平梁板支撑的刚度很大，因而可以较好地控制基坑的变形。而围护体采用临时围护体时，其与内部结构之间需另设置水平传力支撑，水平传力支撑一般采用钢支撑、混凝土支撑或型钢混凝土组合支撑等形式。支撑之间具有一定的间距，即使考虑到支撑长度小、线刚度较大的有利条件，其整体刚度依然不及直接利用结构楼板支撑至围护体的支撑刚度。在这种情况下，水平传力支撑的整体刚度取决于临时围护体与内部结构之间设置的水平传力支撑体系，其支撑刚度大小应介于相同条件下顺作法和逆作法的支撑刚度之间。

由于水平传力体系是临时性的支撑结构，因此在满足刚度要求的前提下，该支撑结构的布置比较灵活，一般情况下满足以下要求：

（1）逆作法实施时内部结构周边一般应设置通长闭合的边环梁。边环梁的设置可提高逆作阶段内部结构的整体刚度、改善边跨结构楼板的支承条件，而且周边设置边环梁，还可以为支撑体系提供较为有利的支撑作用面。

（2）水平支撑形式和间距可根据支撑刚度和变形控制要求进行计算确定，但应遵循水平支撑中心对应内部结构梁中心的原则，如不能满足要求，支撑作用点也可作用在内部结构周边设置的边环梁上，但需验算边环梁的弯、剪、扭截面承载力，必要时可对局部边环梁采取加固措施。

（3）在支撑刚度满足要求的情况下，尽量采用型钢构件作为水平传力体系。型钢构件可以直接锚入结构梁，且便于设置止水措施，可以在不拆撑的情况下进行地下室外墙的浇筑。

（4）当对水平支撑的刚度要求较高，或主体结构出现局部的大面积缺失时，也可以采用混凝土支撑作为水平传力构件。考虑到外墙防水的需要，可以采用分段间隔拆除临时支撑、分段浇筑结构外墙的方式进行，避免混凝土支撑穿越地下室外墙留下二次浇筑的渗水通道。

图 2.4-12 是某工程中采用临时围护体（钻孔灌注排桩结合双排双轴水泥土搅拌桩）与首层及地下一层主体结构的连接的局部平面图和节点详图。从图中可以看出，水平传力构件通过预埋件与压顶梁或支撑围檩进行连接，通过锚钉与结构梁进行连接，保证水平传力的可靠性。由于两层结构水平受力的不同，传力构件的间距也不相同。后期进行地下室外墙浇筑时，可以在焊接止水片后将型钢直接浇筑在地下室结构外墙中。

2.4.4.3　水平结构与竖向支承连接的构造措施

逆作阶段往往需要在框架柱位置设置立柱作为竖向支承，待逆作结束后再在钢立柱外

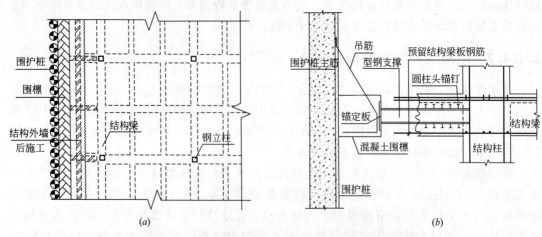

图 2.4-12　临时围护结构与地下室主体结构连接示意图
(a) 连接平面；(b) 连接剖面

侧另外浇筑混凝土形成永久的框架柱。立柱与框架梁的连接构造取决于立柱的结构形式。一般逆作法工程中最常见的立柱主要是角钢格构柱和钢管混凝土桩，灌注桩和 H 型钢立柱作为立柱也在一些逆作法工程中得到成功的实践。

1. H 型钢柱与梁的连接

H 型钢立柱与梁钢筋的连接，主要有钻孔钢筋连接法和传力钢板法。

（1）钻孔钢筋连接法

此法是在梁钢筋通过钢立柱处，于钢立柱 H 型钢上钻孔，将梁钢筋穿过。此法的优点是节点简单，柱梁接头混凝土浇筑质量好；缺点是在 H 型钢上钻孔削弱了截面，使承载力降低。因此在施工中不能同时钻多个孔，而且梁钢筋穿过定位后，需立即双面满焊将钻孔封闭。

（2）传力钢板法

传力钢板法是在楼盖梁受力钢筋接触钢立柱 H 型钢的翼缘处，焊上传力钢板（钢板、角钢等），再将梁受力钢筋焊在传力钢板上，从而达到传力的作用。传力钢板可以水平焊接，亦可竖向焊接。水平传力钢板与钢立柱焊接时，钢板或角钢下面的焊缝较困难；而且浇筑接头混凝土时，钢板下面的混凝土的浇筑质量难以保证，需要在钢板上钻出出气孔；当钢立柱截面尺寸不大时，水平置放的传力钢板可能与柱的竖向钢筋相碰。采用竖向传力钢板则可避免上述问题，焊接难度比水平传力钢板小，节点混凝土质量也易于保证；缺点是当配筋较多时，材料消耗较多。

2. 角钢格构柱与梁的连接

角钢格构柱一般由四根等边的角钢和缀板拼接而成，角钢的肢宽以及缀板会阻碍主筋的穿越，根据梁截面宽度、主筋直径以及数量等情况，梁柱连接节点一般有钻孔钢筋连接法、传力钢板法以及梁侧加腋法。

（1）钻孔钢筋连接法

钻孔钢筋连接法是为便于框架梁的主筋在梁柱阶段的穿越，在角钢格构柱的缀板或角钢上钻孔穿越梁钢筋的方法。该方法在框架梁宽度小、主筋直径较小以及数量较少的情况下适用，但由于在角钢格构柱上钻孔对逆作阶段竖向支承钢立柱有界面损伤的不利影响，因此该方法应通过严格计算，确保界面损失后的角钢格构柱截面承载力满足要求时方可使用。

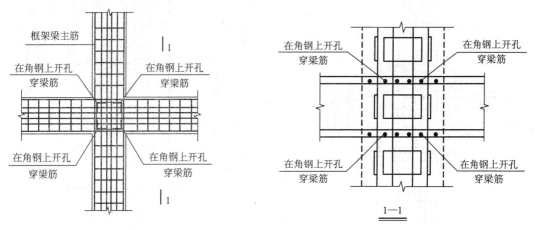

图 2.4-13 钻孔钢筋连接法示意图

（2）传力钢板法

传力钢板法是在格构柱上焊接连接钢板，将受角钢格构柱阻碍无法穿越的框架梁主筋与传力钢板焊接连接的方法。钢板法的优点是无需在角钢格构柱上钻孔，可保证角钢格构柱界面的完整性，但在施工第二层及以下水平结构时，需要在已经处于受力状态的角钢上进行大量的焊接作业，因此施工时应对高温下钢结构的承载力降低因素给予充分考虑，同时由于传力钢板的焊接，也增加了梁柱节点混凝土浇筑密实的难度。

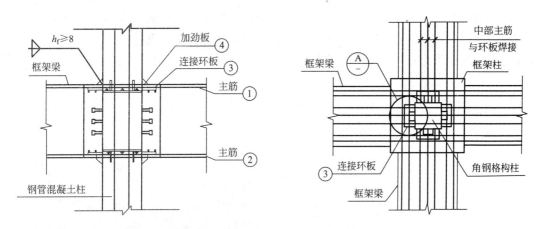

图 2.4-14 传力钢板法连接示意图

（3）梁侧加腋法

梁侧加腋法是通过在两侧面加腋的方式扩大梁柱节点位置梁的宽度，使得梁的主筋得以从角钢格构柱侧面绕行贯通的方法。该方法回避了以上两种方法的不足，但由于需要在梁侧面加腋，梁柱节点位置大梁箍筋尺寸需要加腋尺寸进行调整，且节点位置绕行的钢筋需在施工现场根据实际情况定型加工，也增加了现场施工的难度。

3. 钢管混凝土柱与梁的连接

钢管混凝土利用钢管和混凝土两种材料在受力过程中的相互作用，即钢管对其核心混

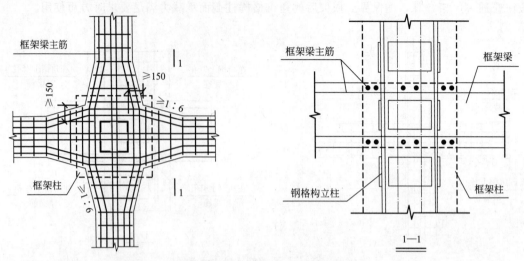

图 2.4-15　梁柱节点的加腋方法

凝土的约束作用，使得混凝土处于三向应力状态，不但提高混凝土的抗压强度及其竖向承载力，而且还使其塑性和韧性性能得到改善，增大其稳定性。因此，钢管混凝土柱适用于对立柱竖向承载力要求较高的逆作法工程。与角钢格构柱不同的是，钢管混凝土桩由于为实腹式的，其平面范围之内的梁主筋均无法穿过，其梁柱节点的处理难度更大。在工程中应用较多的连接节点主要有如下几种：

（1）双梁节点

双梁节点即将原框架梁一分为二，分成两根梁从钢管柱的侧面穿过，从而避免了框架梁钢筋穿越钢管柱的矛盾（图 2.4-16）。该节点适用于框架梁宽度与钢管直径相比较小，梁钢筋不能从钢管穿过的情况。

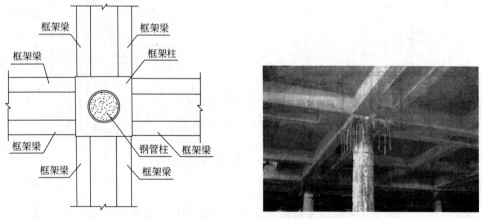

图 2.4-16　钢管混凝土桩的双梁节点构造

（2）环梁节点

环梁节点是在钢管柱的周边设置一圈刚度较大的钢筋混凝土环梁，形成一个刚性节点区，利用这个刚性区域的整体工作来承受和传递梁端的弯矩和剪力。这种连接方式中，环梁与钢管柱通过环筋、栓钉或钢牛腿等方式形成整体连接，其后框架梁主筋锚入环梁，而不必穿过钢管柱。环梁节点的构造如图 2.4-17 所示。

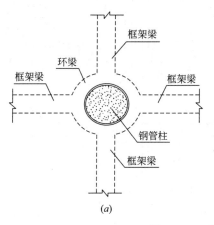
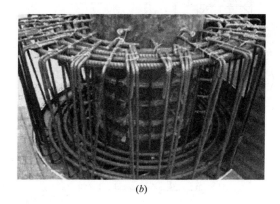

(a)　　　　　　　　　　　　　　(b)

图 2.4-17　钢管混凝土桩的环梁节点构造

（3）传力钢板法

在结构梁顶标高处钢管设置两个方向且标高错位的四块环形加劲板，双向框架梁顶部第一排主筋遇到钢管阻挡处钢筋断开并与加劲环焊接，而梁底部第一排主筋遇到钢管则下弯，梁顶和梁底第二、三排主筋从钢管两侧穿越。它适用于梁宽大于钢管桩直径，且梁钢筋较多需多排放置的情况。该连接节点既兼顾节点受力的要求，又较大程度地降低了梁柱节点的施工难度；缺点是节点钢量大且焊接工作量多（图 2.4-18）。

4. 灌注桩立柱与梁的连接

灌注桩作为逆作法工程的竖向支承可称为"桩柱合一"，由于现阶段灌注桩施工工艺均为水下施工，其成桩水平及垂直精度有限，且水下浇筑混凝土质量也相对地面施工难以控制，因此也限制了"桩柱合一"在逆作法工程中的推广应用。

灌注桩立柱与梁的连接可采用钢管混凝土柱中的环梁节点方法，即在施工灌注桩时预先在桩内留设与环梁连接的钢筋，待基坑开挖之后，在隔层地下结构标高处的灌注桩外侧设置钢筋混凝土环梁，环梁通过预留的钢筋与灌注桩形成整体连接，梁主筋可锚入环梁内，而不需穿越灌注桩。

5. 立柱、立柱桩与基础底板的连接

钢立柱隔层结构梁板位置应设置剪力与弯矩传递构件。钢立柱在底板位置应设置止水构件，以防止地下水上渗，通常采用在钢构件周边加焊止水钢板的形式（图 2.4-19）。

对于角钢拼接格构柱通常止水构造是在每根角钢的周边设置止水钢板，通过延长渗水路径起到止水目的。对于钢管混凝土立柱，则需要在钢管位于底板的适当标高位置设置封闭的环形钢板，作为止水构件。

一柱一桩在穿越底板的范围内设置止水片。逆作施工结束后，一柱一桩外包混凝土形成正常使用阶段的结构柱。正常使用期间外包混凝土，永久框架柱设置的立柱桩均利用主体的柱下工程桩，结构边跨位置及出土口局部位置考虑新增立柱桩作为逆作施工阶段边跨及出土口区域的竖向支承。立柱桩在施工阶段底板浇筑前，承受全部结构自重，在使用阶段应满足结构抗压或抗拔要求。框架柱与支承立柱合二为一，梁柱、梁板节点均采取可靠的抗剪措施。

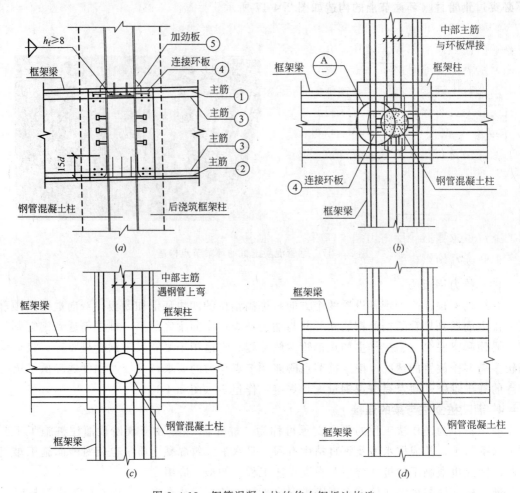

图 2.4-18 钢管混凝土柱的传力钢板法构造

（a）框架梁与钢管混凝土桩节点构造；（b）框架梁主筋①连接构造

（c）框架梁主筋②连接构造；（d）框架梁主筋③连接构造

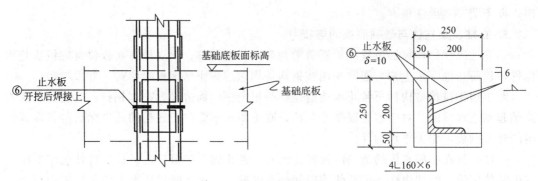

图 2.4-19 角钢拼接立柱在底板位置止水钢板构造图

6. 立柱与立柱桩的连接

逆作施工阶段竖向荷载全部由一柱一桩承担，而支承立柱最终将竖向荷载全部传递给立柱桩，因此支承立柱与立柱桩之间必须有足够的连接强度，以确保竖向力的可靠的传递。一方面，钢立柱在立柱桩中应有足够的嵌固深度；另一方面，两者之间应有可靠的抗剪措施。钢立柱嵌入立柱桩的深度一般在 3～4m，且需通过计算确定。对于角钢格构柱，其自身截面决定了承受的竖向荷载相对较小，一般通过角钢与混凝土之间的粘结力，并在角钢侧面根据计算设置足够竖向的栓钉，即可将竖向荷载传递给立柱桩（图 2.4-20）。

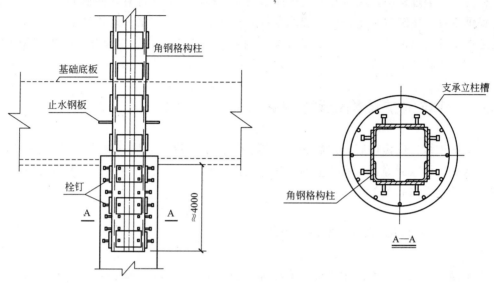

图 2.4-20　角钢格构柱与立柱桩连接抗剪栓钉详图

钢管混凝土桩的柱端截面较大，柱端传力作为钢管混凝土桩与立柱桩之间的主要传力途径，为了进一步加大柱端传力面积，可在钢管混凝土柱端部外缘设置环板和加劲肋。为增加钢管混凝土桩与立柱桩之间的粘结力和锚固强度，在钢管外表面需设置足够数量的栓钉。钢管混凝土柱通过柱端和柱侧粘结力最终将荷载传递给立柱桩。一般钢管混凝土桩内填高强度混凝土，为了立柱桩与钢管柱端截面的局部承压问题，通常将钢管混凝土桩底部以下一定范围的立柱桩桩身混凝土也采用高强度混凝土浇筑。钢管混凝土桩与立柱桩连接节点见图 2.4-21。

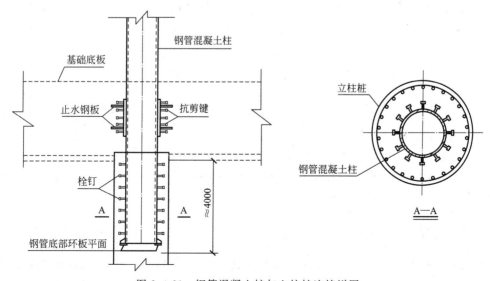

图 2.4-21　钢管混凝土桩与立柱桩连接详图

2.5　监测指标控制

对于基坑等地下建筑与岩土工程，信息化施工已成为控制安全质量的必要措施，在基坑工程施工的全过程中，应对基坑支护体系及周边环境安全进行有效的监测，并为信息化施工提供参数。建筑基坑工程监测应综合考虑基坑工程设计方案、建设场地的工程地质和水文地质条件、周边环境条件、施工方案等因素，制定合理的监测和设计指标控制方案，精心组织和实施监测与控制。

2.5.1　基坑围护结构位移控制

基坑围护结构位移控制的内容包括：围护墙体水平位移监测（墙体测斜）；围护墙顶垂直、水平位移监测等。对监测值的发展及变化情况应有评述，当接近报警值时应及时通报现场监理，提请有关部门关注。

2.5.2　水平结构体系内力控制

水平结构体系内力控制主要包括支撑轴力的监测等。在施工阶段和正常使用阶段，实测的轴力均应不大于支撑构件轴力设计值限值。

2.5.3　竖向支承体系沉降差控制

2.5.3.1　不均匀沉降差的产生

逆作法是先施工地下室顶板，后施工地下室各层结构与底板，同时，上部结构也可向上施工。此间，基坑开挖土体应力释放，坑内土体回弹，会带动支承柱上抬（回弹）；而地下室各层结构及上部结构施工，支承柱及基础桩受到的荷载逐步增加，又会使中部的支承柱与桩发生沉降。这种上抬与沉降是一个复杂的受力过程，也是逆作法施工的一个特点。

在逆作法施工过程中，在底板未浇筑好并达到强度之前，支承柱承受着很大部分的竖向荷载。由于各支承柱所受荷载（结构自重＋施工各项荷载）不均匀，会引起各支承柱之间以及支承柱与围护墙之间的沉降差。如果这种沉降差较大，则已浇筑好的楼盖内部就会产生很大内力，引起结构裂缝乃至危及结构安全。因此，控制支承柱的不均匀沉降是逆作法施工的关键技术之一。而目前，要事先精确计算在底板封底前的沉降（或抬升）还有一定难度，完全消除沉降差也是不可能的，只能通过各方面措施将沉降差控制在一定的允许范围之内，以保证结构安全。

2.5.3.2　沉降差控制要求

在地下室主体结构底板施工之前，支承柱间，以及支承柱与围护墙之间的差异沉降不宜大于20mm，且不宜大于1/400柱距。

《建筑基坑工程技术规范》YB 9258—97 中规定：相邻立柱间和立柱与侧墙之间沉降差应控制在 $0.002L$（L 为轴线间距）之内。

2.5.3.3 沉降差控制措施

在设计方面，可以采取以下措施：(1) 按照施工工况对支承柱及地下连续墙进行沉降估算，协调基坑开挖速度和桩上荷载变化，使沉降差满足结构设计要求；(2) 减小坑底隆起，使支承柱的抬升相应减小。因此，可以通过地基加固、增加地连墙刚度和入土深度，选择高承载力的桩端持力层等来减小隆起量；(3) 增大支承桩的桩径和采用桩底注浆，提高支承柱的承载力来减小沉降；(4) 在地连墙内侧增设边柱以代替由地连墙承受的荷载等。

另外，在逆作法施工过程中也应当采取合理施工组织，加强过程中的施工监测和信息化管理。

2.5.4 周边环境监测及控制

基坑工程施工效果的优劣最终表现为对周围环境的影响，尤其是城市中心地区。采用逆作法对控制地面沉降是有利的，因为产生地面沉陷的重要原因是支护结构的变形。逆作法中结构墙、梁、楼板作为支护结构，其水平刚度远大于顺作施工的临时支撑结构。为进一步提高逆作法的效果，还必须通过设计、施工措施来控制地面变形，这里包括必要的临时支撑、地基加固措施以及其他施工措施等。从设计、施工、监测全面进行控制，才能达到预期的效果。对周边环境的监测包括：地下管线的沉降及位移监测；邻近建筑物沉降监测；地铁或隧道一侧地表沉降监测等。

以某工程项目监测方案为例，其基坑监测内容及报警值如表 2.5-1、表 2.5-2 所示，监测频率如表 2.5-3 所示。

某工程项目监测方案基本情况　　　　　　　　　　　表 2.5-1

	监测位置	监测点编号	监测内容	监测点数量
1	围护墙顶监测点	Q1～Q18	垂直位移、水平位移	18 个
2	围护墙体测斜孔	CX1～CX8	水平偏移	8 个
3	坑外水位监测孔	SW1～SW8	水位变化量	8 个
4	支撑轴力监测点	ZL1～ZL7	轴力	7 组
5	立柱隆沉监测点	LZ1～LZ8	隆沉	8 个
6	路面沉降断面	D1-1～D3-5	沉降	3 条
7	地下管线监测点	GX1～GX5	垂直位移、水平位移	5 个

某工程项目监测内容及报警值　　　　　　　　　　　表 2.5-2

	项　　目	日变量报警值	累计报警值
1	板式支护水平及竖向位移	＞3mm/d，连续 2d 以上	≥30mm
2	围护墙侧向变形(测斜)	＞3mm/d，连续 3d 以上	≥35mm
3	基坑外地下水位	＞300mm/d	≥1000mm

	项　目	日变量报警值	累计报警值
4	支撑轴力（800mm×800mm）		≥9700kN
5	立柱桩	≥2mm/d	≥30mm
6	邻近地下管线水平及竖向位移	＞2mm/d、连续 2d 以上	≥20mm（电力、信息），≥10mm（其余），相邻两测点差≥8mm
7	邻近建（构）筑物　水平位移	＞2mm/d、连续 2d 以上	≥5mm
	邻近建（构）筑物　竖向位移	＞2mm/d、连续 2d 以上	≥20mm、附加倾斜≥0.1%

某工程项目监测频率　　　　　　　　　　表 2.5-3

工程开工前	每天一次	3（次）	测初始值	备注
基坑开挖阶段	每天一（或）二次	60（次）	监测数据达到报警时将加密监测	
底板浇筑后至±0.000	每周两次	30（次）		

3 逆作法工艺关键问题及解决措施

3.1 逆作法实施部署思路

传统的多层地下室施工方法是开敞式施工,即大开口放坡开挖,或用支护结构围护后自上而下垂直开挖,挖至设计标高后浇筑钢筋混凝土底板,再由下而上逐层施工各层地下结构,待地下结构完成后再进行地上结构施工,这就是传统意义上的常规顺作施工。

对于拟建建筑物基础埋深深、周边可利用临时场地较为狭小、基坑周边环境复杂、地下水丰富的工程,用传统顺作方法施工时会存在较大难度。主要体现在以下三个方面:

(1) 基坑支护竖向结构的设置存在一定的困难。由于基坑深度大,支护结构的垂直长度相应很大,支撑费用较高。

(2) 基坑支护的水平支撑设置复杂,用量大。一方面需要大量大规格的构件(含钢量大)作支撑,另一方面也增加了地下其他主体结构的施工难度。

(3) 基坑一次性降水高差大,安全隐患大。进行基坑降水时,需一步将水位降至基底标高以下,基坑内外水头差较大,给基坑支护带来较大压力,同时降低地下水时,势必会出现土体固结等情况,使周围地面产生沉降,进而对周边建筑物、地下管线和道路等带来不均匀沉降等不利隐患,对深基坑的变形和稳定性也是一大考验。

逆作法的施工实施正是基于这种复杂条件,提前有组织、有目标、有措施地做好施工部署、理清实施步骤、确定施工方案,有助于施工的顺利发展和提前预控。它既能规避或降低常规施工工艺风险,又能有效缩短工期,同时也缩短投资建设期。

实践证明,逆作法是目前地下地质条件复杂、周边环境紧张且顺作条件不利进展等条件下,进行地下结构工程施工十分有效的方法。

因为逆作法完全区别常规顺作工艺,如地下外围护结构、竖向支撑体系以及出土乃至行车路线的选择等,都将直接关系到施工能否顺利进展,且一旦开始逆作施工,规划措施若与实际偏离较大,将难以进行调整。如行车路线载荷考虑不充分,将影响运输效率或对结构质量产生影响等。故逆作法的实施部署是项目施工的纲要文件,要求整体部署、思路必须清晰、严谨,具备可实施性,又要考虑经济合理性。

3.1.1 各项管理目标与评估

逆作法施工与其他施工方法一样,在施工前需要做好各项施工部署,确立既定目标,按目标管理程序,做好各项目标管理评估和决策,以便提前预控和管理。

目标管理,简而言之就是将工作任务和目标明确化,同时建立目标系统,以便统筹兼顾进行协调，然后在执行过程中予以对照和控制，及时纠偏，努力实现既定目标。

对项目决策层而言，目标管理能够让其期望值具体化，能够量化各方的利益关系，对出现的重大影响能及时权衡和协调，同时期望各方信守相关合同约定；对项目管理层而言，明确的目标可以让其有的放矢，合理的目标系统可以回答其工作中的"目标是什么？"、"什么程度？"、"怎么办？"、"怎么度量？"、"怎么处置？"等问题；对项目团队成员而言，有明确的职责和工作要求以及努力方向能提高工作效率，同时也会因为期待完成任务后相关的绩效，能有效激发出其工作热情；此外，目标的层层分解，是能让项目在执行中最终可控的良好途径。

采用逆作法施工的工程项目管理目标评估是工程项目管理策划中的重要工作内容及管理工序。因其涉及内容繁杂、利益方众多、建设周期长、不确定因素多等原因，在建设执行过程中会受到各方面影响。项目目标的正确设置与否，以及是否可控，一定意义上直接决定项目建设的成败。

1. 逆作施工工程项目中目标系统的建立

（1）项目目标确定的依据

工程项目决策之初，无论投资方、承建方、协作方或政府，均会有一定的目的或利益期望，这些目的与利益期望，只要可行，即经过项目的控制和协调后是可以实现的，也可以认为是项目目标的雏形。其中，可能包含项目建设的费用投入与收益、资源投入、质量要求、进度要求、HSE、风险控制率、各利益方满意度，以及其他特殊目标和要求。此外，目标的确定还应遵循符合政策法规相关要求。

【注：HSE 是健康（Health）、安全（Safety）和环境（Environment）管理体系的简称，HSE 管理体系是将组织实施健康、安全与环境管理的组织机构、职责、做法、程序、过程和资源等要素有机构成的整体，这些要素通过先进、科学、系统的运行模式有机地融合在一起，相互关联、相互作用，形成动态管理体系。】

由于每个项目均有其唯一性，其所处的位置、周边环境、地质条件、所建设内容的特性、利益回报率、建设周期要求等的不同，每个项目目标的侧重点也不尽相同，但其确立的项目建设管理中的安全、健康、环境、质量、费用与进度等在绝大多数工程项目中，都是相对重要和明确的，有着相似的组织和管理方法，可以借鉴和参考辅助，类似工程的施工管理经验可以传承和进一步发掘，达到不断提高管理水平的目的。所以，其总目标及细部分解和实施的控制要求，应作为重要依据来具体评估分析，以确定具体逆作施工项目的优势大于局限性，效益对比显著且可行，并使施工达到精细化水平。

（2）有效目标的特征

有意义的目标应该具备以下特点：明确、具体、可行（可实施）、可度量和一定的挑战性，而且这些目标也需要得到上级或相关利益方的认可，亦即与其他方的目标一致。项目目标应该有属性（如成本）、计算单位或一个绝对或相对的值。对于成功完成项目来说，没有量化的目标通常会隐含较高的风险，正确的评估决策分解尤为必要，有助于项目管理目标的实现。

在逆作施工过程中，从项目建设的周边环境、设计使用功能、需要确立的地质结构关系等方面可以明确逆作工程的三大有效目标：一是，可以确定工程所处的地理位置复杂程度，施工周边环境恶劣影响，使用逆作施工经济效益优异，且既能解决施工场地的不足，又能满足项目对周边环境的影响，并对施工安全有足够保证，使施工逆作的可行性得到满足；二是，可以确立和优化工程实施的具体条件，对地下工程施工的便利性，环境条件及结构功能使用条件等方面得以优化，既从结构设计等角度使工程的使用功能和结构要求得到满足，且更有利于施工条件的便利和可行；三是，根据施工的时间成本，可以组织地上地下同步施工、局部施工或特殊部位先期施工，以确定整体经济效益和成本投入之间的平衡和优化。

（3）总目标与目标系统

地下逆作工程项目涉及面广，在很多方面均会有控制要求，因此需要设立如质量、安全、工期、成本控制等多个总目标，而且在总目标之下，也需要设立多个子目标用以支撑或说明各类控制要求和建设期望。比如，项目的投资、产能、质量、进度、环保等要求就属于总目标之列；在施工建设中就投资控制而言，这些投资可能由几个工段组成，而这几个工段中，包含设计费、采购费、建安费、管理费等，这些分项控制要求均属于项目投资总目标下的子目标；又如，在设计变更控制目标下，则又可分解为不同专业的目标；再如，拟定进度总目标后，则可能分解为项目策划决策期、项目准备期、项目实施期和项目试运行期等。项目总目标与多个子目标就构成了一个目标系统，成了项目管理实施和建设研究的对象。

（4）目标系统的建立方法

① 完整列出该项目的各类期望和要求

根据项目目标设置，完整列出该项目的各类期望和要求，其中可能包含的方面有：生产能力（功能）、经济效益要求、进度要求、质量保证、产业与社会影响、生态保护、环保效应、安全、技术及创新要求、试验效果、人才培养与经验积累及其他功能要求。详细研究需要实施的逆作施工工作范围，建立工作分解结构。准确研究和确定项目逆作施工的范围；按照工程固有的特点，沿可执行的方向，对项目范围进行分解，层层细分，建立工作分解结构，全面明确工作范围内包含哪些环节和内容，以此作为目标细分的依据。最终，使工作分解结构形成可执行单元，对应的目标亦即可执行目标。

在逆作施工项目确立前，应结合具体项目的上述各方面可执行目标进行评估分析，并形成对应的可执行目标体系，以便各管理对象按既定目标实施。

② 建立目标矩阵

以分解目标单元为行，各项目期望目标值为列，建立目标矩阵。这样的设置有助于分解和评估具体目标，并对重点环节和细分关系等能做出具体决策和应对措施。将识别目标矩阵中重要因素，作为重要控制目标；根据重要控制目标情况，设置相关专职或兼职职能岗位实行专管和重点控制，使项目目标管理得到有利的发挥，这是目标管理和评估的主要目的。这种表单式的管理方式简洁明了，便于操作，并可以实施对照和做出解决措施。

2. 如何实施项目目标管理

（1）建立与项目目标系统对应的组织分解结构

在项目矩阵基础之上，列出重要监控对象，设置对应的职能岗位，务必使每项重要监控对象都得以受控。与项目目标相对应的分解结构是保证项目目标能够有效实现的前提。

（2）确定目标在各项目职能岗位中的权威地位

各职能岗位因管理目标而设置，其开展有效工作的前提是，首先了解项目总目标，了解所在部门团队的目标，以及了解个人目标，并围绕目标开展工作。根据分项目标，设置好职能岗位的职责。

（3）各项管理目标间的制约与平衡关系特性

无论项目总目标，还是子目标，管理目标间有着紧密的内在联系，在执行过程中往往还容易产生冲突和矛盾，亦即相互影响和制约。比如，项目进度、费用、质量和安全均有可能存在相互影响的关系，控制其一，必将牵动其他。由于项目运作的唯一性，从项目启动的一刻起，项目目标的执行就会受到各方面因素的不断影响，执行侧重力度也必然会在多个目标间寻找最佳平衡点。所以，某种意义上，项目目标管理就是项目目标最佳平衡点的寻求和动态控制过程。

（4）目标管理的基本原理

计划—执行—检查—处理—计划调整，为目标管理的过程控制。项目目标制定以后，首先得制定相应的基准计划，包括针对工程设计、采购、施工等各类目标的计划，以期控制和实现目标。然后按计划执行，执行过程中受到影响，包括其他目标对可用资源的占用影响，本目标自身实施问题产生的影响。对已发生的影响，项目需要组织进行监测、检查，则测算其偏离值。紧接着进行分析、评估，然后进行相关处理和计划的调整，以求最大程度消除或减少对项目目标的影响，比如质量隐患、工期影响、费用超支及安全保障等方面。处理或调整后的计划回归或接近基准计划，通过平衡资源，优化项目作业间的逻辑关系，确保项目完工里程碑不变，如此反复，直至总目标的实现或项目执行的结束。

（5）目标管理的多样性

工程项目管理目标涉及内容繁多，其中生产安全与进度管理、质量管理与成本（投资）费用管理是最为重要的三个方面。三大目标间对立统一的关系，需要管理者作为一个系统统筹考虑，建立协调平衡点，确保项目质量、进度达到合同要求或内控指标的前提下，力求资源配置最优，最终实现综合效益最大化。

进度管理侧重项目作业间工序的合理安排及逻辑关系优化管理，需要对各工序耗时的测算，以及执行过程人力、物力、财力支撑条件的确认，当然也需要关注因为质量和安全要求而产生的制约；进度的目标管理，需要选择作业顺序及支撑条件、控制方法和关键路径为研究对象，以科学的方法统筹、不断更新优化项目计划。

质量管理贯穿工程设计、采购与实施全过程，侧重于监督各类标准的贯彻；质量的目标管理，需要选择项目产品、作业团队和项目过程为监控对象，重点突出各个环节的评审，发现问题、解决问题和杜绝今后类似问题；质量目标管理，应该坚持质量优先，不宜轻易受到进度和费用目标因素的影响。

费用管理侧重计划的精细，以及考虑的全面和充分。包括因为质量或进度的影响而产生的额外投入；费用的目标管理，管理对象可以重点为消耗计划、费用估算、用款计划、实际费用控制。尽可能在保障项目进度和质量及各方面功能的前提下，节省投资，效益最大化。

（6）目标与计划的区别

目标一般由上级或各利益方共同慎重决定，一般不宜变更，具有一定的权威，往往也是各利益方合同考核或项目内部成员绩效考评的基础。但项目目标在执行过程中，经过客观实践，也可以进行微调，以求更加符合实际，增加对项目实施的导向性作用。目标的较大变更需经过各利益方或制定方，或上级的同意和认可。

计划是为实现目标而制定的，是项目实施方进行过程控制而设置的，有时也表现分目标形式，可以根据情况进行变更，但也宜保持一定导向性和权威，以便整个过程的可控和项目目标的实现。

因此，在实施工程逆作项目之前，必须根据制定的目标管理思路进行评估和分析，以得出各方平衡且利于工程项目进展的各项管理总目标，在细分出具体细部目标，再在执行阶段与各自制定计划相匹配，并及时检查纠偏和调整，以最终各目标的实现。

3. 工程项目目标管理的考核与评估

考核与评估是保证目标管理能够有效执行和实施的重要措施。

（1）目标管理评估的阶段性

工程工期较长的项目宜进行阶段性评估，考核标准为该段时间内计划履行情况，以及分目标值的实现情况，亦即跟踪情况评估。工期较短或已完工的项目则进行项目的后评估，详细对照工程项目目标进行核对和评审。

（2）考核与评估的意义

首先，项目执行一定时期后，无论项目决策者、投资方、执行者还是团队成员，都会对项目进行一次评判，因为考核与评估所提供的数据也会成为影响其后期作为的重要参数。项目投入情况、承包商的选择情况、各方的合作情况、执行情况、建设困难、各方面条件的支撑情况均会成为大家关注的内容。考核与评估就是将实际情况与目标值（预期值）进行对比，提供项目详细偏离及原因的过程。此评估主要表现为项目总目标与现实偏离的对比检查。适时的评估可以为项目获得更多的支持，比如项目重大里程碑实现等。

其二，项目考核与评估，是对项目执行过程的考核，是将各个分目标与实际执行进行对比的过程，目的是评估项目团队的执行力，同时进行相应绩效考核，以求不断刺激和激励团队进行高效率劳动。适时的评估可以检查目标的控制程度，也可以及时调整纠偏；一些另类的评估可以激励大家的热情，比如某重要节点前"百日竞赛"之后带奖赏性质的考核与评估。

再者，对已完工项目进行的后评估，主要是总结经验教训，建立企业级项目数据库，以期在下一个项目或今后的作业中规避风险或收获更多。通常，将前一段实施过程及时总结分析，以纠正和调整，为后续目标建立基础和积累经验。

（3）考核与评估的建议

项目绩效宜具体、可量化，也宜合理，考虑客观因素，对团队成员以激励为主；项目的考核与评估报告宜形成文件，归档保存。工程项目管理在近十几年来发展迅速，工程项目目标管理的理念也逐渐为许多管理者所接受，但如何在具体行业中有效推行和实施，还需要针对不同行业和工程的特点进一步探索和细化。工程项目目标管理的理念在国内各行业建设中所起到的越来越多的贡献，已成为不争的事实，目前对相关理念的探讨显得必要和有益。也因为各企业的性质和配备不同，这种目标管理与考核评估已逐步由传统管理发展至信息化系统平台等高科技、大数据阶段。

3.1.2 逆作方式的选择及界面确定

1. 逆作方式的选择

逆作施工的方式可分为全逆作和半逆作，半逆作又可分为边逆中顺、部分逆作以及分层逆作等；逆作部分可以先逆作施工界面层以下结构，再施工上部结构，也可以选择地下逆作部分与上部顺作部分同步施工。因此，在不同的工程项目中，如何选择合适的逆作方式，将对项目的各项管理目标的实现等有着重要的现实意义。通过下面案例的分析来选择和判断逆作方式。

施工案例一：南京新街口地铁换乘站

（1）工程概况

南京地铁新街口站位于南京市最繁华的新街口商业地区，是一号线和二号线之间的换乘站。南北向一号线新街口站位于新街口圆形广场以南，淮海路、石鼓路以北中山南路下方；东西向二号线新街口站位于汉中路和中山东路地下。

新街口站的总建筑面积为 33844m²，其中主体建筑面积 27137m²，附属面积 6707m²，车站长 362.596m，宽 23.8m（局部宽 36.15m，车站总高 17.24m（局部 19.03m）。

新街口站为地下三层岛式车站，站台宽度 14m（一级站），地下一层为商业层，地下二层为站厅层，地下三层为站台层。车站北端为一内径为 50m 的大圆盘结构，此圆盘为近、远期两站的交汇点，交汇形式为 T 形相交。一号线在下，二号线在上。大圆盘大厅兼有进出站、过街、进出商业层的功能，在大圆盘地下二层东西两侧分别设一条换乘通道与远期车站相接。该车站共设 16 个出入口，3 个风道，各出入口、风道基本上与既有建筑或拟建建筑合建，各周边结构复杂性可想而知不是一般的难（图 3.1-1）。

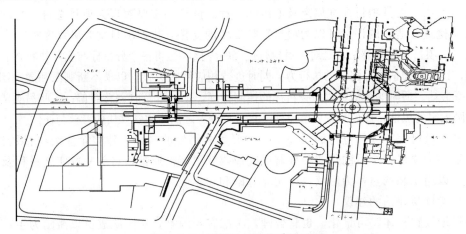

图 3.1-1　新街口地铁换乘站平面

（2）项目周边环境概况

本站施工区域为南京市重要交通枢纽，受施工干扰较大的道路包括中山南路、中山东路、汉中路及新街口广场中心环岛。周边建筑物包括：新百股份、商贸广场、招商局国际金融中心、天都国际商城、大洋百货、中央商场、金陵饭店。

（3）方案选择及对比

1）道路占用时限

明挖顺作：道路占用时限为整个工程施工期间均需占用中山南路 22 个月，占道时间长，交通疏解压力大。

盖挖逆作：仅在围护结构、中间桩柱与顶板施工期间临时占用中山南路，占道时间约 12 个月，交通疏解压力相对较小（表 3.1-1）。

盖 挖 逆 作 表 3.1-1

该阶段为中山南路封闭机动车道的 12 个月,影响时间从 2001 年 10 月 10 日～2002 年 10 月 10 日。主要保护措施为中山南路两侧保留至少 7m 宽的非机动车道及人行道,在中山南路围挡范围中间设 6m 宽临时人行通道。主要进行新街口车站连续墙围护结构、中间桩柱的施工,为第二交通疏解提供条件	待大圆盘顶板结构施工完毕后,回填土方并恢复汉中路和汉中东路,进行第二期交通疏解,主要施做主体结构顶板和附属结构 4 号、5 号、6 号、7 号、8 号出入口及大圆盘地下一层结构

综合分析:盖挖逆作有利于减轻交通压力和交通疏解的难度,适用于交通压力比较大、周边商家店铺比较多的城市中心区,能极大地减轻周边商家经济上的损失。

2)基坑安全性

明挖顺作:基坑北侧有一 50m 直径的圆盘结构,采用明挖基坑钢支撑体系设计比较复杂,并且开挖达 19.5m,周边交通道路狭窄,易失稳;整个基坑暴露时间长达 20 个月,基坑安全性风险很大。

盖挖逆作:仅在结构顶板施工期间暴露深 3m 的基坑约 8 个月时间,在顶板施工完成后方开挖下部土方,以结构板作为支撑,基坑安全性较好。

综合分析:①盖挖逆作法在基坑开挖施工过程中,利用地下结构自身的桩和框架柱将垂直荷载传至地基;利用地下结构的顶板、楼板兼做围护结构支撑,基坑开挖引起的地层位移可明显降低,而且深基坑逆作法施工深度不限。目前,在国内外凡是超深基坑和对周边建筑物、管线有严格变形控制的大型地下工程多采用逆作法施工。②明挖法施工阶段对围护桩的刚度、强度以及内支撑依赖程度很高,内支撑稳固性、刚度、强度,以及开挖过程中的时空效应要求特别严格。因此,如果某一个环节没有做到快挖、快撑、快封闭,基坑都易失稳。

3)施工工期

明挖顺作与盖挖逆作整个地下结构施工总工期基本一致为 22 个月。

综合分析:盖挖逆作法施工能够满足地下结构施工的同时,还可以进行地上建筑物的施工,待上部建筑施工到若干层或其他,如绿化、广场修建等后,地下各层基础工程也全部竣工,尤其是高层建筑地基施工;但如果只是地下结构施工时,跟明挖法施工相比,工期相近或有所缩短,而明挖法因交通疏解困难的影响工期。

4)施工难易程度

明挖顺作:基坑深达 19.5m,北端有内容 50m 的大圆盘结构,属于规模较大基坑,支撑体系复杂，受力体系转换次数多，施工部署及确保施工组织流畅度难度较大。

盖挖逆作：在顶板施工完成后，下部施工组织较为简单，但前期技术方案策划、设计深化难度较大。

综合分析：盖挖逆作法与明挖法施工相比较，难度较大的逆作方案形成以及根据逆作方案优化设计方案由专业设计单位配合施工单位完成，质量保证度高。同时，因利用地下结构桩、柱、板作内支撑，完成顶板施工后，下部结构施工较为简单，实际施工难度较小。

5）周边建筑物、管线保护抗变形能力

明挖顺作：根据模型进行施工模拟、测算，明挖顺作基坑变形较大，最大侧向变形31.30mm，竖向最大变形15mm；基底最大隆起85.36mm。

盖挖逆作：根据施工实测，盖挖逆作基坑变形较小，最大侧向变形10.28mm，竖向最大变形9.75mm。

综合分析：盖挖逆作法与明挖法相比，盖挖逆作法具有强抗变形能力，能极大地减少沉降及位移。此原因是因为盖挖逆作能利用自身结构支撑。

最终选定方案：该站采用盖挖逆作法施工，以800mm厚地下连续墙作为围护结构，中间立柱为钢管柱，中间柱基础为直径1.5m的钻孔灌注桩。

（4）盖挖逆作流程（图3.1-2）

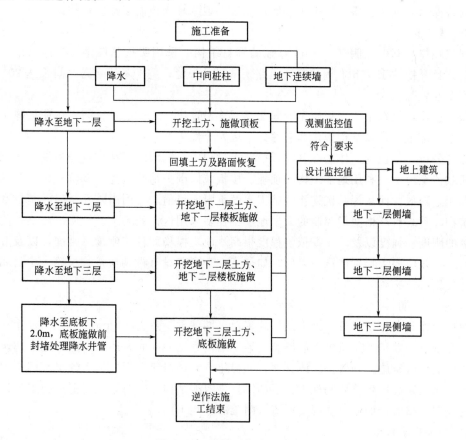

图 3.1-2　盖挖逆作施工流程图

施工案例二：天津现代城 A 区地下逆作方案选择

本项目商业裙楼南北长约 195m，东西宽约 115m，主楼位于裙楼的最北端，东西长约 35m，南北宽 30m。南侧南京路主路有 1 号线地铁，距地下室外墙约 33m；东南侧约 3.2m 为伊势丹商场，B2/F9，基础埋深约 10.2m；东北侧紧临 B 区在建结构，B5/F6，基础埋深为 22.5m；北侧约 26m 为伊都锦商厦，B2/F10，埋深 10.85m；西侧约 28m 为乐宾百货，B2/F8，地下埋深约 9.6m（图 3.1-3）。

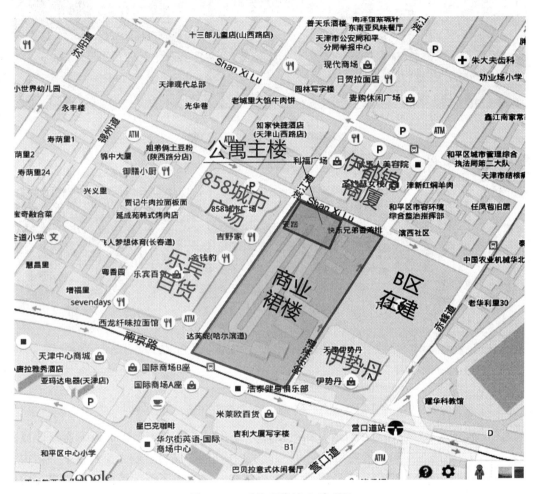

图 3.1-3　天津现代城 A 区项目

其中，南侧南京路为城市主干道，白天无法进行材料运输，北侧陕西路为单行道，西侧滨江道为步行街，东侧哈尔滨道被在建 B 区占用为材料临时堆放场。场外运输时间晚上 10 点～早上 5 点，运输道路严重受限（图 3.1-4）。

影响该工程施工部署的关键问题：1）拟建场地内的两幢变配电站搬迁时间未定，影响整体施工部署；2）哈尔滨道地下市政管线需处理；3）原有建筑物已拆除，其桩基与拟建建筑物有重叠，需处理；4）甲方希望尽量提前达到预售节点。

处理措施：1）采用地下地上结构同步施工的全逆作施工工艺，提前达到预售节点。

2）做好地下结构施工前的各项准备工作

图 3.1-4 项目周边道路

(*a*) 南侧的南京路；(*b*) 西侧滨江道；(*c*) 东侧哈尔滨道；(*d*) 北侧陕西路

① 提前介入，与设计对接沟通，优化设计方案及施工方案；先施工地下连续墙或其他支护结构，再施工中间支承桩和立柱桩，作为逆作期间于底板封底之前承受上部结构自重和施工荷载的支撑。然后，施工 B0 层的梁板结构，作为地下连续墙的首道支撑，随后逐层向下开挖土方、浇筑各层地下结构，直至底板完成，利用梁板结构作为基坑内支撑。同时，首先完成 B0 层的楼面结构，为上部结构施工创造条件，可以在地下结构施工的同时，向上逐层进行地上结构的施工。

② 采用配电站电缆架空、转换等方式，做好地连墙封闭工作。

③ 根据施工进度，进行降水井施工及预降水。

④ 塔吊在土方开挖前安装完成。

⑤ 与配电站拆迁进度结合。

⑥ 利用主楼东侧环形坡道设置出土通道，利用变配电站支撑环梁设置栈桥出土。

⑦ 利用 B0 板作为材料堆放场及车辆运输道路。

⑧ 根据施工需要，在临时通道、材料堆场等区域设格构柱立柱桩，满足承载需求。

⑨ 为保证结构稳定，将 B0 层自动扶梯口临时封闭。

⑩ 利用北侧第十一中学空地作为临时堆土场。

⑪ 利用主楼东侧环形汽车坡道区，形成支撑环梁，设置坡道至基坑内，加快土方挖运。

⑫ 主楼核心筒区域首先施工 B1 层，将其作为转换层，再施工 B0 层结构。

⑬ 建议北边一栋配电站先行拆迁，为整个商业裙楼施工提供有利的作业条件。

根据场地的变电站所处位置，将基坑分成 3 个区域，在待拆迁配电站区域设置支撑环梁，根据变电站的拆迁进度该区的施工，待拆迁配电站区域采用二次退台开挖，降低基坑支护费用（图 3.1-5）。

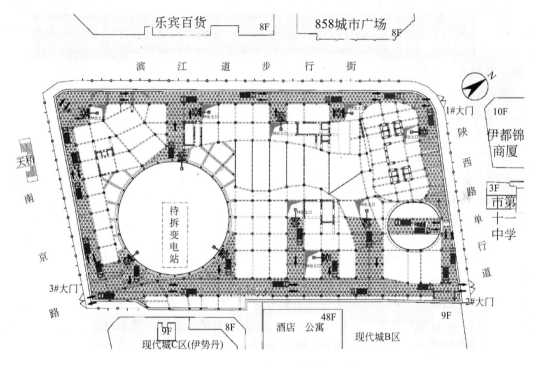

图 3.1-5 变电站所处位置

在此施工部署优化下，预售节点达到甲方要求，优化后的工程投资成本满足甲方预期。

通过上述案例可知，逆作方式的选择可通过以下几个方面进行比对选择：

1) 从逆作施工的必要条件进行比选

逆作施工的必要条件主要围绕设计可行、施工便利、经济合理来展开。逆作施工的必要条件是由具体工程的特点来确定，首先体现在工程施工位置复杂，不便于采取除逆作施工以外较为合理的方法，尤其是地下结构的施工安全方面，在采用支护结构或降水等措施后，利用其余的施工方法，其各项经济指标均达不到采取逆作施工的效果，或综合经济效果没有采取逆作法施工更经济、合理。在有了经济效果比选确定逆作法为可行且经济的前提下，施工设计优化，确立更经济的技术支持，才能使地下逆作施工在具体工程中得以正式实现。

地下工程施工中，基坑的安全性是首要考虑因素，采用顺作整体开挖、施工，基坑四周土体在围护结构临时支撑状态下，需逐步开挖到基坑最大深度，基坑裸露至地下结构完成才能进行基坑回填，暴露时间长，受外部环境影响因素大，这是基坑工程施工安全重要隐患；而逆作法利用其特有工艺特点，通过自上而下逐步进行土方开挖、结构施工成型，形成稳定水平支撑，比较有效地解决了暴露时间长、受周边环境因素影响大的问题，为施工安全提供了可靠保证。

地下结构施工除了选取有利用施工的安全性的支护形式，作为企业，既要在保证施工安全的同时，又要兼顾技术方案的经济合理性。逆作法可以有效解决常规顺作施工的基坑安全问题，充分利用水平梁板结构的刚度，代替常规基坑内支撑水平体系，而且可以结合设计方案，将临时支撑立柱桩与工程桩进行桩柱合一，避免二次拆除工期及费用，缩短工期，降低工程成本。这也是逆作施工能发挥其经济效益的关键。

基于安全、成本这两大关键因素，进行设计优化，改善地下土方开挖、施工运输条件，降低乃至规避整体大开挖时受场地限制影响。同时界面层首先施工完成，作为场内临时通道及堆放场地，是工程空间和环境改善的优越条件，更较顺作法常用的栈桥、坡道等经济、便捷。这些类似的比选优势，尤其对"北上广"等经济发达区域，地下施工环境复杂、地面及周边交通环境、建筑安全要求等级高且空间和时效方面比较注重的地区，应用较为广泛和被推崇。

施工案例三：上海环球金融中心

① 地下工程设计概况

上海环球金融中心新建工程地下室平面呈不规则长方形，长约200m，宽108～120m，地下三层。楼板采用带柱帽的钢筋混凝土无梁楼盖，局部采用有梁体系。楼板由钢筋混凝土柱子支撑，柱网间距8.5m×8.5m。基础形式为桩+筏形基础，桩基采用$\phi700\times11$（桩长48m）$\phi700\times19$（桩长60m）钢管桩，裙房基础底板厚2.0m（局部2.5m），垫层厚0.2m。

在塔楼地下室和裙房地下室之间设置直径达100m的圆形地下连续墙临时围护结构，将地下室分为塔楼区和裙房区，塔楼区采用顺作法先期施工，裙房区采用逆作法施工。在塔楼地下室底板结构达到设计强度后开始裙房地下连续墙的施工，在塔楼区主体结构施工至地面层后，进行裙房逆作区地面层楼板施工，并与塔楼区地面层楼板相连接。地下室塔楼顺作区和裙房逆作区划分如图3.1-6所示。

裙房逆作区三层地下室建筑面积为4.36万m^2，外墙周长603.5m，基坑面积14613m^2，开挖深度17.85m，局部最大开挖深度为18.85～19.85m，土方工程量25.63万m^3，浇筑混凝土约4.98万m^3。

② 裙房地下室逆作区支护结构设计概况

裙房区采用"二墙合一"的地下连续墙作为基坑围护结构、止水帷幕及地下室结构外墙。地下连续墙厚1.0～1.2m，深34.0m，墙顶采用1.5m×1.0m的钢筋混凝土顶圈梁连成整体。坑底被动区采用SMW水泥土搅拌桩加固，加固厚度为4.0m，宽度6.0m，水泥掺量20%；基坑开挖面以上回掺至标高±0.000m，水泥掺量10%。逆作施工时，以结构梁板作为基坑水平支撑体系，在结构开口、楼板缺失及−10.55m标高处设置临时钢支撑或钢筋混凝土支撑。水平支撑体系由裙房建筑立柱和新增临时立柱支撑。建筑立柱为轧制型钢H400×400×13×21（SS400），立柱桩为$\phi700\times11$（SK490）钢管桩；新增立柱截面为500mm×500mm，采用钢格构柱4∟180×18，立柱桩为$\phi850$钻孔灌注桩。逆作完成后，将建筑立柱包浇钢筋混凝土使其成为结构柱，并将新增临时立柱托换拆除。

综合本工程裙房区工程地质和水文条件、工程周边环境条件、裙房区基坑围护工程施

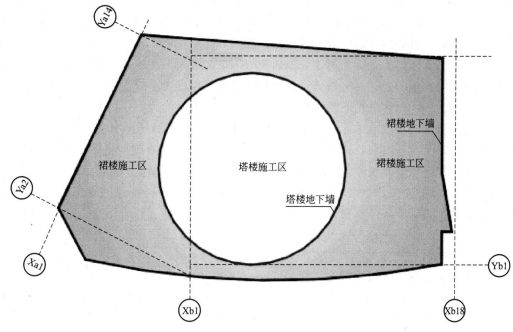

图 3.1-6 全逆施工工艺具体工艺流程图

工招标设计方案和招标图纸以及工程结构初步设计图纸，裙房地下工程逆作方案具有以下特点和必要条件：

a. 裙房基坑面积大，超深开挖，土方开挖量达 25.63 万 m³，而基坑周边的环境复杂，四周道路下埋各种管线繁多，正式运行的地铁和高耸的金茂大厦距离基坑边仅为 40m，在基坑降水作业和土方开挖时，可能造成变形影响，需设置监测点点多面广，协调单位众多。首选逆作法施工，虽土方开挖难度大，施工周期长，但对周边交通及安全是绝对有保证的，且施工相对便利。

b. 工程地理位置显要，工程影响巨大，对文明施工、安全生产以及环境保护的要求高；且坑底有承压水，在工程深基坑施工时，坑底土自重小于承压水压力，须采取减压措施。因此，在逆作施工中，逐步向下，并利用支撑体系对开挖区域置换，有助于平衡水压，这是顺作施工做不到的，施工过程中的安全文明也会因裙楼周边处于地下，整个工作得到缓解，而使施工成为可能。

2) 从逆作施工的平面布置选择

拟建项目确立采取逆作施工，其在传统设计思路中，主要考虑的是结构的成熟条件，主要表现在基坑支护体系的安全性和可行性，在此基础上，再考虑结构在使用功能方面和空间效果方面的实现。但作为施工方，主要考虑的不仅仅是围绕设计思路中的结构安全区实施，还要对施工过程中的可操作性进行不断的剖析和优化，主体体现在施工平面布置中的优化。采取怎样的交通组织方式？地上、地下的施工实施过程怎样？具体结构施工与土方开挖过程中如何操作？这些很实际的施工管理方法需要在事前认真推演和优化，使细节更具体，才有可能对施工的具体实施过程更有把握。

结合具体工程，应该首先充分了解周边交通流的现状，将工程的外界交通做好测评，确立施工整个过程的大门布设和现场临时堆场和转运的有效控制，使工程的产能和效益相匹配。有些城市中因交通限行，出土时间受到城市管控时段的限制，在具体施工场所需达到平衡及效益时，就必须考虑时效关系，将工程的具体部位细化，充分利用间歇关系，部署施工生产，如夜间出土，腾出具体分段的施工部位，白天不能出土，但对腾出的施工面正好可以组织结构施工，这样交替进行，同样可化解工作程序中的不足。

在逆作施工中，较为关键的组织措施，主要体现在出土的效率，因此出土孔的布置是逆作施工较为重要的环节。出土孔应结合具体结构特点，将出土孔设置在不影响水平支撑刚度和结构支撑安全的部位，同时，出土孔的设置更应便于机械操作，使土方能顺利通过预留的口部将土方转运出地下，并通过地面的装卸车转运出现场。

出土孔应对地下土方操作的具体部位较为均衡控制，以便各部位的出土速度相均衡。同时，出土也应考虑土体侧压力的影响因素，以及地下暗挖的工程施工特点，能使出土及结构施工交替进行。在具体实践过程中，出土孔的数量及出土速度一方面受具体机械产能的影响，同时也受具体施工工期进度的影响。

施工案例四：深圳平安国际金融中心

该工程建设地点位于深圳市福田区 01 号地块，益田路与福华路交汇处西南角，2009年 8 月开工（进场整理场地），2014年竣工。

项目总建设用地面积 18931.74m²，工程总建筑面积 460665m²，建筑基底面积 12305.63m²；主体高度 588m，塔顶高度 660m；地上 115 层，地下 5 层；主体结构形式为带外伸臂的混合结构。

其地下空间几乎全部为地下室，在施工平面布置中若不采取裙楼逆作、主体顺作方案，几乎没有场地可以布置用于施工，具体如图 3.1-7、图 3.1-8 所示。

图 3.1-7 平安国际金融中心基坑施工平面布置

图 3.1-8 平安国际金融中心基坑施工坡道布置

3) 从逆作施工的"人机料"选择

逆作施工作为特殊环境中的特殊工程,其施工工艺的不断推广和应用已经逐步得到社会的公认,因此在不断科学、合理的部署过程中,"人机料"的选择也在不断地规范和科学。

逆作施工的人员要求,除有一定的地下逆作施工经验外,对逆作施工环境的认识,对逆作施工的相关工作要求和了解,也在不断地要求严谨和培训推广。施工人员,分为一线员工和管理层,一线员工又因其工作环境和操作技能不同,分为各专业的技术工人和普通工人。无论什么工人,对于逆作施工相关工艺要求和标准,在不断发展的现实过程中,工人的施工经验尤为重要。在组织工程不断培训技能的同时,注重工人本身素质的提高,从安全、施工生产质量,职工本身素养方面,为工人创造条件并发挥工人的创造能力,有助于某项技艺的改进和创新。尤其对机械化程度的适应和革新,充分利用机械化操作,逐步降低劳动力的投入和转型,因此在人的选择方面,因着重考虑有一定施工经验、素质好、肯吃苦耐劳和便于创新、反应灵敏的工人。

机械化的操作,在地下逆作过程中,能有效地提高出土速度,机械主要指地面的出土运土设备及地下的挖土转运设备及辅助的通风、照明、降水等有助于施工开展的相关设备。

地面出土机械有抓斗机、长臂挖机和吊挖机械,主要负责出土孔的土方从坑内运至出土孔并达成装车的相关设备;地下挖土设备主要采用小型挖机和铲运机等,其控制要点是防止碰撞桩柱和防止发生挤土效应,影响竖向构件的承重受力;其余的设备根据具体施工环境有针对性地匹配。

施工案例五:天津富力中心选择使用全逆作施工

① 天津富力中心工程概况

A. 建设环境概况

工程建设地点：天津富力中心工程项目位于天津市和平区的小白楼商务区，该工程地上公寓楼 54 层、办公楼 47 层、裙房 4 层；地下 4 层；建筑高度：207.9m；总建筑面积：180220m²。东面紧邻市区主干道之一的南京路，北面毗邻合肥道，西面和南面被南昌路和芜湖道包围。

建设项目周围环境概况：项目周边为道路所环绕，南侧紧邻芜湖道，基坑边距西营门派出所办公楼（3 层）15.5m，距津利华名家酒店（7 层）约 22m；北侧为合肥道，对过为正在施工的 24 层钢框架结构的商业大楼；西侧紧邻南昌路，距孚德里（7 层）6/12 号楼 24m；东侧为江西路，距安辛庄（7 层）5/8 号楼、安辛庄（7 层）1/4 号楼 25m，距交通银行大厦（32 层）26.5m。

水文环境条件：水位埋藏较浅为 1.3～1.7m，地下水接受大气降水入渗、海河渗入水、地表水入渗补给，7～10 月份为丰水期，3～5 月份为枯水期，地下岩层承压水补给，地下水源丰富，施工降水、排水对基坑施工的影响较大。

地下管线及相邻的地上、地下建（构）筑物情况：项目地下综合管线主要是城市给水排水管道、天然气管道、电信光纤电缆、地下供电线路、照明线路、城市供热管网、高压电缆，现代化大都市具备的综合管线使用要求基本齐全。

B. 天津富力中心地基基础概况

本工程建设占地面积 9588.1m²，基坑占地面积 7795m²，周长 350.79m，基坑开挖基本深度 19.1m，核心筒局部深度 24.5m。基础采用三岔挤扩灌注桩和筏板基础。本工程 ±0.000 相当于大沽标高 3.2m，自然地面标高 2.8～3.1m（大沽标高）。

C. 工程结构概况

a. 逆作法结构概况

工程地质结构概况：工程设计持力层为 50～80m，地面向下按其成因类型、时代分为 11 个工程地质层，自上而下的工程地质结构情况见表 3.1-2。

工程地质结构概况 表 3.1-2

地层名称	层厚（m）	顶板标高（m）	渗透系数 $K_\perp$（cm/s）	渗透系数 $K_\parallel$（cm/s）	承载力特征值 f_{ak}（kPa）	渗透性
②₁淤泥质黏土	0.5～2.3	−0.23～1.57	1.1E-07	9.6E-08	75	不透水
②₂粉质黏土	0.5～4.2	−1.03～1.53	1.68E-07	1.74E-07	100	不透水
②₃淤泥质黏土	2.0～2.6	−3.19～−2.57	1.10E-07	9.00E-08	80	不透水
③粉质黏土	1.5～2.5	−1.73～−0.72	4.52E-07	9.18E-07	120	弱透水
④₁粉质黏土	0.7～2.6	−5.35～−2.53	2.35E-06	6.95E-06	105	弱透水
④₂粉土	0.7～3.8	−7.21～−3.91	8.66E-05	2.13E-04	125	弱透水
④₃粉质黏土	0.6～2.9	−7.91～−5.01	1.15E-06	1.64E-05	110	弱透水
④₄粉土	0.7～4.0	−8.51～−6.31	2.72E-05	3.78E-05	130	弱透水
④₅粉质黏土	1.0～3.8	−10.50～−7.63	1.99E-06	1.30E-05	110	微透水
⑤粉质黏土	4.2～5.8	−12.17～−11.31	1.81E-07	1.488E-07	140	不透水

续表

地层名称	层厚(m)	顶板标高(m)	渗透系数 $K_\perp$ (cm/s)	渗透系数 $K_\parallel$ (cm/s)	承载力特征值 f_{ak} (kPa)	渗透性
⑥₁粉质黏土	3.1～4.5	−17.23～−16.17	2.57E−07	3.75E−07	150	不透水
⑥₂粉土	2.9～4.6	−21.33～−20.13	2.1E−05	4.86E−05	200	弱透水
⑥₃粉砂	2.6～5.2	−25.53～−23.79	1.5E−05	3.5E−04	240	弱透水
⑦₁粉质黏土	1.2～3.5	−29.33～−27.47	9.00E−07			不透水
⑦₂粉砂	1.0～3.5	−30.69～−27.97	3.40E−06	6.3E−06		弱透水
⑧₁粉质黏土	4.2～8.4	−33.33～−30.43	2.62E−07	4.50E−08		不透水
⑧₂黏土	2.8～5.4	−38.95～−36.83	1.49E−07	1.49E−07		不透水

b. 地下连续墙结构概况

地下连续墙设计 800mm 厚度墙体设计深度 35m，1.2m 厚度的墙设计最深 60m，混凝土强度 C40，设计标准槽段宽度 6000mm，设计使用钢筋 HRB235、HRB335、HRB400，地下连续墙设计混凝土防水等级为一级，地下连续墙预留插筋，在后期开挖后掰出锚固到楼面环梁内。

c. 工程桩结构设计概况

设计泥浆护壁灌注桩桩径 $\phi600 \sim \phi1300$mm，设计抗压强度：$\phi1300$：16500kN；$\phi1000$：9000kN，混凝土强度 C40，设计桩长 43m、48m，最低桩顶标高 17.15m 以下，纵向受力钢筋⑪级，设计总桩数 332 根。

钢管混凝土桩：主楼部分工程桩在-8m 以上为钢管桩。

d. 逆作法楼板结构概况

楼板设计厚度和荷载情况：设计逆作法楼板为：B1 梁板体系（局部无梁结构）、B2～B4 为无梁板结构，设计厚度最厚±0.000 楼板 400mm，为土方车辆运输通道，楼板承载力设计 30kN/m²，塔楼部位设计楼板承载力 10kN/m²，其他部位考虑到逆作法楼板的施工活动荷载情况，设计楼板承载力 15kN/m²。地下 2～4 层楼板施工荷载不大于 5kN/m²，有后浇带的板跨不得有施工荷载，设计楼板厚度≥200mm 厚度，基础地板设计厚度大面积 800mm，核心筒部位 2500mm。

楼板设计配筋情况：土方车辆走道设计⑪20@200 双层、双向，地下二层楼板设计⑪16@200 双层双向，地下三楼板设计⑪18@200 双层双向。地下室底板 800mm 厚部位在 Y 向设计⑪20@200、在 X 向⑪18@200 双层钢筋，塔楼部位设计⑪25@200 双层双向钢筋，核心筒部位设计上层钢筋网⑪32@150、下层钢筋网设计⑪40@150，核心筒底板设计厚度 2500mm。

地下室楼层标高和层高：地下一层楼板标高−5.050m，层高 5.03m，底下二层楼板标高−9.080m、层高 4.05m，地下三层楼板标高−13.130m，层高 4.05m，地下四层基础地板标高−16.430m、层高 3.3m。核心筒基础开挖深度 7.6m，开挖垫层底标高−24.050m。

e. 逆作法结构设计竖向结构支撑体系概况

主楼桩柱设计直径 1300mm 钢管混凝土桩柱、二次叠合后为 1500mm×1500mm 框架柱，裙房设计直径 600mm 钢筋混凝土桩柱、二次叠合后为直径 750mm 框架柱。核心筒采用壁桩支撑结构，设计壁桩厚度 600mm，二次叠合后壁桩设计厚度为 900mm。

f. 设计节点连接

楼板与地下连续墙连接设计概况：楼板与地下连续墙连接部位设计环梁，环梁与地下连续墙连接采用事先预埋好的钢筋相连接，楼板钢筋深入环梁内，地下连续墙各槽段连接设计扶壁柱，环梁与扶壁柱连接。

梁板与桩柱连接：工程桩在楼板标高位置预埋环形钢板与工程桩纵向钢筋焊接连接，环形钢板焊接 2～3 道水平环筋，该部位设计楼板环梁，楼板与环梁再连接。在有梁部位设计钢牛腿与梁钢筋焊接。

基础底板与地下连续墙连接：在地下连续墙内预埋钢筋接驳器，与基础底板主筋连接，基础底板与壁桩连接同地下连续墙连接，均必须依据 F 版图纸进行施工。

D. 逆作法施工概况

本工程采用地下三层全逆施工工艺流程见图 3.1-9。

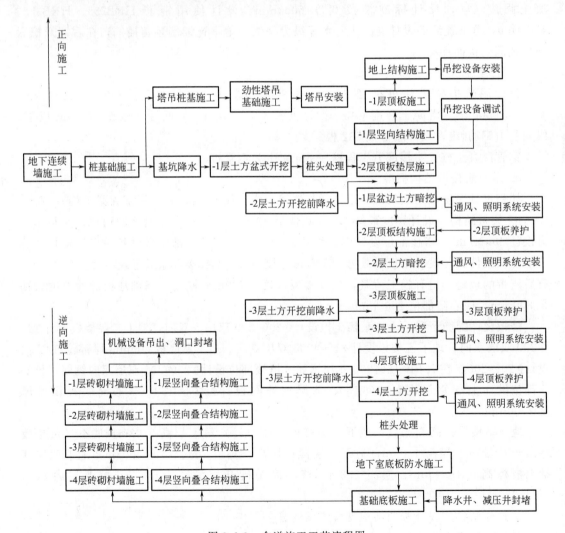

图 3.1-9　全逆施工工艺流程图

4）从逆作施工的效益比选

地下逆作施工，因具体项目的结构设计类型、支护形式、场地条件等需要作方案优化和比选，主要是围绕环境和方法有利、效益显著、工期合理等方面来具体实施。

可根据具体条件，选择不同逆作方式，如边顺中逆、部分逆作、全逆作等。如选择裙楼逆作、主楼顺作的组合形式，可以充分利用主楼周围裙房已完成结构，作为施工场地，拓展场内周转场地，亦可以根据需要，同时施工裙楼地上地下结构，缩短裙楼结构工期；采取半逆作，充分利用支撑体系上部结构的安全性，有效地采取上部浅基坑的安全性较高的特点，先正作上部部分，使工序和效益简化，再对下部较深部位逆作来提高效益；采取周边逆作、中心盆式开挖等组合的形式，充分利用相互联系的关系，使周边出土于中心环梁支撑体系中的地下交通组织更便利，使出土效益普遍提高。

2. 施工界面的确定

根据施工项目的不同方式，大致可将逆作施工的界面划分成三大区域，首先是逆作施工必要的临界层的确定，通常设置在零层结构面，其关系到地下逆作工艺的实施和地面的交通组织，使逆作施工便利可行；其次是地下各逆作层，各层除了进行降水、土方开挖，还必须完成各层的水平和垂直结构支撑体系，以便地下结构空间和支撑体系能达到继续施工承载和结构完善的可能；再者就是地上同步结构施工作业条件的形成，使地上地下同时施工或错开施工，互不干扰且组织便利。

（1）临界层界面的确定

临界层界面是指具体逆作部位的分层临界位置，在逆作、半逆作或周边自然地面高差等复杂的关系中，综合考虑出土速度、结构层面作为施工主要运输和施工场地作业面等条件和效益后，确定临界层界面的位置，并根据这具体位置来组织施工部署。一般将 B01 层板作为顺逆作的界面层，同时可以根据需要，将部分 B0 层板、B02 层板作为顺逆作的界面层。

（2）地下作业层的布置

地下作业层主要围绕出土孔区域的出土环境及地下结构层分段布置位置特点来综合布置。

在地下作业层的施工布置中，应充分考虑出土孔的综合利用效率，使出土孔区域尽量放在地下结构层后一段时间进行，错开挖土与地下结构施工分段关系，并且相互兼顾。

因水平梁板兼做基坑水平支撑，为提升其整体刚度，应尽量减少楼板开洞，这就要求在满足正常施工生产需求的情况下，尽量将出土孔与材料下料口共用，这同时也要求在施工部署中，需将其功能能力及功能分配时段进行细化和评估，确保功能转换的顺畅。

地下逆作阶段，应充分考虑地下环境的安全性，在进行地下施工层规划的时候特别对用电设备、线缆敷设、空气流通等进行重点考虑，如设置安全电源并固定场所，控制线路的布置路径，使其规范且不影响机械操作；充分考虑通风设施的布置，使基坑内能起到新风循环等。

（3）地面结构层的布置

地面结构层的施工首先要考虑地下施工与地上施工场地的交叉与干扰，在布置过程中需充分考虑各自使用场地的合理性，使在地下施工的同时能满足地上施工。由于相对应的地上地下同时施工，对有限的场地进行合理的综合规划利用就显得尤为重要。在实际布置中，应结合各施工机械布置特点，首先在保证地下施工时，应预留出运土通道，配合出土孔的机械布置，在此最基本的条件满足下，方可组织其他场地的落实。由于出土孔机械的使用，对一层结构层高等因素与其产生矛盾时，可采取架空的方式拓展空间，使施工相互错开。

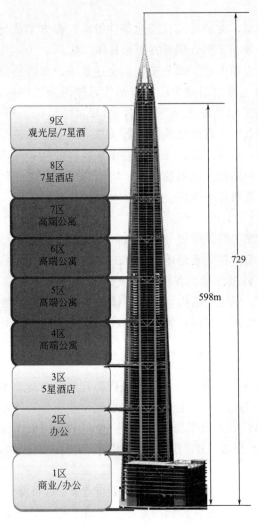

图 3.1-10　塔楼分区示意图

施工案例六：苏州中南中心

1）苏州中南中心工程概况

苏州中南中心项目，由苏州中南中心投资建设有限公司投资兴建，位于苏州工业园区金鸡湖畔湖西 CBD 商务区 F 地块，东邻星洲街双层立体交通，东南面邻高层住宅项目，西南以及西面为城市道路苏惠路及星阳街。

本工程地下 5 层，裙房地上 8 层，塔楼地上 137 层，主体建筑上人高度为 598m，塔冠最高点为 729m，裙房主屋顶 58.5m，总建筑面积约为 49.6 万 m²，其中地下建筑面积约 12 万 m²，裙房地上建筑面积约 2.9 万 m²，塔楼地上建筑面积约为 34.2 万 m²。

本工程塔楼共分 9 区，每一区以避难层及设备层划分，最上区为观光及部分 7 星酒店及会所功能，7 星酒店延伸至 8 区。4～7 区为高端公寓，3 区为 5 星酒店，2 区及 1 区上部为办公区，1 区中低层结合裙房提供高端商业、娱乐以及酒店宴会厅、会议厅，并与邻近商场以空中连廊相连接（图 3.1-10）。

地下室一层为商业，与邻近商场于东南角相连，与世纪广场下沉广场于北面地下一层相连，地下二层设观光大堂，与场地东南角观光入口对应，酒店厨房粗加工位于地下三层，其余地下室为后勤、停车、设备等辅助空间。

整体观光区为 2500m²，7 星酒店 43000m²，5 星酒店约 66000m²，其中与酒店相关会议、宴会空间约 26000m²，公寓区约 148000m²，办公区约 71000m²，高端商业约 27000m²，地下商业约 10000m²，另外公共区如电梯门厅、入口大堂约 5200m²。

2）项目周边环境概况

3）裙房地下室逆作区支护结构设计概况

裙房区采用"二墙合一"的地下连续墙作为基坑围护结构，采用定向高压旋喷深层搅拌桩对地连墙槽段接口进行止水处理。地下连续墙厚 1.0～1.2m，深 63m，墙顶采用 1.5m×1.0m 的钢筋混凝土压顶圈梁连成整体。坑底被动区采用高压旋喷桩进行加固，加固厚度为 11.0m，宽度 10.0m，水泥掺量 10%～20%。

逆作施工时，以结构梁板作为基坑水平支撑体系，在结构开口、留洞部位采取临时封闭，满足支撑要求；在首层结构由于挖土车辆运输采用全部临时封闭（除设计留设的出土口及内支撑开口外），并由结构设计加强成栈桥，满足机械运转和材料堆放，待挖土完成、逆作施工结束后再行结构开洞。

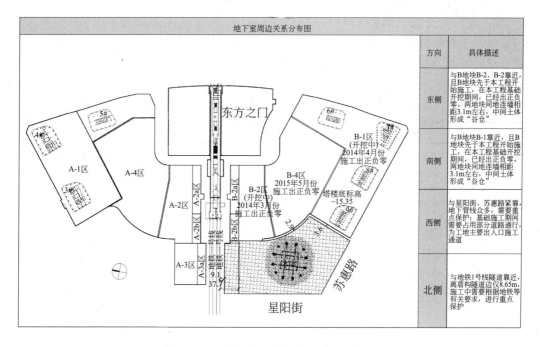

图 3.1-11　所在位置周边关系平面示意图

水平支撑体系由裙房结构钢管柱和格构柱支撑。结构钢管柱为 $\phi600\times18$（Q345B）、$\phi700\times20$（Q345B）内灌 C60 水下无收缩混凝土；格构柱截面尺寸为 460mm×460mm、$4\llcorner140\times14$，立柱桩为 $\phi1100$ 钻孔灌注桩。逆作完成后，将结构钢管柱外包钢筋混凝土浇筑二次叠合使其成为结构柱，并将增设的临时立柱替换拆除（图 3.1-12）。

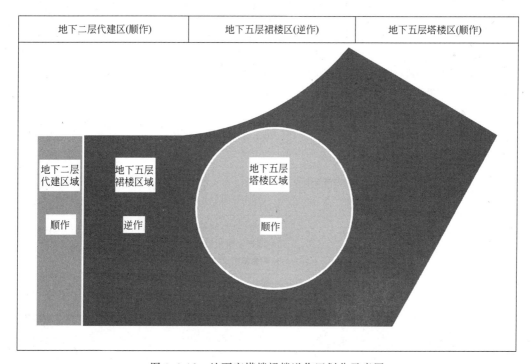

图 3.1-12　地下室塔楼裙楼逆作区划分示意图

4）工程特点及施工方案选择

综合本工程裙房区工程地质和水文条件、工程周边环境条件、裙房区基坑围护工程施工招标设计方案和招标图纸以及工程结构初步设计图纸，裙房地下工程具有表 3.1-3 所列特点。

裙楼逆施方案选择表 表 3.1-3

序号	工程特点和难点	处理方法和措施
1	基坑周边的环境复杂，四周道路下埋设各种管线繁多；紧邻基坑边侧苏州中心广场 B-1、B-2 和 B-4 正在建设之中，我方基坑施工会受到影响；北侧与地铁隧道相邻，施工中需与城市轨道部门协调保护	施工中必须建立可靠的监测和围护保护措施，建立多渠道多单位的协调沟通和组织工作，认真做好准备，做好各方面的对接，做好信息化智能监测报警信息跟踪分析和共享系统，确保工程开展的顺利。实施基坑监测和地连墙维护体系
2	基坑面积大，超深开挖，土方开挖量巨大，达 80 万 m³。因此，合理组织好土方开挖工作且确保超深基坑的安全，是本工程的重点	选择合适的施工方案，既是对工程安全实施的保证，也是能合理组织节约成本和工期，符合业主根本利益的目的。尽可能地多出土、多运土，减少逆施工作，提高工效。为合理开挖需分区开挖，减小基坑变形量
3	坑底有承压水，在工程深基坑施工时，坑底土自重小于承压水压力，须采取减压降水措施方可保证施工实施	因此处理好合理的降水，既是对基坑安全的保证，也是防止基坑突涌，满足基坑开挖和结构施工的保证。合理选择降水方案，做好降水、监测和应急维护工作
4	基坑开挖阶段，施工场地狭小无材料堆放场地，现场无法搭设办公设施及职工生活区。因此施工中如何拓展空间，合理组织，确保基础施工阶段的顺利进行是本工程的重点	拟在场外设置生活区和办公区及临时加工场地；场内设置必要的道路、大门，设法进行逆施，利用首层地面结构板作为施工场地及道路，拓展施工场地
5	为确保基坑的安全，需设置基坑支护体系，配合土方开挖及地下结构施工	对地下五层区域，拟采用结构楼层作为基坑支护内支撑体系；地下二层区域，拟采用钢管支撑体系作为基坑支护内支撑体系，支撑体系竖向结构需设置格构柱及钢管桩柱等支撑形式，薄弱环节增加牛腿、K 撑等进行补强
6	采用逆作法施工，顶板结构承载要求高，同步解决运土路线关系对运土速度影响大	拟在首层楼面设置栈桥和出土口，保证逆作施工的机械运转及运输车辆通行，同时利用塔楼圆形环梁大开口，设置环形坡道，直接满足运输通行能力
7	采用逆作法施工，结构预留预埋多，测量精度要求高	需设置合理的测量控制网，对基坑实施全程跟踪，并且进行闭合复核，由专业监测部门进行跟踪，及时检查修复监控点的设置安全和保护状况
8	工程地理位置显要，工程影响巨大，对文明施工、安全生产以及环境保护的要求高	在文明卫生城市重要核心地块进行施工，树立品牌意识，确保绿色环保等文明施工布置，确保工程精品、优质
9	工程施工中不可预见的安全隐患多，尤其逆作施工，对开挖环境相对复杂	需建立严格的地下逆作环境，确保地下通风、用电及机械安全，严格按照设计要求分层、分区、分块、对称按次序开挖，确保基坑受力安全
10	地下工程，施工防水要求高，深基坑在水环境下的设防措施重要	使用"两墙合一"工艺，对施工过程中的防水处理节点认真落实，确保施工各环节的止水措施落到实处

5）地下逆作阶段施工部署及流程

整体施工流程如图 3.1-13 所示。

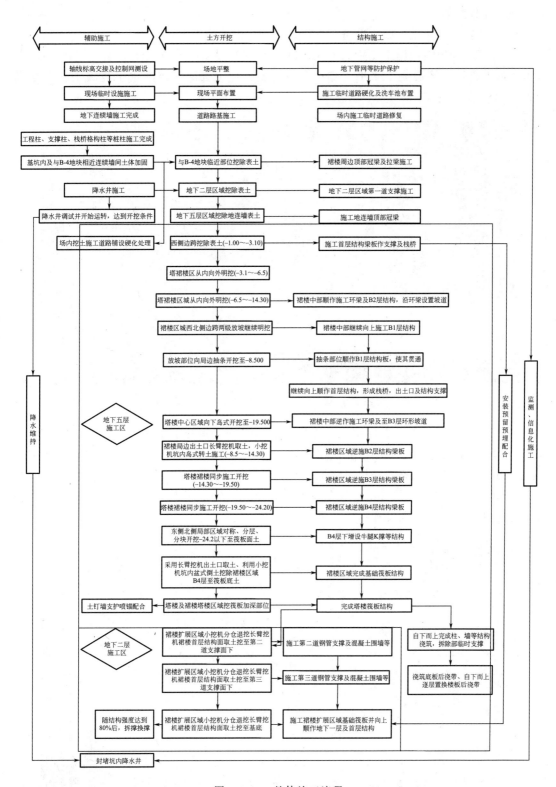

图 3.1-13 整体施工流程

各工况分解如下：

① 进场后，首先进行施工准备工作以及桩基、围护施工；

② 桩基、围护结构施工完毕后，先行开挖地下二层区域的首层土方至−3.100m，并施工该区域首道钢筋混凝土水平支撑；同时，进行地下五层区域降水工程施工。详见图3.1-14。

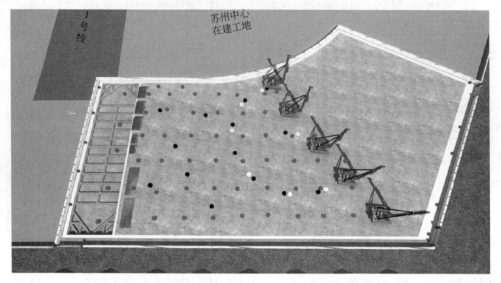

图 3.1-14　地下二层区域首道支撑及降水工程施工

③ 地下二层区域首道支撑施工、养护完成后，周边围檩上施工挡土墙并进行回填土施工；同时，将地下五层区域西侧浅层土方开挖至−4.800m后，施工边跨首层梁板结构施工；在与苏州中心广场工程相邻侧位置"谷仓"空隙内的土体高压旋喷桩加固施工完毕后，挖除浅部土体至−3.100m，凿除地墙顶部翻浆后施工压顶圈梁，并与苏州中心广场工程地墙压顶梁通过间隔设置的混凝土拉梁连接。详见图3.1-15。

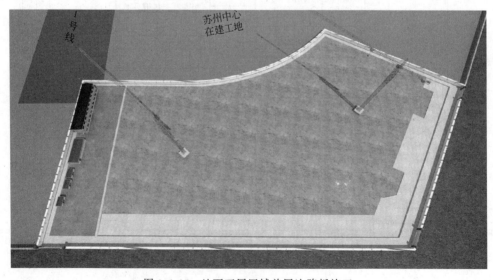

图 3.1-15　地下五层区域首层边跨板施工

④ 在边跨首层梁板结构和混凝土拉梁结构施工完毕后，开始进行首皮土方开挖；首皮土方开挖自−1～−6.5m，并留设下坑马道；详见图3.1-16。

图3.1-16　地下五层区域首皮土方开挖施工

⑤ 第二皮土方开挖，自−6.500m挖至−14.300m；以−6.500m标高平台为操作面，从基坑中部向南北两侧分别退挖，开挖至−14.300m标高后，开始进行B2层楼板及塔楼外围圆环梁结构施工。在北侧及西侧区域留设2级放坡平台，一级平台标高−6.500m，平台宽度为15m，二级平台宽度为5m。两级坡高均为3.900m，坡率为1:1.5；详见图3.1-17。

图3.1-17　地下五层区域第二皮土方开挖及B2层梁板施工

⑥ 中心区域B2层梁板结构施工完毕后，开始向上顺作施工B2框结构（含B1层梁板及塔楼外围圆环梁结构）；周边留土区域坡体开挖及结构施工，共划分14个分区，分两个阶段采用抽条开挖方式，开挖至−8.500m标高，进行周边留土区域B1层梁板结构补缺施

工；详见图 3.1-18。

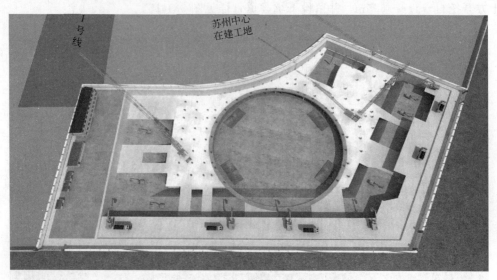

图 3.1-18　地下五层区域 B1 层梁板结构施工

⑦ 中心部位 B1 层梁板结构全部完成后，继续向上施工 B1 框结构（含 B0 层梁板及塔楼外围圆环梁结构）；周边留土区域 B1 层梁板结构完成后，继续向上顺作施工，补缺该区域内 B1 框结构（含 B0 层梁板结构）；至此，地下五层区域的结构顺作施工部分全部完成。详见图 3.1-19。

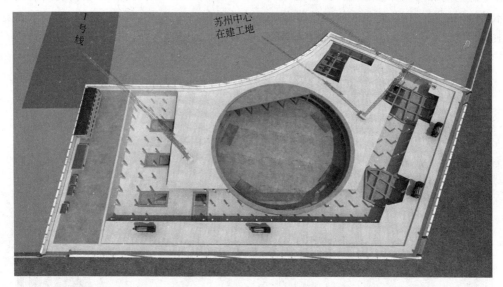

图 3.1-19　地下二层区域 B0 层梁板（周边留土区域）结构补缺施工

⑧ B0 层梁板结构全部养护完成后，再挖除周边 −8.500～14.300m 的二级坡体，并进行该区域 B2 层梁板结构的逆作施工。B2 层梁板结构全部养护并达到设计强度 80% 后，进行第三皮土方开挖施工。分区开挖至 −19.620m，进行该区域的 B3 层楼板结构施工。详见图 3.1-20。

⑨ 待 B3 层梁板结构养护并达到设计强度 80% 后，进行第四皮土方开挖施工。分区开

挖至-24.220m，进行该区域的 B4 层楼板结构施工。待 B4 层楼板结构达到设计强度 80％强度后，开挖基坑北侧及东侧局部斜撑区域土方至-25.250m 后，施工 K 撑围檩及斜撑构件；详见图 3.1-20。

图 3.1-20　B2 层以下结构逆作施工

⑩ K 撑构件养护完成至 100％强度后，进行第五皮土方及主楼区域第六皮开挖施工，土方开挖至-28.7m（主楼区域-33.3m）标高后，分区进行截桩、桩顶处理、垫层施工和基础底板防水施工。考虑先进行主楼及其周边裙房区域（后浇带范围内）基础底板施工，确保主楼基础底板先行施工；塔楼底板施工期间同步进行其他裙房区域土方开挖及后续垫层、底板结构施工。见图 3.1-21。

图 3.1-21　地下五层区域基础底板施工

3.1.3　现场平面规划

1. 施工部署的原则

（1）工期部署

结合工程合同及公司内控指标将工期目标进行分解、细化，根据工程特点深化、优化设计，优选施工技术，搭建强有力项目组织架构，挑选有长期合作关系、战斗力强、有类似工程施工经验的劳务队伍，选用先进的施工机械设备，严格控制工程使用的各类物资质量，进行科学、合理的施工部署和施工组织，确保工程工期管理目标的实现。

（2）空间部署

确保业主对工程工期的要求，科学、合理地制定施工进度计划，因目前本工程土方开挖工程已基本施工完毕，所以重点控制基础及地下结构施工阶段，地上结构施工阶段，装修工程和机电管线安装施工阶段，综合调试阶段，竣工验收后交接这五个分部分项工程的节点工期。考虑季节、周边环境等对施工的影响，统筹兼顾，综合安排施工作业，冬雨期尽量避开不利于施工的工序，保证工程质量和进度。

（3）施工现场平面规划流程

布置场区内及建筑物内临时通道→出土孔、下料孔设置→大型设备布设→材料堆放区布设→临电线路、临水管路等临时设施布设→逐层进行开挖、出土路线以及施工顺序规划。

（4）场地部署

场地部署根据场地周围现状的特点立足紧凑性、阶段性、可移换性，充分考虑工期、质量、劳动力、周转材料、大型机械设备、临建设施等资源投入情况，科学合理布置临时设施、运输道路、临时用水、临时用电等。

场地部署根据进度及时进行调整，将施工对周边环境、道路交通等方面的影响降低到最低限度，以最大限度满足项目部、业主及各分包单位，做到经济适用、投入低、效益高。

施工案例七：天津富力中心

1）天津富力中心施工总平面布置

① 大门

工地的正门设置在合肥道的两侧，在江西路设置一个辅门，主要作为材料、料具、混凝土罐车的进出口。现场东南角大门正中央有一处市政水井，需要建设单位协调解决水井迁移工作，将现有水井向南移至南侧围墙边。

② 办公生活区

现场办公室区设置在南昌路一侧，生活区在芜湖道一侧，办公区为 2 层彩钢板房，生活区首层为砖混结构，二、三层为彩钢板房，总建筑面积 14826m²。

③ 垂直运输

本工程使用 2 台地泵，分别布设在 1 号、2 号大门位置，用来完成混凝土的输送；上部主体及负一层结构施工使用 2 台 K50/50 塔吊，分别设置在公寓的北侧和办公楼的南侧，地下逆施土方及材料的垂直运输，采用 4 个吊挖设备进行吊挖，吊挖设备的轨道于 −1.700m、−0.100m 的梁柱顶预埋铁板进行焊接安装，吊挖设备在轨道上来回行走，进行吊挖。并且,与三个大门形成向外运土的通道。

④ 堆场及加工场

首层土方开挖阶段平面布置如图 3.1-22 所示。

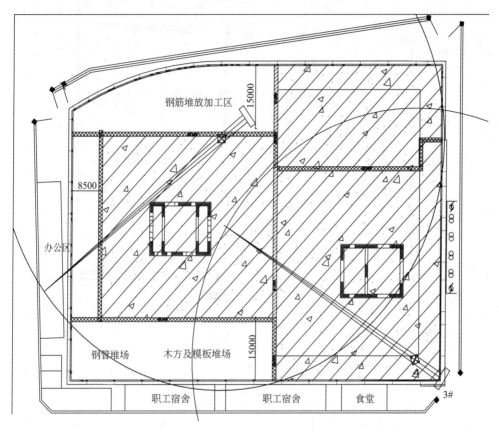

图 3.1-22　首层土方开挖阶段平面布置图一

第一步:负一层施工阶段,采用分段满堂式挖土,负二层楼板及地下一层楼板施工时,钢筋原材堆场及钢筋加工场布置于现场北侧,钢管、木方、模板堆场布置于现场东侧,利用塔吊倒运。待施工正负零楼板时,裙房范围内正负零楼板强度已经达到设计要求,此时将钢筋原材堆场及木工堆场转移至此部分楼板范围内,进行正负零楼板的施工。

第二步:负一层楼板拆模后进行负二层楼板施工时,将用于地下室结构施工的钢筋堆场及钢筋加工场、木工棚转移至负一层楼板上,地上裙房部位的施工利用正负零楼板做为加工场及堆场,该楼板经设计验算 $30kN/m^2$,满足现场施工需要,详见图 3.1-23 所示。

第三步:地上裙房封顶后将两栋塔楼结构的钢筋堆场及加工场转移至主楼范围以外裙房顶,裙房顶限荷 $20kN/m^2$,详见图 3.1-24。

⑤ 周边防护

由于施工现场狭小,办公区及生活区的临时建筑距离基坑边只有 1m 左右的距离,利用地连墙在基坑外侧的水平方向的导墙作为首层临建的走道,走道靠近基坑一侧设置 1.2m 高的防护栏杆,栏杆上满挂密目网,栏杆下砌筑 200mm 高的排水沟,以防止雨水流入基

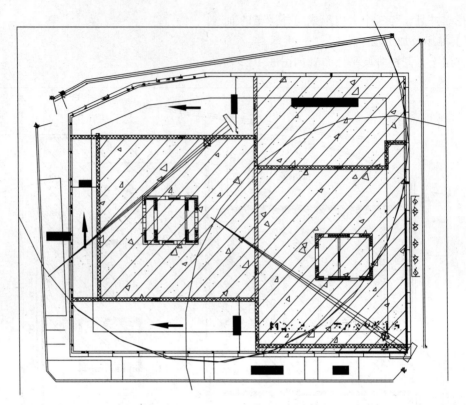

图 3.1-23 首层土方开挖阶段平面布置图二

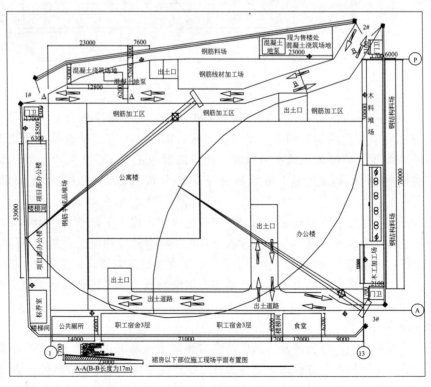

图 3.1-24 裙房以下部位施工现场平面布置图

坑内（图 3.1-25）。

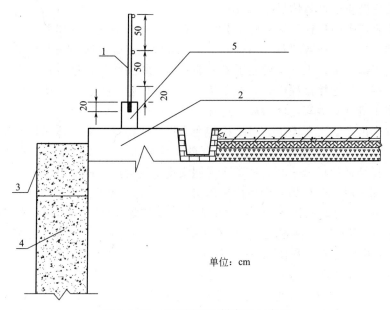

单位：cm

图 3.1-25 基坑周边围栏布置示意图
1—防护栏杆；2—基坑侧硬化；3—支护桩冠梁；4—基坑支护桩；5—挡水墙

（5）资源部署

① 人力资源

项目部管理人员：选用具有类似工程施工经验的高素质专业管理人员，组建一支优秀的项目团队。

劳务队伍和专业分包队伍的选择：选择具有职业资格的、稳定的、有类似工程施工经验的作业队伍。

② 资金

根据工程进度，制定工程资金收支计划，确保工程资金有效运转，将为工程的正常施工提供坚强的后盾，可避免工程因资金因素造成的不利影响。

③ 机械设备

我公司具有较强专业施工能力，具备充足的机械设备资源。我公司将根据工程需要，科学合理部署机械设备，以保证工程的顺利进行。

④ 主要材料物资

为保证工程质量，达到预定的各项目标，主要材料及设备均采取社会公开招标，严格对分供方考核和评估，选择质量稳定、信誉好的分供方，组织业主、监理、对样板（样品）进行验收。

（6）总承包协调管理

因逆作施工工程同步施工专业较多，且各专业间的整体协调性是能否按项目管理规划执行的关键，所以总承包商的综合管控能力极其重要，更需要对分包单位进行组织协调、管理到位、解决问题、做好服务，以确保工程项目的顺利进行，在质量、工期、安全文明施工、成本等方面，全面实现项目的综合管理目标。

2. 施工部署的思路与方法

（1）施工部署应根据具体目标来确立

确立施工生产中的目标，能为施工的展开确立良好的条件，具体目标有质量目标、安全目标、工期目标等，在各项目标明确并细化分解后，方可根据进一步落实。

在实际施工部署中，也正是确立了具体的目标，并围绕目标进行计划安排，来逐步落实施工部署。在质量把控过程中，对控制精度、允许偏差范围、施工质量的要求，可以选择更适合的施工机具来落实，同时施工过程中的控制要求和管理措施，也会围绕具体的细则来展开。安全因素就更严谨了，对结构的变形报警值设定，对具体场地环境的检查和监控的频次均有着详细的目标与之对应。工程的工期要求，在时间紧、工作难度大的情况下，必然会选择精良的机械，同时在工作周期安排中更会增加班次等。

（2）施工部署应结合现场生产条件来落实

现场施工生产条件，尤其是施工场地出入口，施工交通的组织是整个施工进度的命脉，只有合理考虑施工的生产条件和能力，才有可能对现场部署的关键点有所把控，才有助于分析施工生产过程中的利弊，采取结合实际的施工部署思路来组织施工现场的生产活动。

（3）施工部署应根据具体资源调配来组织

由于工程的实际情况和各单位施工资源的匹配关系，在施工部署中，为了从资源合理、经济效益最大化等角度来合理组织施工部署，在实际部署中的施工资源调配也差别很大，尤其对设备的选用和组织，在生产活动中差别很大，生产效能也差别很多。但总的目的是不会改变的，只有通过比选，日益发展出更优异的方案部署来。

3.1.4 整体部署思路总结

1. 满足基坑支护与周边建筑物的安全要求

无论何种施工部署，在地下逆作施工过程中，最重要的是保证施工的安全性，只有通过周密的施工安排，在通过验算论证、措施保障等确保施工安全的情况下，地下逆作施工才能得以实现。

2. 满足出土和地下结构施工的要求

地下逆作的核心内容是通过支撑合理的结构体系，将地下原土空间逐步用结构体系置换出来，因此，最主要的工作就是要确保出土的顺利及地下结构施工的便利。由于其施工的主要原理是将地下大空间在结构体系与土体置换过程中，使整体分解成若干小空间单元，使实际施工受到一定的限制，尤其是出土孔和地下空间内的结构支撑及施工环境的安全，只有在实际施工中，满足了这两点要求，施工才更便利。

3. 满足地上地下同步作业的要求

指在实际平面部署过程中，应考虑地上和地下同步施工的可能，使地下结构和地上结构能同步作业，其主要有交叉作业过程中，容易产生相互干扰和安全隐患的部位，在施工过程中，因局部场地兼用，无法避开时所采取的措施。

3.2 设计与施工结合

逆作法施工的项目因大量的深基础工程在市区，施工场地狭小，施工条件复杂，而受到限制。如何减小基坑开挖对四周建（构）筑物、道路和地下管线及市政设施的影响，确定基坑支护结构在地下逆作施工中越发重要，在逆作施工中需要通过以下几方面不断创新和探索来确定关键施工方案。

1. 提高认识，加强设计施工一体化

逆作法施工的地下结构设计与逆作支护设计是统一的，而地下连续墙的受力主要是以施工阶段控制，在我国目前工程建设体制下，一般设计院不参与施工组织设计，由于设计与施工协调上的不便，往往使一些可以采取逆作法的工程无法进行，所以，发展逆作法就应当使设计施工一体化，在还没有条件实现的可由施工总承包来设计施工图的情况下，允许施工单位按逆作法工艺重新对地下室结构进行优化。

2. 研究开发地下挖运土设备，提高效率

现在逆作法施工还是以人工挖土为主，效率不高，需要大力研发小型灵活，专用地下挖土设备，以提高挖土效率。

挖土速度的快慢将影响到工程的建设周期和施工质量，根据现场施工周期的比较，挖土周期占据整个地下室施工周期的大部分工期，这不利于逆作法施工的发展，同时因基土暴露时间过长，也会对基底隆起、水平位移等产生不良的连锁影响。因此选择和研发较先进的快速开挖和运输设备，有利于地下逆作施工的进展。

3. 研究结构受力机理与沉降分析，给基坑设计提供信息支持

通过地下逆作施工的结构受力机理与沉降分析，可以不断地积累数据，通过信息化模拟的方式，使设计与施工严密结合起来，使施工更便利，并通过设计结合，使地下逆作施工环节越发严谨可行和便利。

3.2.1 关键施工方案的确定

逆作法深基坑施工中的支护结构设计：

（1）地下连续墙设计

地下连续墙除作为基坑围护结构外又可兼做地下工程永久性结构的一部分时，根据其构造形式主要有以下三种：

① 分离壁式，即将主体结构物作为地下连续墙的支点，起着水平支撑作用。这种形式构造简单，受力明确。地下连续墙在施工和使用时期都起着挡土墙和防渗的作用，而主体结构的外墙或柱子只承受垂直荷载。当起着支撑地下连续墙水平横撑作用的主体结构各层楼板间距较大时，要注意地下连续墙可能会出现强度不足。

② 单独壁式，即将地下连续墙直接用作主体结构地下室外边墙。此种形式壁体构造简单，地下室内部不需要另做受力结构层。但此种方式主体结构与地下连续墙连接的节点需满足结构受力要求，地下连续墙槽段接头要有较好的防渗性能，在许多土建工程中常在地下连续墙内侧做一道内墙，两墙之间设排水沟，以解决渗漏问题。

③ 复合壁式，在地连墙内侧加一层钢筋混凝土内壁使其与主体结构外墙连接成一个整体，使结合部位能够传递剪力。此结构形式的墙体刚度大，防渗性能较单一墙好，且框架节点处（内墙与结构楼板或框架梁）构造简单。地连墙与主体结构边墙的结合比较重要，在浇捣主体结构边墙混凝土前，需将地下连续墙内侧凿毛，清理干净并用剪力块将地

下连续墙与主体结构连成整体。

（2）中间支承柱设计

中间支撑柱的位置和数量，要根据地下室的结构布置和制度的施工方案详细考虑后经计算确定，一般布置在柱子位置或纵横墙相交处。在半逆作法施工过程中，中间支撑柱所承受的最大荷载是地下室已经修筑至最下一层大底板处。中间支撑柱是以支撑柱四周与土的摩阻力和柱底正应力来平衡它所承受的上部荷载。由于中间柱在逆作法结束后将作为主体结构柱子的一部分，应优先布置在主体结构柱的中心位置。支撑柱位置间距不宜过大，否则将加重支撑柱承载负担，而且也不经济。因此应根据地下室的结构布置和制定的施工方案，详细考虑后经计算确定中间支撑柱的位置和数量。若仅在工程桩位置布置中间柱仍不能满足工程要求时，应选择地下室纵横墙交接处，剪力墙暗柱的适当位置布置一部分中间柱。中间柱的布置还要同时考虑土方开挖、材料、设备运输的方便。中间支撑柱设计应注意的几个问题如下：

① 在施工临时中间支撑阶段，应根据设计的承载力进行轻度和稳定性验算。逆作法地上部分可施工的层数是由中间支撑柱的承载能力所决定的。中间支撑柱临时支撑阶段所承受的最大荷载是地下室已经修筑至最下一层，而且地面上已修筑至规定的最高层数时的荷载总和。

② 支撑立柱的刚度应与下部荷载相协调，立柱桩的设计应满足立柱桩与立柱桩之间、立柱桩与基坑围护墙之间的沉降差尽可能小。

③ 立柱的承载防水考虑到施工的方便、节点的处理，支撑立柱多采用格构式钢立柱及钢管或钢混叠合柱。

④ 钢管的直径、壁厚及型钢的尺寸均应由其承受的荷载计算确定。同时应考虑柱子、剪力墙尺寸及用导管浇筑混凝土时的限制条件来最终确定。

（3）节点构造设计

逆作法施工中地下部分是自上而下进行的，工作环境与施工条件与常规顺作法有较大区别，各种地下室的结构节点与常规施工也有较大变化。逆作法的节点设计，需要满足以下要求：

① 既满足结构永久受荷状态下的设计要求，又要满足施工状态下的受荷要求。

② 地连墙连接接头按受力可分为柔性接头和刚性接头两种，柔性接头施工方便，工艺也比较成熟，但这类节点形式存在着地下墙整体刚度和节点渗漏问题；刚性接头的整体性较好，抗剪强度大，防渗功能较好，但接头处侧壁泥浆不易清除干净，施工难度较大。地下连续墙采用何种施工接头取决抗剪能力，此时就应采用刚性接头。

③ 地连墙与楼板、梁的连接接头，常用有：

a. 预埋钢筋连接法、预埋剪力连接件法。在地下连续墙钢筋笼制作时，在内侧结构梁标高处预埋连接钢筋（剪力件），当施工该层楼板结构时，将预埋钢筋（剪力件）处的外包混凝土凿除，然后与梁内受力钢筋焊接。此法构造简单，施工方便。

b. 预埋连接钢板法。将钢板预埋在钢筋笼上的需要位置，钢筋笼吊入槽内，浇筑混凝土，挖土到连接位置时，将混凝土剔开后露出钢板，然后与结构钢筋焊接连接。该方法受力性能好，但电焊质量要求高，技术强，现场电焊量大，空气污染重，故在逆作法中不太适用。

c. 预埋钢筋接驳器连接法。是地下连续墙与地下室楼板、底板连接常用的刚性连接法，在地下室开挖后施工楼板底板时，其底板与楼板钢筋通过钢筋接驳器直接与地下连续墙连成整体，成为刚性接头。优点在于钢筋锚固牢固，抗弯抗剪性能好、刚度大，构造简单、施工速度快，空气污染少，楼板下施工环境好。

3.2.2 根据施工工况进行设计深化

1. 中间支承柱（中柱桩）设计

中间支承柱不仅在逆作状态下承受地上、地下楼层结构自重和全部施工荷载，而且该中间支承柱连桩也是工程正式使用的基桩和柱，设计时应对柱和桩的承载力进行计算，特别是对柱、桩的沉降要做充分验算，以确保正作和逆作施工时中间支承柱桩的变形和地下连续墙或排桩支护结构的沉降保持一致，因此中间支承柱、桩是逆作法设计和施工的关键。

由于支承柱桩从地下桩基延伸至地下结构各支承面，其不仅具备了桩的特性，还叠加了柱的功能，因此在施工过程中，不仅要控制好桩的施工环节，更要加强桩柱节点的连接工艺，控制桩柱叠合的相关工艺，尤其对桩柱合一中的垂直度控制，应比原先桩的精确度要提高很多。

2. 中间支承柱（中柱桩）结构形式

目前常用的中间支承柱结构形式有：直接利用地下室的结构柱作为中间支承柱；底端插入灌注桩的型钢（工字钢、H 型钢、钢管）；钢管混凝土中间支承柱；钻孔灌注桩作中间支承柱。

在地下室开挖时中间支承柱作为临时承重柱，随后作为地下结构工程柱的一部分浇筑在工程柱内；同时中间支承柱要与楼盖梁连接，由于柱已形成，梁是否能接上去，其节点有一定的复杂性。因此在选择中间支承柱的结构形式时，一方面要考虑使其有较高的承载能力、施工方便，另一方面又要便于与梁板的连接。为此，中间支承柱采用底端插入灌注桩的型钢和钢管混凝土较多。主要原因是因为型钢或钢管与楼盖梁等钢筋的连接较方便；而且承载能力亦较高，在这方面钢管混凝土更有利。在型钢中，一般工字钢由于在 X、Y 两个方向的回转半径相差较大，相应的长细比相差较大，有时要加大断面、多费材料，因而不宜采用。H 型钢和钢管具有良好的截面特性，当荷载不是很大时采用较为适宜。

3. 中间支撑柱节点设计

中间支承柱与梁连接节点中间支承柱与梁节点的设计，主要是解决梁钢筋如何穿过中间支承柱或与中间支承柱连接，保证在复合柱完成后，节点质量和内力分布与设计计算简图一致。该节点的构造取决于中间支承柱的结构形式。

（1）H 型钢中间支承柱（中柱桩）与梁连接节点 H 型钢中间支承柱与梁钢筋的连接，主要有钻孔钢筋通过法和传力钢板法。

① 钻孔钢筋通过法，如图 3.2-1 所示。

此法是在梁钢筋通过中间支承柱处，于中间支承柱 H 型钢上钻孔，将梁钢筋穿过。该法的优点是节点简单，柱梁接头混凝土浇筑质量好。缺点是在 H 型钢上钻孔削弱了截面，承载力降低。因此在施工中不能同时钻多个孔，而且梁钢筋穿过定位后。立即双面满焊将钻孔封闭。

② 传力钢板法，如图 3.2-2 所示。

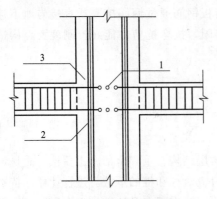 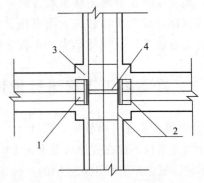

图 3.2-1 钻孔钢筋通过法
1—钻孔；2—型钢；3—复合柱

图 3.2-2 H 型钢中间支承柱的传力钢板
1—竖向传力钢板；2—梁钢筋；3—复合柱；
4—H 型钢中间支承柱

即于楼盖梁受力钢筋接触中间支承柱 H 型钢的翼缘处，焊上传力钢板（钢板、角钢等），再将梁受力钢筋焊在传力钢板上，从而达到传力的作用。传力钢板可以水平焊接，亦可竖向焊接。水平传力钢板与中间支承柱焊接时，钢板或角钢下面的焊缝施焊较困难；而且浇筑接头混凝土时，钢板下面混凝土的浇筑质量亦难保证，需在钢板上钻出气孔。采用竖向传力钢板，则可避免上述问题，焊接难度比水平传力钢板小，节点混凝土质量也易于保证，缺点是当配筋较多时，材料消耗较多。

（2）钢管和钢管混凝土中间支承柱（中柱桩）与梁连接节点

钢管中间支承柱与梁受力钢筋的连接，同 H 型钢中间支承柱，可用钻孔钢筋通过法和传力钢板法，如图 3.2-3 所示，多以后者为主。

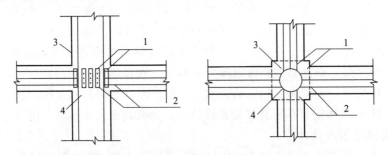

图 3.2-3 钢管中间支承柱的传力钢板
1—竖向传力钢板；2—梁受力钢筋；3—复合柱；4—钢管中柱桩

钢管混凝土中柱桩与梁受力钢筋的连接可用传力钢板法。将传力钢板焊在钢管混凝土的钢管壁上，梁受力钢筋则焊在传力钢板上。

（3）钻孔灌注桩中间支承柱与梁连接节点

为便于钻孔灌注桩与梁受力钢筋的连接，在施工钻孔灌注桩时，在地下室各楼盖梁的标高处预先设置一个由 20mm 厚钢板焊成的钢板环套（与桩主筋焊接），当地下室挖土至地下室楼盖梁底时，再焊接传力钢板和锚筋，利用锚筋与地下室楼盖梁钢筋进行可靠连接，如图 3.2-4 所示。

4. 中间支承柱桩连接节点

当中间支承柱采用灌注桩时，钢立柱与立柱桩的节点连接较为便利，可通过桩身混凝土浇筑使钢立柱底端锚固于灌注桩中。施工中需采取有效的调控措施，保证立柱桩的准确定位和垂直精度，如图 3.2-5 所示。

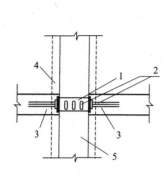

图 3.2-4　钻孔灌注桩中间支承柱的钢板环套

1—钢板环套；2—传力钢板；3—锚筋；

4—复合柱；5—钻孔灌注桩

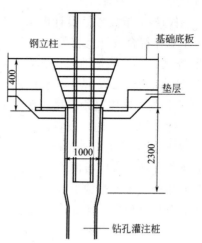

图 3.2-5　钢立柱与灌注桩节点
连接构造（单位：mm）

当中间支承柱采用钢管桩时，可在钢管桩顶部桩中插焊十字加劲肋的封头板，立柱荷载由混凝土传至封头板和钢管桩。为使柱底与混凝土接触面有足够的局部承压强度，在柱底可加焊钢板，并在钢板上留有浇筑混凝土导管通过的缺口。在底板以下的钢立柱上可增焊栓钉，以增强柱的锚固并减小柱底接触压力，如图 3.2-6 所示。

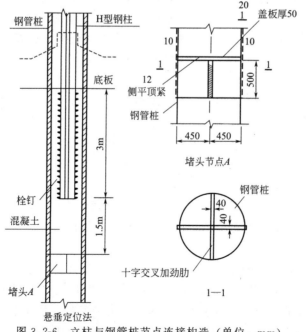

图 3.2-6　立柱与钢管桩节点连接构造（单位：mm）

3.2.3 水平结构中的支撑传力

1. 支撑、传力带及换撑施工

（1）内支撑立柱施工

① 钢构架应事先按照设计图纸预制完毕，并与灌注桩的钢筋笼最上段焊接连接。焊接必须牢靠，符合设计及相关规范要求。

② 立柱的灌注桩基础成孔、清孔后，安放最上段钢筋笼时，将已焊接连接制作完毕的钢筋笼及钢构架用汽车吊，起吊安放。

③ 立柱安放高度必须严格按照施工图，精确控制，避免较大误差。

④ 如支撑梁施工时，发现高度偏差超过 50mm，则必须补加钢构立柱至设计标高。

⑤ 立柱要穿过地下室底板，施工时止水片的设置是保证抗渗质量的关键，止水片的位置必须设在地下室底板的中部。

（2）梁板模板支撑施工方案

土方开挖过程中，穿插进行梁板模板及其支撑体系的施工。梁底模采用形式应结合具体开挖土层和开挖方式确定，通常采取的方式有低矮空间短支模形式，在基土表面进行简易夯实整平，设置垫木或型钢支撑等形式，再在其表面设置支撑架及模板体系，这种方式为常用的方式，其不受挖土的粗糙表面影响，受土体开挖的局限性影响条件小；也有因地下土质较好，可塑性强，在实际施工过程中可结合土模工艺，开设梁槽，利用土面简易处理人工铲平并作硬化或铺垫塑料膜隔离层等形式进行处理，这种方式因确立土面，因此在接触面操作过程中，人工投入量大、时间长，且具体地表平整表面处理受到土体的影响大，主要是可节省模板等周转材料的投入，对周转材料的使用和影响小；结合上述两种措施，还可采取梁底模采用垫层混凝土底模或砖砌底模，侧模采用夹板，楼板模板采用九夹板的低平面模板体系，此种方式相对于梁底清理土量小，便于定位，在梁定位控制后再控制板，相对简单便利。随着生产工艺的不断创新和提高，对地下模板体系的使用正在发生更新和变化，对具体的结构形式和模板体系的更新也在被规则规范高效的工具型模板体系逐步代替，因此在实际设计和施工过程中，应多向此方面考虑，使新的工艺水平不断改进，使混凝土模板支撑体系更实用和便利。

钢筋工程通常因基坑开挖的环境，场地受到限制，在工程初期将以场外加工或简易的加工区域和指定的区域进行，在临界面结构施工完成或施工场区条件满足后，才使施工加工场地宽裕，达到现场加工条件。梁板结构钢筋外加工成型，进场后由技术、监理部门验收认可方可进行绑扎，钢筋绑扎质量应符合现行施工规范要求，钢筋预留甩筋部位应做好相应的保护处理。

挖土机械不得直接碾压围梁和支撑梁，应在支撑两侧先覆土至高出支撑面 300mm 以上，然后在其上铺设路基箱方可通行机械车辆。严禁在底部掏空的支撑梁上行走与操作。

（3）换撑施工

水平支撑体系通常因与外侧支护体系脱开及内侧设置后浇带，需要采取临时支撑体系进行水平传力，因此在正式结构施工后，通常会存在换撑，以便进一步进行下道工序施工。

在水平支撑拆除前，确保底板混凝土强度、传力带混凝土及地下二层楼板、二道传力带达到设计的 100% 以上，浇筑底板、二道传力带前必须对围护挡墙桩进行清理，不得有土泥杂物等，其顶标高与底板面层标高相同。在机械拆除内支撑前，先进行内力释放的施工，即在每隔一根支撑梁断面，进行混凝土人工凿除，而梁钢筋不截断，由梁钢筋的变形来实现内力释放，避免荷载突然增加造成对结构的破坏。根据施工部署，合理安排内支撑拆除顺序，先拆下层支撑、再拆上层支撑。在支撑梁下方铺垫细砂，降低塌落引起的震动。在水平支撑拆除前，确保地下二层楼面板及传力带混凝土强度达到设计的100%以上，对楼梯、洞口部位、坡道等的加固处理。为减少这类不利影响，特在楼梯内外墙体内增设一道水平钢管支撑（管径300mm以上），来改善此部位的受力效果。为使上人楼梯口、电梯井口等部位的应力能够有效传递而不产生应力集中，需在楼梁板同标高位置增设临时型钢支撑，以消除对结构的破坏。

后浇带施工留设过程中，通常考虑到水平传力体系的作用，在后浇带中设置临时钢支撑或采取局部现浇混凝土处理。工程在底板、地下二层楼板处设多条后浇带，为确保在换撑过程中，土体的压力能通过换撑连梁传递至楼层内梁板处，必须对后浇带局部进行浇筑，或在浇筑两侧梁板时在后浇带中预埋临时钢支撑，使其连成局部整体。

将后浇带的钢筋受压状态转变成混凝土受压状态，或用钢支撑临时传力，这样设置才能保证后浇带仍起作用。

总之，换撑施工的目的一是要确保围护体系的稳固和换撑受力体系的合理性；二是要合理安排支拆的施工顺序，使施工工序得以实施；三是要做好实时监测，通过检测的数据及时采取应急措施，确保工程在换撑进程中施工安全。

施工案例八：天津 117 大厦

1) 天津 117 大厦工程概况

天津 117 大厦由高银地产（天津）有限公司投资兴建，中建三局承建，总建筑面积为 83 万 m^2，总投资为 180 亿元。其中，大厦塔楼地下 4 层，地上 117 层，建筑高度 597m。工程位于天津滨海高新技术产业园区。工程自开工之初就确定了争创国优工程奖、天津市建设工程"海河杯"奖、美国 LEED 白金认证和全国 AAA 级安全文明样板工地等多项质量管理和安全文明管理目标。为了把 117 大厦建设成为地标性工程，中建三局提出"华夏之巅传世经典，世纪工程不留遗憾"的口号，充分发挥科技优势，技术为先导，周密策划，精心组织，严密实施，再次在该项目上显示出了中国建筑速度与高度缔造者的实力。公司把该项目组织结构部分分为企业保障层、项目现场管理层、施工作业层。其中，企业保障层设总指挥部，聘请专家顾问团为项目施工提供保障。项目现场管理层设天津 117 项目总承包管理部，由项目经理、执行经理、项目书记、项目副经理、总工程师、质量总监、安全总监构成领导班子成员；下设 11 个部门，37 个专业管理小组，统筹土建、钢构、机电安装三个施工部。施工作业层囊括了混凝土施工、降水维持、支撑爆破拆除等 10 余家专业承包商及施工作业队伍。

与此同时，项目部建立了完善的制度框架和管理流程，向精细化管理、人性化管理的理念迈进。针对工程特点，项目部还建立了 117 项目综合信息系统，包括项目部集成办公平台、门禁系统、全方位视频监控系统，主体阶段还将设立远程验收系统等，实施信息化的施工管理模式，让施工管理体现出现代化管理的魅力。

2) 攻克复杂地基施工难题

项目基坑工程平面分为 A、B、C、D 四个区，B 区为 37 层的靠山楼，D 区为 117 大厦塔楼，A、C 区为裙楼区域。117 大厦工程基坑开挖面积 13.9 万 m²，相当于 18 个标准足球场。地下室工程是地下 3 层，局部 4 层，总建筑面积 34.2 万 m²，地下室结构部分混凝土总量约 37 万 m²，钢筋总量约 8 万 t，钢结构总量约 1.4 万吨。

该负责人同时表示，地库工程体量巨大、工期超紧，施工组织难度罕见，同时地库平面分区、结构形式多样，且要进行结构换撑，施工流程复杂，针对这些特点，项目部在基坑周边设有三轴搅拌桩止水帷幕，支护采用浅层二级放坡、深层"两墙合一"的地下连续墙加两道钢筋混凝土内支撑的支护形式，其中 D 区坑中坑为地下连续墙加预应力锚杆的支护形式。地下室工程 D 区 117 塔楼为巨型柱—核心筒—伸臂桁架结构，裙楼区域地下室为框架—剪力墙结构。

此外，117 塔楼 C50 底板超厚超大，巨型柱 C70 自密实混凝土，混凝土性能要求高、难度极大；底板、巨型柱 50mm 粗大直径钢筋，单根钢筋超重，且要贯穿钢结构柱脚、在巨型柱内狭小空间作业，加工、转运及绑扎难度巨大；钢结构深化设计及加工制作难度大；大型钢构件现场吊装、焊接难度大等 7 大施工重点与难点都将是项目部今后攻关的重点。

3）将诞生多项新技术

作为世界先进的超高层建筑，117 大厦无论从技术难度、施工工艺、商务管控、项目管理方面都面临着空前的机遇和挑战。在此过程中，将有多项技术创新、国家专利也随之产生。

117 大厦项目部自行设计研发的"一种钻孔灌注桩双护筒系统"、"高层建筑施工电缆的防盗系统"、"超长超重钢筋笼加工主筋定位装置"三项新技术已获得国家专利授权。多项新技术还将在项目中投入使用，技术创新走在了建筑行业的最前沿，并被评为建筑业新技术应用示范工程。

在项目地库施工阶段，项目部聘请了国内多名知名专家学者组建了项目专家顾问团，为项目提供技术支撑。例如，项目部与天津市建科委、天津大学共同确立研究课题，在施工过程中寻求技术突破，攻关施工过程中的几大技术难题，包括超深超大基坑长期降水对周边环境影响研究、高性能混凝土施工技术研究和超大钢结构焊接质量控制技术研究等，这些都将成为工程的亮点。

4）基坑支护形式

天津 117 大厦深基坑面积 193m×264m，开挖深度 26.65m，支护工程采用梯次联合维护体系，即浅层卸土放坡、深层采用"两墙合一"地下连续墙结合坑内两道钢筋混凝土水平支撑的围护设计形式。环形支撑最大截面为 2600mm×1300mm，圆环直径 188m，创下世界之最。

两层内支撑分别处于 -8.85m 和 -15.35m。环形混凝土支撑体系最大截面为 2600mm×1300mm，地下连续墙厚度为 800mm。

5）主楼大底板施工

该工程主楼基坑底板长 103m、宽 101m、厚 6.5m，需浇筑混凝土总量 65000m³，混凝土强度等级高达 C50，抗渗等级达到 P8，结构耐久性设计年限为 100 年。大底板共绑扎直径 50mm 和直径 32mm 钢筋 20000 余吨，其中 HRB400ϕ50mm 三级钢筋达 15000 余吨，单根钢筋重量 185kg，加工难度大，引进廊坊凯博建设机械科技有限公司成套钢筋自动加

图 3.2-7　117 大厦支护 2 道环形内支撑

工生产线现场加工，节省大量人力，大大提高效率。

据项目技术负责介绍，底板混凝土由"一站牵头多家联合"的方式提供，中建商混凝土牵头负责场外混凝土的生产、运输和泵送设备租赁，并制定了严格标准选择协作站，要求协作站点具有两条以上生产线，搅拌运输车 50 台以上，并具备数据上传系统，具有混凝土行业三年以上的施工经验，且距离 117 项目不得超过 25km，且交通顺畅。最终由中建商混凝土和西麦斯、北京建工、上海建工、天津鑫建 5 家混凝土生产单位 6 个搅拌站、12 条生产线为 117 大厦底板施工供应混凝土，共有 255 台混凝土搅拌运输车进行混凝土运输。项目部设立指挥中心，布设监控系统，对搅拌站、路况交通、施工现场进行全面监控，26 台车载泵、4 台 56m 泵车和 7 个溜槽沿基坑东、西、北三侧布置，26 条泵管在大底板范围内沿南北方向平行布置，单根泵管架设长度最长达 260 余米。2011 年 12 月 26 日下午，随着项目总指挥一声令下，搅拌车缓缓驶进施工现场，C50 高强混凝土通过车载泵倾泻而下，开始了长达 80h 的不间断浇筑，完成大厦底板 6.5 万 m³ 的高强度混凝土一次性浇注，创出了民用建筑底板混凝土体积世界之最（图 3.2-8、图 3.2-9）。

图 3.2-8　117 塔楼基础土方开挖

图 3.2-9　117 塔楼基础钢筋绑扎

低温环境下浇筑大体积混凝土是对施工方一大挑战。项目部通过热水搅拌混凝土，控制混凝土出罐和入模温度、对泵管增加保温措施、保证混凝土泵送的连续性等措施，避免混凝土在浇筑过程中堵管和受冻。同时，在现场布设 64 个温度监测点，采用美国 Dallas 公司的数字化温度传感器、WDJ-9001 型数字温度计结合智能无线式大体积混凝土测温系统，对底板大体积混凝土温升、温差等实行实时监测。混凝土浇筑完毕后先采用一层塑料薄膜覆盖，然后依次覆盖 1 层毛毡＋1 层阻燃草帘被＋1 层塑料薄膜＋1 层 40mm 厚阻燃岩棉被保温保湿养护，根据温度监测数据结果，实际调整保温覆盖层的厚度，使内外温差小于 20℃，确保混凝土浇筑后的质量。

3.2.4 出土孔的选择与交通组织

1. 出土孔的选择

出土孔的位置首先要保证在零层板面留设，其位置需满足垂直吊运或长臂挖运机械设备的工作性能不受限制，使其有良好的工作半径，便于施工操作，并且能及时有效地组织与之配套的运输车辆，将吊运或挖运出的地下土方及时转运出去。

同时出土孔应保持上下留设贯通和垂直，保证上部设置的机械设备不需要更换位置，便可对各层地下土方挖运。

出土孔的设置数量和运输的设备的机械性能及运输能力有关，其出土速度与挖运设备的产能及交通组织条件相关。通常因在市区交通繁华地段，会受到时间约束，应尽可能采取场内临时堆放转运的办法或白天在坑内集中，夜间集中转运出场等方式错开工作面，使产能最大化。

出土孔的选择与具体工程特点有关，对地下全逆作施工时，通常以零层板面预留洞为主，在半逆作或有坡道到达基坑内时，可采取便利通道的方式在零层少留出土孔，具体根据各结构施工特点综合考虑。

2. 交通组织

交通组织主要考虑地面结构板的综合利用，使其与出土孔相关联。地下交通组织主要考虑分层开挖的土方深度与各出土孔区域之间及结构施工中的转换，在施工过程中考虑结构安全和土体侧压力的变化，应采取抽条、对称、分层开挖的方式分区组织，使地下结构分段施工（图 3.2-10）。

图 3.2-10 天津 117 工程施工交通组织平面

3.3 支撑桩柱施工

3.3.1 支撑柱施工

1. 竖向支承柱宜在工厂焊接制作，可分节制作现场水平拼接。现场水平拼接时应采取措施确保竖向支承柱的平直度及精度。

2. 竖向支承柱插入支承桩方式可采用先插法或后插法，可结合支承柱类型、施工机械设备及垂直度要求等因素综合确定。

3. 竖向支承柱采用先插法施工时应满足下列要求：

（1）先插法的竖向支承柱定位偏差不应大于 10mm；

（2）竖向支承柱安插到位，调垂至设计垂直度控制要求后，应采取措施在孔口固定牢靠；

（3）用于固定导管的混凝土浇筑架宜与调垂架分开，导管应居中放置，并控制混凝土的浇筑速度，确保混凝土均匀上升；

（4）竖向支承柱内的混凝土应与桩的混凝土连续浇筑完成；

（5）竖向支承柱内混凝土与桩身混凝土采用不同强度等级时，施工时应控制其交界面处于低强度等级混凝土一侧；竖向支承柱外部混凝土的上升高度应满足支承桩混凝土泛浆高度要求。

4. 竖向支承柱采用后插法施工时应满足下列要求：

（1）后插法的竖向支承柱定位偏差不应大于 10mm；

（2）混凝土宜采用缓凝混凝土，应具有良好的流动性，缓凝时间应根据施工操作流程综合确定，且初凝时间不宜小于 36h，粗骨料宜采用 5～25mm 连续级配的碎石；

（3）应根据施工条件选择合适的插放装置和定位调垂架；

（4）应控制竖向支承柱起吊时变形和挠曲，插放过程中应及时调垂，满足设计垂直度要求；

（5）钢格构柱、H 型钢柱的横截面中心线方向应与该位置结构柱网方向一致，钢管柱底部需加工成锥台形，锥形中心应与钢管柱中心对应；

（6）插入竖向支承柱后应在柱四周均匀回填砂石。

5. 竖向支承柱吊放应采用专用吊具，起吊变形应满足垂直度偏差控制要求。

6. 竖向支承柱在施工过程中应采用专用调垂架控制定位、垂直度和转向偏差。调垂架安装应满足支承柱调垂过程中的精度要求，竖向支承柱宜接长高出地面，高出长度应根据调垂架需要确定。

7. 竖向支承柱安装及调垂过程中应进行垂直度检测。应采用垂直度测试管或倾斜计等测垂方法，检测支承柱安放就位过程中的垂直度。

8. 竖向支承柱安装施工中应考虑下列因素以确保安装精度（图 3.3-1）：

（1）竖向支承桩的垂直度和孔径偏差；（2）分节制作时拼接的精度；（3）调垂架调垂误差；（4）混凝土浇筑及支承柱四周回填不均匀等因素引起的误差。

9. 竖向支承桩柱混凝土浇筑完成后，应待混凝土终凝后方可移走调垂固定装置，并应在孔口位置对支承柱采取固定保护措施。

10. 钢管混凝土支承柱施工前应通过试验柱以确定合适的混凝土浇筑、调垂、测垂等

图 3.3-1 调垂用校正架及调垂作业

施工工艺；钢管混凝土柱施工完成后应采用超声波透射法对支承柱进行质量检测，检测数量不应小于支承柱总数的 20%，必要时应采用钻孔取芯方法对支承柱混凝土质量进一步检测；基坑开挖后，支承柱应全数采用敲击法检测支承柱质量。

3.3.2 支撑桩施工

1. 当竖向支承桩桩端位于砂土层中且采用回转钻机施工时，成孔宜选择反循环成孔与清孔工艺。

2. 竖向支承桩桩身范围内存在深厚的粉性土、砂土层时，成孔施工中宜采用膨润土泥浆护壁，并结合除砂器除砂，清孔时应同时检测泥浆密度、黏度、含砂率等泥浆指标。

3. 竖向支承桩成孔过程中应采取措施控制成孔垂直度，成孔结束后应检查成孔垂直度和孔底沉渣。成孔垂直度偏差不应大于 1/150，支承柱插入范围内的成孔垂直度偏差不应大于 1/200，沉渣厚度应满足设计要求，且不应大于 50mm。

4. 竖向支承桩的钢筋笼与支承柱之间的水平净距应根据桩和柱的垂直度偏差控制要求以及相关构造要求综合确定，且不应小于 150mm。

5. 竖向支承桩应进行桩端后注浆，注浆管根数不少于 2 根，注浆量和注浆压力应满足设计要求。

6. 竖向支承桩应全数进行成孔检测，可采用超声波透射法检测桩身混凝土质量，检测数量为总桩数的 50%，超声波管与注浆管共用时应采用钢管。

7. 竖向支承桩的施工尚应符合现行《建筑地基基础设计规范》GB 50007—2011 和《建筑桩基础技术规范》JGJ 94—2008 的规定。

施工案例九：南京青奥中心

（1）南京青奥中心工程概况

南京青奥中心塔楼由 1 号塔楼和 2 号塔楼及裙房构成，其中 1 号塔楼地下 3 层，地上

58 层，结构高度 239.55m；2 号塔楼地下 3 层，地上 68 层，结构高度 297.15m；裙房 5 层，结构总高度 26m。两栋塔楼均采用框架-核心筒结构，框架柱为方钢管混凝土柱，楼面梁为钢梁，核心筒为钢筋混凝土，抗震等级为特一级（图 3.3-2）。

图 3.3-2　南京青奥中心塔楼效果图

本工程 1 号、2 号塔吊抗震设防类别分别为丙类和乙类，抗震设防烈度 7 度，设计基本加速度为 0.10g，设计地震分组为第一组，水平地震影响系数最大值为 0.10（根据安评报告确定），场地类别为Ⅲ类，场地属建筑抗震不利地段，场地特征周期为 0.45s，地基基础设计等级为甲级，桩基设计等级为甲级。

本工程采用全逆作施工方案，在桩基施工阶段将塔楼地下三层外框架方钢管及核心筒的转换圆钢管插入工程桩内，工程桩混凝土与钢管柱内混凝土一次性同时浇筑，工程桩施工完成后，按照地下一层结构层、±0.00 标高结构层的施工顺序依次施工，待完成±0.00 标高结构层施工后，同时施工±0.00 以上各楼层和地下二层、三层，地下室底板筏板达到设计强度时，主体塔楼高度不超过 15 层，地下室外墙采用与支护结构相结合的地下连续墙，且采用逆作法施工方案之后可有效压缩施工工期，降低工程造价。

从工程开工到青奥会开幕，时间只有不足 2 年 4 个月。考虑到开幕式前的各项准备工作，青奥双塔又必须再提前一个月封闭外幕墙。如果按常规施工方法，要想完成桩基施工、基坑围护、土方开挖、地下结构、地上结构及幕墙工程，至少需要 3～4 年，这意味着青奥双塔将无法在开幕前完工。

为确保青奥会顺利开幕，施工方果断采取地下、地上同时施工的"全逆作法"工艺，不仅缩短了 1/3 的工期（比常规提前一年），而且建筑基坑变形小，对相邻建筑物的影响小，同时还节省支护结构的支撑费用，具有明显的经济效益。利用逆作法打破了传统观念，利用地下室的楼盖、梁、板、柱、外墙结构作为施工的支撑结构，一边从上而下进行地下结构施工，一边进行地上结构施工，相当于增加了一个工作作业面。

通常建筑是主楼顺作，裙楼逆作，而南京青奥中心双塔主楼、裙楼（共一个地下室）采取的是全逆作，项目首先进行桩基地连墙施工，作为整座塔楼基础，最大桩径达 3m，最深至地下约 90m，超过一半的工程桩还下插垂直精度要求达 1/500 的钢柱；地连墙作为整体地下室围护结构，最深达 60m。工程待负一层土方挖除后，浇筑负一层的顶板和楼板，并留设相应的出土口，利用负一层作为临界面，同时进行地上地下施工，在负三层大底板封底时，上部塔楼结构已经施工至第十七层，全逆作施工结束。

（2）逆作施工中的设计方案优化

1）桩基础设计方案优化

本工程为超高层建筑，采用桩筏基础，工程桩采用钻孔灌注桩，为了逆作法施工方案的实施，桩径采用了 1.2m 和 2.0m 两种，1 号塔楼筏板厚度为 3.3m，2 号塔楼筏板厚度为 3.7m。由于本工程地质条件较差，桩基布置的难度在于：较小的建筑投影面积和较大的竖向荷载的矛盾非常突出，同时为了配合逆作法施工方案，框架柱和核心筒下立柱位置工程桩布置已确定，此部分工程桩数量约为总桩数量的 25% 左右，桩距为 2.5 倍桩径，桩位布置示意图如图 3.3-3 所示，1 号塔下布置 1.2m 直径桩 112 根，2.0m 直径桩 26 根，2

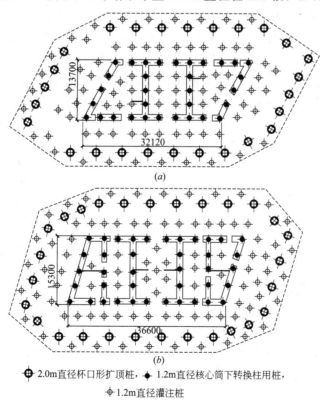

（a）

（b）

⊕ 2.0m直径杯口形扩顶桩， ● 1.2m直径核心筒下转换柱用桩，

⊕ 1.2m直径灌注桩

图 3.3-3　桩位平面布置示意图

（a）1 号塔楼；（b）2 号塔楼

号塔筏板下 1.2m 直径桩 124 根，2.0m 直径桩 28 根。

由于外框柱尺寸为 1.4m×1.4m 方钢管混凝土柱，在每根外框柱下布置了直径 2.0m 桩，以利于外框柱钢管插入工程桩内，其余位置均为 1.2m 直径工程桩。桩端持力层为⑤₃ 层中风化泥岩，桩入岩深度不小于 5 倍桩径，桩径为 1.2m 和 2.0m 的工程桩有效桩长分别约 56m 和 61m。

为了提高工程桩承载力，满足承载力设计要求，工程桩设计时采取如下两种措施：

① 措施一：采用后注浆技术，以提高桩端和桩侧土体承载力。本工程地下室底板顶标高相当于绝对标高 -5.30m，塔楼筏板厚度不小于 3.3m，筏板底标高在③₁ 粉砂层中，筏板底标高以下各层土均适合采用后压浆管阀的复式注浆法，内导管及管阀沿桩底压浆，内导管及管阀沿桩钢筋笼圆周对称设置 3 根；2.0m 直径工程桩桩底压浆，内导管及管阀沿桩钢筋笼圆周对称设置 4 根；桩侧后注浆管阀在离桩底 5m 以上、桩顶 8m 以下，每隔 8m 左右设置一道。工程桩注浆采用 42.5 级水泥配置，水灰比在 0.45~0.65 之间，通过计算和试桩，直径为 1.2m 的工程桩注浆需水泥 6~8t，直径 2.0m 的工程桩需水泥 12~15t。采用后注浆技术，则单桩承载力特征值的估算值提高约 20% 左右，达到了提高桩侧和桩底土体承载力的目的。

② 措施二：工程桩桩身采用 C60 高强混凝土，并适当增加桩身纵向钢筋的配筋率，以提高桩身抗压承载力。依据《建筑地基基础设计规范》GB 5007—2011，水下灌注桩混凝土强度等级不宜高于 C40，高强混凝土在运输过程中会出现类似与初凝的假凝现象，导致混凝土无法顺利浇筑，假凝现象是影响高强度混凝土用于工程桩的重要因素之一。由于本工程采用逆作法施工，钢筋笼的就位和上部钢管柱插入钢筋笼存在工序上的衔接，同时由于单根工程桩的混凝土量较大，浇筑时间较长，混凝土在未浇筑前很容易出现假凝现象，所以选用了初凝时间不少于 18h 的超缓凝 C60 高强度混凝土，保证了混凝土的浇筑质量。本工程对 20% 的工程桩采用了取芯检验法进行检验，取芯结果表明，所有取芯工程桩混凝土强度均满足设计要求。

采取上述两项措施之后，直径为 1.2m 和 2.0m 桩单桩承载力特征值的估算可分别到达 20000kN 和 40000kN，逆作法施工下的桩可以满足逆作施工阶段单桩承载力的设计要求，并通过自平衡法试桩进行竖向承载力检测验证，可以满足塔楼施工完成后的承载力要求。

采用超缓凝高强度混凝土用于建筑桩基础，而且采用高强混凝土灌注桩后压浆技术等，对桩身承载力高（尤其是单桩承载力特征值要求高）的超高层建筑，非常适合。

2）桩与柱的连接和误差控制要点

塔楼外框柱与工程桩的连接有如下两种方案：

方案一：外框柱在插入工程桩范围内采用锥台形变截面柱，将钢管柱插入工程桩中，工程桩直径不变（图 3.3-4），此种连接方法由于钢柱与工程桩连接的区段截面逐渐减小，在轴向力作用下，钢柱下端的锥形柱在桩顶混凝土与钢管柱外侧结合面产生具有劈裂效应的水平力；当变截面锥台部分角度较小且钢管柱上栓钉的抗剪承载力可传递钢管部分的轴向力时可采用该方法。

方案二：将桩顶与外框架钢管柱连接范围内的桩径扩大，形成杯口形扩顶桩，将工程桩插入扩顶范围内（图 3.3-4），并在外框柱插入范围以下预留一定长度的施工调节长度，

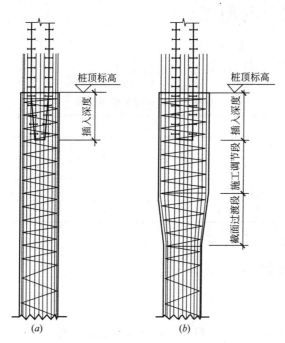

图 3.3-4 塔楼外框柱与工程桩的连接

(a) 钢管柱锥台形变截面大样；(b) 杯口形扩顶桩大样

以利于施工过程中钢柱的调整就位，在插入工程桩的钢柱内外侧同时设置栓钉，钢柱插入工程桩内长度应满足柱与桩刚性连接的要求，且连接区段长度范围内的栓钉能够承受钢柱传给桩的荷载，钢柱的荷载应根据逆作施工过程中的最大竖向轴力确定，该方案避免了钢管柱与混凝土结合面处产生水平力，故本工程采用了方案二。

方案二中钢柱插入工程桩内的长度还应满足《高层民用建筑钢结构技术规程》JGJ 99—2012 中对于钢管柱埋入式柱脚埋入深度的要求。本工程外框柱插入工程桩的深度为 3 倍的钢管柱边长。

由于本工程采用逆作法施工，与工程桩连接成一个整体的钢管混凝土柱既是逆作阶段承受竖向荷载的构件，又是工程永久受力构件，对于该段框架柱的垂直度要求为不大于 1/600，略低于《钢结构施工质量验收规范》GB 50205—2001 中小于 1/1000 的要求；导致钢柱无法插入扩口部分钢筋笼的情况发生，对工程桩钢筋笼垂直度要求为不大于 1/200；钢柱形心与工程桩杯口形扩顶部分形心及工程桩形心累积偏差不大于 5mm，因为累积误差过大会导致工程桩在逆作施工阶段承受由于平面位置偏差而产生的过大附加弯矩，不能在工程桩桩端形成良好的嵌固条件，将对工程桩的安全产生较大影响。

本方案展示了大直径杯口形扩顶灌注桩作为逆作法竖向构件与工程桩的连接方式，使施工更方便，并可有效传递竖向荷载，实现受力构件的可靠连接。通过方案叙述可以了解到逆作施工过程中，严格控制竖向构件和钢筋笼的垂直度，施工过程中严格把控限制桩中心、柱中心的平面偏差，并尽可能缩小桩与柱连接部位的积累误差，能很好地缩小竖向构件的弯矩破坏。

3.4 降排水设计与施工

3.4.1 降排水方式分类及适用范围

降排水方式分类及适用范围 表 3.4-1

方法	土类	渗透系数（m/d）	降水深度
集水明排	黏性土、砂土	＜0.5	＜2
管井	粉土、砂土、碎石土	0.1～200.0	不限
真空井点	黏性土、粉土、砂土	0.005～20	单级井点＜6，多级井点＜20
喷射井点	黏性土、粉土、砂土	0.005～20	＜20

3.4.2 降排水设计

1. 集水明排设计

排水沟的截面应根据设计流量确定，设计排水流量应符合下式规定：

$$Q \leqslant V/1.5$$

式中 Q——排水沟的设计流量（m^3/d）；

  V——排水沟的排水能力（m^3/d）。

2. 井点降水设计

（1）基坑涌水量计算

1）群井按大井简化的均质含水层潜水完整井的基坑降水总涌水量可按下列公式计算（图 3.4-1）：

$$Q = \pi k \frac{(2H_0 - s_0)s_0}{\ln\left(1 + \dfrac{R}{r_0}\right)}$$

式中 Q——基坑降水的总涌水量（m^3/d）；

  k——渗透系数（m/d）；

  H_0——潜水含水层厚度（m）；

  s_0——基坑水位降深（m）；

  R——降水影响半径（m）；

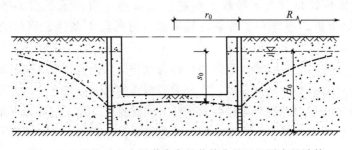

图 3.4-1 按均质含水层潜水完整井简化的基坑涌水量计算

r_0——沿基坑周边均匀布置的降水井群所围面积等效圆的半径（m）；可按 $r_0 = \sqrt{A/\pi}$ 计算，此处，A 为降水井群连线所围的面积。

2）群井按大井简化的均质含水层潜水非完整井的基坑降水总涌水量可按下列公式计算（图 3.4-2）：

$$Q = \pi k \frac{H_0^2 - h_m^2}{\ln\left(1 + \dfrac{R}{r_0}\right) + \dfrac{h_m - l}{l}\ln\left(1 + 0.2\dfrac{h_m}{r_0}\right)}$$

$$h_m = \frac{H_0 + h}{2}$$

式中　h——基坑动水位至的含水层底面的深度（m）；

　　　l——滤管有效工作部分的长度（m）。

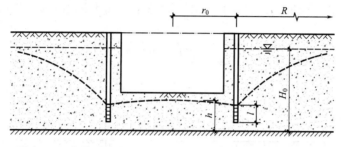

图 3.4-2　按均质含水层潜水非完整井简化的基坑涌水量计算

3）群井按大井简化的均质含水层承压水完整井的基坑降水总涌水量可按下列公式计算（图 3.4-3）：

$$Q = 2\pi k \frac{M s_0}{\ln\left(1 + \dfrac{R}{r_0}\right)}$$

式中　M——承压含水层厚度（m）。

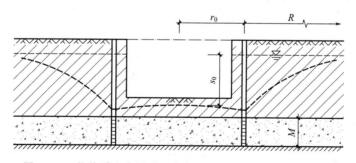

图 3.4-3　按均质含水层承压水完整井简化的基坑涌水量计算

4）群井按大井简化的均质含水层承压水非完整井的基坑降水总涌水量可按下式计算（图 3.4-4）：

$$Q = 2\pi k \frac{M s_0}{\ln\left(1 + \dfrac{R}{r_0}\right) + \dfrac{M - l}{l}\ln\left(1 + 0.2\dfrac{M}{r_0}\right)}$$

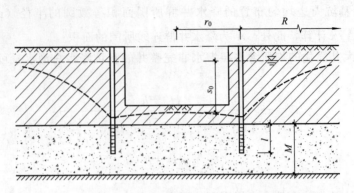

图 3.4-4 按均质含水层承压水非完整井简化的基坑涌水量计算

5）群井按大井简化的均质含水层承压～潜水非完整井的基坑降水总涌水量可按下式计算（图 3.4-5）：

$$Q = \pi k \frac{(2H_0 - M)M - h^2}{\ln\left(1 + \dfrac{R}{r_0}\right)}$$

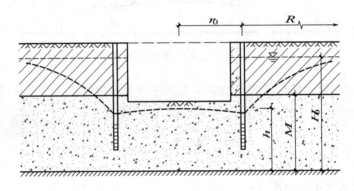

图 3.4-5 按均质含水层承压～潜水非完整井简化的基坑涌水量计算

（2）真空、喷射井点单井流量

1）真空井点降水的井间距宜取 0.8mm～2.0m；喷射井点降水的井间距宜取 1.5～3.0m；当真空井点、喷射井点的井口至设计降水水位的深度大于 6m 时，可采用多级井点降水，多级井点上下级的高差宜取 4～5m。

2）降水井的设计单井流量可按下式计算：

$$q = 1.1 \frac{Q}{n}$$

式中 Q——基坑降水的总涌水量（m^3/d）；

n——降水井数量。

3）各类井的单井出水能力可按下列规定取值：

a. 真空井点出水能力可取 36～60m^3/d；

b. 喷射井点出水能力可按表 3.4-2 取值；

外管直径 (mm)	喷射管		工作水压力 (MPa)	工作水流量 (m³/d)	设计单井出水流量(m³/d)	适用含水层渗透系数(m/d)
	喷嘴直径 (mm)	混合室直径 (mm)				
38	7	14	0.6~0.8	112.8~163.2	100.8~138.2	0.1~5.0
68	7	14	0.6~0.8	110.4~148.8	103.2~138.2	0.1~5.0
100	10	20	0.6~0.8	230.4	259.2~388.8	5.0~10.0
162	19	40	0.6~0.8	720	600~720	10.0~20.0

喷射井点的出水能力 表 3.4-2

（3）管井的单井出水能力可按下式计算

$$q_0 = 120\pi r_s l \sqrt[3]{k}$$

式中 q_0——单井出水能力（m³/d）；

r_s——过滤器半径（m）；

l——过滤器进水部分长度（m）；

k——含水层渗透系数（m/d）；

（4）降水影响半径计算

按地下水稳定渗流计算井距、井的水位降深和单井流量时，影响半径（R）宜通过试验确定。缺少试验时，可按下列公式计算并结合当地经验取值：

1）潜水含水层

$$R = 2s_w \sqrt{kH}$$

2）承压含水层

$$R = 10s_w \sqrt{k}$$

式中 R——影响半径（m）；

s_w——井水位降深（m）；当井水位降深小于 10m 时，取 $s_w = 10m$；

k——含水层的渗透系数（m/d）；

H——潜水含水层厚度（m）。

3.4.3 降水井施工

1. 集水明排施工

（1）集水明排的适用范围

1）地下水类型一般为上层滞水，含水土层渗透能力较弱；

2）一般为浅基坑，降水深度不大，基坑或涵洞地下水位超出基础底板或洞底标高不大于 2.0m；

3）排水场区附近没有地表水体直接补给；

4）含水层土质密实，坑壁稳定（细粒土边坡不易被冲刷而塌方），不会产生流砂、管涌等不良影响的地基土，否则应采取支护和防潜蚀措施。

（2）集水明排设施

集水明排一般可以采用以下方法：

1）基坑外侧设置由集水井和排水沟组成的地表排水系统，避免坑外地表明水流入基坑内。排水沟宜布置在基坑边净距 0.5m 以外，有止水帷幕时，基坑边从止水帷幕外边缘起计算；无止水帷幕时，基坑边从坡顶边缘起计算。

2）多级放坡开挖时，可在分级平台上设置排水沟。

3）基坑内宜设置排水沟、集水井和盲沟等，以疏导基坑内明水。集水井中的水应采用抽水设备抽至地面。盲沟中宜回填级配砾石作为滤水层。

排水沟、集水井尺寸应根据排水量确定，抽水设备应根据排水量大小及基坑深度确定，可设置多级抽水系统。集水井尽可能设置在基坑阴角附近。

2. 井点施工

轻型井点系统降低地下水位的过程如图 3.4-6 所示，即沿基坑周围以一定的间距埋入井点管（下端为滤管），在地面上用水平铺设的集水总管将各井点管连接起来，在一定位置设置真空泵和离心泵。当开动真空泵和离心泵时，地下水在真空吸力的作用下经滤管进入管井，然后经集水总管排出，从而降低水位。

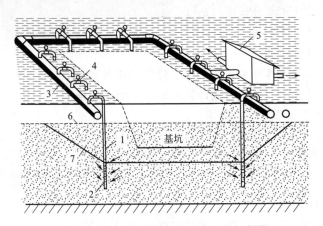

图 3.4-6　轻型井点降低地下水位全貌图

1—井点管；2—滤管；3—总管；4—弯联管；5—水泵房；6—初始地下水位线；7—降低后地下水位线

（1）井点成孔施工

1）水冲法成孔施工：利用高压水流冲开泥土，冲孔管依靠自重下沉。砂性土中冲孔所需水流压力为 0.4～0.5MPa，黏性土中冲孔所需水流压力为 0.6～0.7MPa。

2）钻孔法成孔施工：适用于坚硬地层或井点紧靠建筑物，一般可采用长螺旋钻机进行成孔施工。

3）成孔孔径一般为 300mm，不宜小于 250mm。成孔深度宜比滤水管底端埋深大 0.5m 左右。

（2）井点管埋设

1）水冲法成孔达到设计深度后，应尽快减低水压、拔出冲孔管，向孔内沉入井点管并在井点管外壁与孔壁之间快速回填滤料（粗砂、砾砂）。

2）钻孔法成孔达到设计深度后，向孔内沉入井点管，在井点管外壁与孔壁之间回填滤料（粗砂、砾砂）。

3）回填滤料施工完成后，在距地表约 1m 深度内，采用黏土封口捣实以防止漏气。

4）井点管埋设完毕后，采用弯联管（通常为塑料软管）分别将井点管连接到集水总管上。

3. 管井施工

（1）现场施工工艺流程

降水管井施工的整个工艺流程包括成孔工艺和成井工艺，具体又可以划分以下过程：

准备工作→钻机进场→定位安装→开孔→下护口管→钻进→终孔后冲孔换浆→下井管→稀释泥浆→填砂→止水封孔→洗井→下泵试抽→合理安排排水管路及电缆电路→试抽水→正式抽水→水位与流量记录。

（2）成孔工艺

成孔工艺也即管井钻进工艺，指管井井身施工所采用的技术方法、措施和施工工艺过程。

管井钻进方法习惯上一般分为：冲击钻进、回转钻进、潜孔锤钻进、反循环钻进、空气钻进等。选择降水管井钻进方法时，应根据钻进地层的岩性和钻进设备等因素进行选择，一般以卵石和漂石为主的地层，宜采用冲击钻进或潜孔锤钻进，其他第四系地层宜采用回转钻进。

钻进过程中为防止井壁坍塌、掉块、漏失以及钻进高压含水、气层时可能产生的喷涌等井壁失稳事故，需采取井孔护壁措施。可根据下列原则，采用护壁措施：

1）保持井内液柱压力与地层侧压力（包括土压力和水压力）的平衡，是维系井壁稳定的基本方法。对于易坍塌地层，应注意经常维持和调整压力平衡关系。冲击钻进时，如果能以保持井内水位比静止水位高 3～5m，可采用水压护壁。

2）遇水不稳定地层，选用的冲洗介质类型和性能应能够避免水对地层的影响。

3）当其他护壁措施无效时，可采用套管护壁。

4）冲洗介质是钻进时用于携带岩屑、清洗井底、冷却和润滑钻具及保护井壁的物质。常用的冲洗介质有清水、泥浆、空气、泡沫等。钻进对冲洗介质的基本要求是：

a. 冲洗介质的性能应能在较大范围内调节，以适应不同地层的钻进；

b. 冲洗介质应有良好的散热能力和润滑性能，以延长钻具的使用寿命，提高钻进效率；

c. 冲洗介质应无毒，不污染环境；

d. 配置简单，取材方便，经济合理。

（3）成井工艺

管井成井工艺是指成孔结束后，安装井内装置的施工工艺，包括探井、换浆、安装井管、填砾、止水、洗井、试验抽水等工序。这些工序完成的质量直接影响到成井后井损失的大小、成井质量能否达到设计要求的各项指标。如成井质量差，可能引起井内大量出砂或井的出水量大大降低，甚至不出水。因此，严格控制成井工艺中的各道工序是保证成井质量的关键。

1）探井

探井是检查井深和井径的工序，目的是检查井深是否圆直，以保证井管顺利安装和滤料厚度均匀。探井工作采用探井器进行，探井器直径应大于井管直径，小于孔径 25mm；其长度宜为 20～30 倍孔径。在合格的井孔内任意深度处，探井器应均能灵活转动。如发现井身质量不符要求，应立即进行修整。

2）换浆

成孔结束、经探井和修整井壁后，井内泥浆黏度很大并含有大量岩屑，过滤管进水缝隙可能被堵塞，井管也可能沉不到预计深度，造成过滤管与含水层错位。因此，井管安装前，应进行换浆。换浆是以稀泥浆置换井内的稠泥浆的施工工序，不应加入清水，换浆的浓度应根据井壁的稳定情况和计划填入的滤料粒径大小确定，稀泥浆一般黏度为 16~18，密度为 1.05~1.10g/cm³。

3）安装井管

安装井管前需先进行配管，即根据井管结构设计，进行配管，并检查井管的质量。井管沉设方法应根据管材强度、沉设深度和起重设备能力等因素选定，并宜符合下列要求：

a. 提吊下管法，宜用于井管自重（或浮重）小于井管允许抗拉力和起重的安全负荷；

b. 托盘（或浮板）下管法，宜用于井管自重（或浮重）超过井管允许抗拉力和起重的安全负荷；

c. 多级下管法，宜用于结构复杂和沉设深度过大的井管。

4）填砾

填砾前的准备工作包括：

a. 井内泥浆稀释至密度小于 1.10（高压含水层除外）；

b. 检查滤料的规格和数量；

c. 备齐测量填砾深度的测锤和测绳等工具；

d. 清理井口现场，加井口盖，挖好排水沟。

滤料的质量包括以下方面：

a. 滤料应按设计规格进行筛分，不符合规格的滤料不得超过 15%；

b. 滤料的磨圆度应较好，棱角状砾石含量不能过多，严禁以碎石作为滤料；

c. 不含泥土和杂物；

d. 宜用硅质砾石。

滤料的数量按下式计算：

$$V = 0.785(D^2 - d^2)L\alpha$$

式中　V——滤料数量（m³）；

D——填砾段井径（m）；

d——过滤管外径（m）；

L——填砾段长度（m）；

α——超径系数，一般为 1.2~1.5。

填砾的方法应根据井壁的稳定性、冲洗介质的类型和管井结构等因素确定。常用的方法包括静水填砾法、动水填砾法和抽水填砾法。

5）洗井

为防止泥皮硬化，下管填砾之后，应立即进行洗井。管井洗井方法较多，一般分为水泵洗井、活塞洗井、空压机洗井、化学洗井和二氧化碳洗井以及两种或两种以上洗井方法组合的联合洗井。洗井方法应根据含水层特性、管井结构及管井强度等因素选用，简述如下：

a. 松散含水层中的管井在井管强度允许时，宜采用活塞洗井和空压机联合洗井。

b. 泥浆护壁的管井，当井壁泥皮不易排除，宜采用化学洗井与其他洗井方法联合进行。

c. 碳酸盐岩类地区的管井宜采用液态二氧化碳配合六偏磷酸钠或盐酸联合洗井。

d. 碎屑岩、岩浆岩地区的管井宜采用活塞、空气压缩机或液态二氧化碳等方法联合洗井。

6）试抽水

管井施工阶段试抽水主要目的不在于获取水文地质参数，而是检验管井出水量的大小，确定管井设计出水量和设计动水位。试抽水类型为稳定流抽水试验，下降次数为1次，且抽水量不小于管井设计出水量；稳定抽水时间6～8h；试抽水稳定标准为，在抽水稳定的延续时间内井的出水量、动水位仅在一定范围内波动，没有持续上升或下降的趋势，即可认为抽水已经稳定。抽水过程中需考虑自然水位变化和其他干扰因素影响。试抽水前需测定井水含砂量。

7）管井竣工验收质量标准

降水管井竣工验收是指管井施工完毕，在施工现场对管井的质量进行逐井检查和验收。

管井验收结束后，均须填写"管井验收单"，这是必不可少的验收文件，有关责任人应签字。根据降水管井的特点和我国各地降水管井施工的实际情况，参照我国《供水管井技术规范》GB 50296关于供水管井竣工验收的质量标准规定，降水管井竣工验收质量标准主要应有下述四个方面：

a. 管井出水量：实测管井在设计降深时的出水量应不小于管井设计出水量，当管井设计出水量超过抽水设备的能力时，按单位储水量检查。当具有位于同一水文地质单元并且管井结构基本相同的已建管井资料时，新建管井的单位出水量应与已建管井的单位出水量接近。

b. 井水含砂量：管井抽水稳定后，井水含砂量应不超过 $1/10000 \sim 1/20000$（体积比）。

c. 井斜：实测井管斜度应不大于 $1°$。

d. 井管内沉淀物：井管内沉淀物的高度应小于井深的 $5‰$。

3.4.4 减少降水引起的地面沉降措施

基坑降水导致基坑四周水位降低、土中孔隙水压力转移、消散，不仅打破了土体原有的力学平衡，有效应力增加；而且水位降落漏斗范围内，水力梯度增加，以体积力形式作用在土体上的渗透力增大。二者共同作用的结果是，坑周土体发生沉降变形。但在高水位地区开挖深基坑又离不开降水措施，因此一方面要保证开挖施工的顺利进行，另一方面又要防范对周围环境的不利影响，即采取相应的措施，减少降水对周围建筑物及地下管线造成的影响。

1. 在降水前认真做好对周围环境的调研工作

（1）查明场地的工程地质及水文地质条件，即拟建场地应有完整的地质勘探资料，包括地层分布，含水层、隔水层和透镜体情况，以及其与水体的联系和水体水位变化情况，各层土体的渗透系数，土体的孔隙比和压缩系数等。

（2）查明地下贮水体，如周围的地下古河道、古水池之类的分布情况，防止出现井点和地下贮水体穿通的现象。

（3）查明上、下水管线，煤气管道、电话、电讯电缆，输电线等各种管线的分布和类型，埋设的年代和对差异沉降的承受能力，考虑是否需要预先采取加固措施等。

（4）查清周围地面和地下建筑物的情况，包括这些建筑物的基础形式，上部结构形式，在降水区中的位置和对差异沉降的承受能力。降水前要查清这些建筑物的历年沉降情况和目前损伤的程度，是否需要预先采取加固措施等。

2. 合理使用井点降水，尽可能减少对周围环境的影响

降水必然会形成降水漏斗，从而造成周围地面的沉降，但只要合理使用井点，可以把这类影响控制在周围环境可以承受的范围之内。

（1）首先在场地典型地区进行的相应的群井抽水试验，进行降水及沉降预测。做到按需降水，严格控制水位降深。

（2）防范抽水带走土层中的细颗粒。在降水时要随时注意抽出的地下水是否有混浊现象。抽出的水中带走细颗粒不但会增加周围地面的沉降，而且还会使井管堵塞、井点失效。为此首先应根据周围土层的情况选用合适的滤网，同时应重视埋设井管时的成孔和回填砂滤料的质量。如上海地区，粉砂层大都呈水平向分布，成孔时应尽量减少搅动，过滤管设在砂性土层中。必要时可采用套管法成孔，回填砂滤料应认真按级配配制。

（3）适当放缓降水漏斗线的坡度。在同样的降水深度前提下，降水漏斗线的坡度越平缓，影响范围越大，而所产生的不均匀沉降就越小，因而降水影响区内的地下管线和建筑物受损伤的程度也愈小。根据地质勘探报告，把滤管布置在水平向连续分布的砂性土中可获得较平缓的降水漏斗曲线，从而减少对周围环境的影响。

（4）井点应连续运转，尽量避免间歇和反复抽水。轻型井点和喷射井点在原则上应埋在砂性土层内。对砂性土层，除松砂以外，降水所引起的沉降量是很小的，然而倘若降水间歇和反复进行，现场和室内试验均表明每次降水都会产生沉降。每次降水的沉降量随着反复次数的增加而减少，逐渐趋向于零，但是总的沉降量可以累积到一个相当可观程度。因此，应尽可能避免反复抽水。

（5）基坑开挖时应避免产生坑底流砂引起的坑周地面沉陷。在基坑底面下有一薄黏性土不透水层，其下又有相当厚度的粉砂层。若降水时井点仅设在基底以下，未穿入含水砂层，那么这层薄黏土层会承受上、下两面的水压力差 Δ_P，作用于黏土层下侧，产生向上的压力，若此压力大于该土层重量，便会造成坑底涌砂现象。对于该种情况，需将降水井管穿入黏土层下面的含水砂层中，释放下卧粉砂层中的承压水头，保证坑底稳定。

（6）如果降水现场周围有湖、河、滨导贮水体时，应考虑在井点与贮水体间设置挡土帷幕，以防范井点与贮水体穿通，抽出大量地下水而水位不下降，反而带出许多土颗粒，甚至产生流砂现象，妨碍深基坑工程的开挖施工。

（7）在建筑物和地下管线密集等对地面沉降控制有严格要求的地区开挖深基坑，宜尽量采用坑内降水方法，即在围护结构内部设置井点，疏干坑内地下水，以利开挖施工。同时，需利用支护体本身或另设挡土帷幕切断坑外地下水的涌入。要求挡水墙具有足够的入土深度，一般需较井点滤管下端深 1.0m 以上。这样即不妨碍开挖施工，又可大大减轻对周围环境的影响。

3. 降水场地外侧设置隔水帷幕，减小降水影响范围在降水场地外侧有条件的情况下设置一圈隔水帷幕，切断降水漏斗曲线的外侧延伸部分，减小降水影响范围，将降水对周围的影响减小到最低程度常用的隔水帷幕包括深层水泥搅拌桩、砂浆防渗板桩、树根桩隔水帷幕、钻孔咬合桩、钢板桩、地下连续墙等。

4. 降水场地外缘设置回灌水系统

降水对周围环境的不利影响主要是由于漏斗形降水曲线引起周围建筑物和地下管线基础的不均匀沉降造成的，因此，在降水场地外缘设置回灌水系统，保持需保护部位的地下水位，可消除所产生的危害。回灌水系统包括回灌井以及回灌砂沟、砂井等。

施工案例十：武汉绿地中心

武汉绿地中心项目位于武昌滨江商务区核心区，与汉口百年外滩隔江相望，是武汉新一轮城市发展的重点区域。绿地中心共有 125 层，其中地下 6 层，地上 119 层，其中在 72 层、88 层进行两次内收，总建筑面积 30 万 m²，由 1 万 m² 的摩天观光层、5 万 m² 的服务式公寓、4 万 m² 的超五星级写字楼和 20 万 m² 的甲级写字楼群四大部分组成，形成一体化武汉滨江 CBD 核心综合体，各项功能定位锁定"世界级别"，是目前世界第三、中国第二、中部第一高楼（图 3.4-7～图 3.4-11）。

图 3.4-7　武汉绿地中心桩基施工

图 3.4-8　地下连续墙冠梁施工

图 3.4-9　正负零层环形支撑梁施工

图 3.4-10 －1 层土方开挖

图 3.4-11 降水井主排水管施工示意图

3.5 土方开挖及原材料运输

由于各地区的地基土质条件较差，同时城市建筑物密集、地下市政管线众多、道路交通网络纵横，深基坑施工对环境保护要求越来越高。逆作法因在施工变形控制、环境影响程度、施工场地占用范围和时间、可持续发展等方面的诸多优点，常规逆作法是在顶板设置取土洞口，取土口数量应尽量同时满足在底板抽条开挖时需要，具体部署原则如下。

3.5.1 土方开挖的原则与部署

逆作法施工工艺与常规土方开挖的比较：采用常规开挖方式，从远端开始开挖，按一个坡度向后倒退，最后开挖至出土孔位置，此种方法需修筑较长的行车栈道。大型挖掘机械和土方运输车辆需进坑内作业，不利于施工组织，且此方式对基坑降水要求较高，需保证基坑内土层干燥地基有足够的承载力，否则土方运输作业无法正常运行。由于基坑周边建筑物太多，对基坑周边沉降控制的要求比较高，所以为控制基坑周边的沉降不能一次降水至开挖地面以下，这就对常规开挖带来了影响。采用逆作法开挖，大型机械和土方运输车辆就可以直接行走在逆作梁板上，不需要下到基坑内，也不需要修筑行车栈道，而且逆作法土方施工时分层开挖就可以分层降水，这对控制基坑周边的沉降相当有利。

1. 开挖准备工作

（1）分层降水

降水工作是基坑开挖的保证，在每层土方开挖前两周确定本层开挖的降水调整工作，按照设计院提供的数据，水位要降到开挖面以下 1～2m，保证开挖作业不受影响。降水期间通过水位观测井测量基坑外水位的下降情况，并跟踪测量基坑周边沉降量的变化，及时有针对性地进行回灌工作，保证一定范围内的抽灌平衡，减小基坑周边的沉降量。

（2）车道的施工

车道是整个土方运输的关键，基坑土方开挖之前要按照设计的行车路线完成车道的施工。

道路总体布置，利用支撑设计的冠梁及水平支撑梁板的形式，进行道路设置，分开行人和行车。

设备机械的安排：根据施工工作面的划分及工程量的大小，投入主要施工机械设备，主要有小挖掘机，在基坑内及顶板下作业；长臂挖挖掘机，臂展可以覆盖的出土孔范围由长臂挖掘机直接开挖，其余部位由小挖机将土方开挖并转运到长臂挖机挖桩到土方车上外运到指定弃土场。

土方的开挖顺序，遵循"竖向分层，水平分区"的原则，基坑开挖按照"对称、平衡、限时"的要点组织施工。通常土方开挖分三次进行：

第一次，分层开挖到冠梁底标高，然后进行冠梁以及第一层梁板施工；

第二次，根据逆作分层，逐层向下开挖，并施工各层水平梁板支撑；

第三次，先整体开挖基坑底部，后单独开挖承台和电梯井等超深部分的土方，开挖完成立即砌筑超深部分空间的砖模支护和浇捣垫层。

（3）开挖过程中基坑安全的保护

a. 基坑开挖在围护结构达到设计强度、预降水两周后进行。

b. 基坑纵向放坡开挖，随挖随刷坡，确保纵坡的稳定性。

c. 在基坑坡顶线外侧设置截水沟，防止雨水冲刷坡面和基坑外排水回流渗入坑内。

d. 第二层及以下土方开挖时，在开挖到钢管柱附近时，应安排专人对机械进行指挥，防止发生碰撞，影响主体结构安全。

e. 根据基坑围护结构特点，预先制定防止涌水涌砂的措施。

f. 成立专职监测小组，在围护结构和支撑梁施工时将各种监测元件埋入桩身、支撑梁和土体中，在基坑开挖期间监测小组密集监测基坑围护结构的应力与位移，及时整理、分析监测数据，反馈给土方施工。

2. 开挖过程中的控制难点及采取措施

（1）钢管柱区域开挖

钢管柱是整个支撑体系的竖向受力构件，钢管柱的稳定对基坑安全至关重要。挖掘机的撞击、土体高差产生的侧压力等外力都可能对钢管柱的稳定带来影响，所以对钢管柱的保护是开挖工作控制重点。

在开挖到钢管柱附近时，应安排专人对机械进行指挥，防止发生碰撞变形，影响结果安全，同时对钢管柱两侧土体高差进行严格控制，开挖高度之差不能大于1m，防止土体水平力影响钢管柱，危及结构安全。钢管柱周边1m范围采用人工开挖。

（2）塔吊基础开挖及保护

在工程中塔吊基础的设置，通常采取4根桩基支撑，为悬臂结构，所以在施工中必须对桩基进行加强，形成整体。在塔吊基础开挖过程中，桩基两侧土体高差不得大于1.5m，保证土体压力平衡。开挖时先开挖塔吊桩四周土体，最后开挖四根桩基中心的核心土。

（3）围护桩间涌水与涌砂的控制

由于地下室基坑深度较大，地下水埋深较浅，根据工程水文地质条件情况，有特殊土和不良地质，特别是淤泥层较厚，地下水丰富。施工中易发生涌水、涌砂、变形、失稳等现象，对基坑安全构成很大威胁。因此在土方开挖过程中，尤其是在基坑围护结构附近开挖时，必须配备专人监测围护结构桩间情况，一旦发现渗漏，及时按照应急预案进行封堵。

（4）开挖标高和边线的控制

土方在每层结构开挖及基底开挖时，必须及时控制各层板底标高、梁底标高、承台、地梁底、电梯井等标高。各层土方开挖须严格控制开挖标高，若出现超挖和欠挖现象只能用人工来处理，对整体进度有很大影响，因此在开挖过程中将标高点引测到所有钢管柱上，并用红油漆清晰标注出来。大面积开挖时通过在两个钢管柱之间拉线来控制开挖标高，对于承台、地梁的边线必须先用全站仪放出轴线，然后用钢尺配合经纬仪来细分定位。做到一次成型，严禁挖掘机二次进入作业。

（5）基坑内水位的控制

基坑内的降水是土方开挖的基础，对土方开挖能否顺利进行有着重要的影响。为了有效控制坑内水位，在原设计基础上又在水源丰富的部位增加多口降水井。在土方开挖前两周开始调整基坑内水位，对于基坑内的降水井控制其水位感应器来控制。对于基坑内周边的降水井控制其水位在开挖面以下 3m，基坑中间的降水井控制其水位在开挖面以下1.5～2m。安排专人每天测量降水井水位的变化情况，通过对测量数据的分析及时调整抽降水的时间，增减水泵工作数量。水位调整的顺序根据施工开挖的先后顺序而定，先开挖区域内的水位先调整，暂不开挖区域的水位暂不调整，实行分区域动态控制，这样可以有效地减小基坑周边的沉降。

3.5.2 出土孔及下料口的留设

1. 出土孔的选择

出土孔首先要保证在零层板面留设位置满足垂直吊运或长臂挖运机械设备的工作性能不受限制，使其有良好的工作半径，便于施工操作，并且能及时有效地组织与之配套的运输车辆，将吊运或挖运出的地下土方及时转运出去，因此出土孔的位置应与零层板面预留的施工通道或栈桥保持密切联系，便于运输车辆通行和回转。

出土孔的设置应结合结构梁板构造特点，将出土孔设置在承受剪力和内应力较小的板的部位，并对周边预留好封板时的接驳器或连接钢筋埋件，以便结构施工完成后，能及时封闭。预留的接驳器或连接接头应采取妥善的保护处理，防止出土淤泥污染或影响机械吊运。对结构预留出土孔影响支撑体系受力的应进行设计补强或加固处理，严禁出土孔设置在后浇带等悬挑构件部位，防止后浇带部位的悬挑构件因施工动荷载受力不均造成破坏。

出土孔应与各层中结构板所留设的出土孔上下相对贯通，在同一垂直面，以保证吊运设备的位置固定和地面运输路线固定。

因地下逆作土方开挖需通过出土孔进行吊运或直接采用长臂挖机挖运，因此在地下结构空间的出土面，与出土孔周边的关系应该是相对空旷并便于地下挖运机械的施工，所以，出土孔应尽量远离垂直构件的柱墙井坑等部位，以便地下逆作时出土便利，更有利于竖向结构在逆作施工中得到及时施工叠合。

出土孔除密闭空间外，通常在半逆作或组合式的裙房逆作和主楼正作等形式下，可以通过地下空间的开拓和联系，使出土孔得到广义的理解，并且通过环梁支撑、坡道通行坑底等形式，使逆作运输特点与正作空间有机结合，更有助于逆作的开展。

下料口与出土孔，通常是合用的，但在地下结构分段施工中，往往因出土孔覆盖的范围和挖运的连贯性影响了长钢筋或大部分料具的垂直转运，因此可考虑在实际施工过程中根据需要设置下料口，并在运输组织中灵活运用，可采取结构支撑荷载满足之前留设，仅作大量料具向下运输的口部留设，并在运输完成后及时封闭，在转运至坑底后，可通过逆作逐步完成的结构坡道或地下井道再运出，以加快施工进度而又不影响结构施工。

2. 出土孔的封堵

出土孔的封闭可根据需要采取由下向上的施工顺序逐层封闭，也可以根据零层结构面的使用要求，先封顶面再施工地下各结构楼层。

施工之前，首先应对出土孔四周在施工时预留的钢板接驳器进行清理并逐个对直螺纹套管进行检查，遇有变形或无法拧紧的套管进行更换，对无法修复的接驳器采取植筋的方式处理。并对出土孔封堵部位的钢筋逐一进行测尺下料，确保钢筋尺寸的准确。

对出土孔原混凝土表面进行凿毛处理并对止水板进行检查，遇有破损变形处休整处理后再进行绑筋。在模板及支架搭设时，根据具体承载特点可设置应力、应变检测片，及时检测施工期间的应力及变化情况，防止超出预想的设置能及时采取相应的有效补救措施。

混凝土采用比设计级配高一级的微膨胀混凝土进行浇筑，浇筑采用泵管或溜槽进行浇筑。对止水要求高的部位可设置缓膨胀止水胶条及注浆管，在混凝土浇筑后自然膨胀密闭或后压浆注浆增强密实度。

3.5.3 挖运设备的选用

1. 挖土设备的选择

挖土设备，应结合实际施工中的挖掘条件进行确定，其挖土设备主要为挖掘机；在楼层出土孔布设的挖土设备主要有：不同臂长的长臂挖掘机、出土孔的抓斗、地下的小型挖掘机、铲运机等。

（1）长臂挖掘机

长臂挖掘机的工作原理是利用挖掘机在标准臂长度不能满足某些工作场合时，采用加长臂来填补这片空白，如深坑作业的地基工程，高空作业的楼房拆卸或河道清理等领域的建设和维护等（图 3.5-1）。有了加长臂，就可以利用地面结构层或基坑边设置的承载路面，直接利用出土孔对基坑不同深度部位的土方进行开挖。

图 3.5-1 长臂挖机作业

根据挖掘机加长臂的分类，大致有以下几种：

a. 按其作业方式来分：拆楼加长臂、深坑加长臂、打桩加长臂等；

b. 按段数来分：二段式加长臂、三段式加长臂、四段式加长臂等；

c. 按其性能来分：固定式加长臂、滑移式加长臂、伸缩式加长臂等。

通常在地下逆作挖土中所用的长臂挖机主要为固定的二段式深坑加长臂，随着分层挖土的深度加深，在坑内转土或倒土至出土孔部位后，上部长臂挖机不能满足使用效能后，可以转换成更长的臂或采用其他设备代替。

在实际选用过程中，根据具体产能，结构承载能力等具体要求，结合参数配备表选用（表 3.5-1），其具体使用型号根据当地市场和企业设备管理要求确定性能优异的设备。

长臂挖机的机械选配参数   表 3.5-1

参　数	单位	数　据						
整机重量	t	12	20	25	30	35	40	45
加长臂长度	m	10	18	20	22	24	26	28
加长臂重量	t	2.8	4.8	5.6	6.6	7.5	8.5	9.5
挖斗容量	m³	0.2	0.4	0.45	0.5	0.6	0.7	0.8
最大挖掘高度	m	7	15	17	19	21	23	25
最大挖掘半径	m	9	17	19	21	23	25	27
最大挖掘深度	m	6	14	16	18	20	22	24
运输高度	m	2.2	3	3.2	3.2	3.2	3.4	3.4
最大加长度	m	15	20	22	24	26	28	30

（2）抓斗机

挖掘机抓斗是指与挖掘机配套使用的抓斗，一般都是由液压油缸驱动的液压式抓斗（图 3.5-2）。挖掘机抓斗靠左右两个组合斗或多个颚板的开合抓取和卸出散状物料的吊具，由多个颚板组成的抓斗也叫抓爪。挖掘机抓斗按形状可分为贝形抓斗和桔瓣抓斗，前者由两个完整的斗状构件组成，后者由三个或三个以上的颚板组成。挖掘机抓斗本身装有开合结构，一般用液压油缸驱动，所以由多个颚板组成的抓斗也叫液压爪。

图 3.5-2　抓斗设备吊运土方

挖掘机抓斗按操作特点还分为回转和不回转两种，不带回转的抓斗采用挖掘机铲斗油缸的油路，不用另外添加液压阀块及管路；带回转的抓斗要添加一套液压阀块及管路来控制。

挖掘机专用液压抓斗适用场合：

a. 建筑地基的基坑挖掘、深坑挖掘及泥、沙、煤、碎石的装载；

b. 特别适用于沟或受限制的空间的一侧进行挖掘和装载；

c. 适用于船舶、火车、汽车的装卸；

d. 适用于煤炭、矿粉、沙石、废钢、圆木、秸秆、芦苇、毛竹等散料。

（3）小型挖掘机

主要用于地下土方转挖，先对出土孔下方的土方进行转挖，再向四周进行，将土方转运到出土孔下方，以便于出土孔垂直出土。

（4）铲运机

当地下土方被小挖机转移至桩柱中间空旷的空间，可采用铲运机进行转运，将土方挖至出土孔下的运土吊运槽箱中，此种运土方法主要是利用整体箱载的方式转运的。当然对地下土方的转运，铲运机比小型挖机更灵活和便利，弥补了小挖机甩臂对空间的要求，同时也对挖斗的斗容量较小，运输量不足做了补充，但其主要缺陷是，不能在靠近桩柱等竖向构件位置进行操作，防止发生挤土或产生水平推力，影响结构安全。

2. 运土设备的选择

运土设备主要有双桥运输车和普通运输车辆，在城市环保要求较高的地区，运输车辆需要配备自动开闭的防抛撒棚盖，在施工过程中，运输车辆主要受到外运运输路线的限制，其车载重量对地面结构荷载也需要进行验算，确保施工安全。车载运输的过程，随运输的方式有所区别。在地下或通过坡道运输，往往逆作的结构高度对运输车辆有限制，在选择运输车辆时，会考虑载重相对较小，运输灵活的农用车从地下直接运输，在便利不受层高限制时，也可采取大吨位运输车直接从地下拖运。

3.5.4 行车路线规划

逆作法施工工艺以其施工工期短、变形小、造价低等优点，在目前深基坑施工中得到了广泛的应用，尤其适合处于市区建筑密度大，邻近建筑物、地铁、地下管线及周围环境对沉降变形敏感的基坑施工。但由于特殊的施工工艺，逆作法也存在土方开挖困难等难题。如何优化选择土方开挖方案对建筑工程总工期、周围环境的变形以及支护结构的受力和变形有着巨大的影响。

目前常用的土方开挖方法主要有直接分层开挖、内支撑分层开挖、盆式开挖、岛式开挖等，工程中可根据具体条件选用。在无内支撑的基坑中，土方开挖中应遵循"土方分层开挖、垫层随挖随浇"的原则；在有支撑的基坑中，应遵循"开槽支撑、先撑后挖、分层开挖、严禁超挖"的原则，垫层亦应随挖随浇。

逆作法土方开挖主要有以下几个特点：

1）挖土效率低，出土慢；

2）挖土难度大，施工要求高；

3）施工场地狭小，运土不便。

因此，施工的土方运输作为逆作施工的重要组成部分，必须围绕上述的特点来认真组织行车路线，并使工作效率提高，施工作业状况改善。

行车路线分为地面交通和地下交通两大部分，地面交通随出土孔的确立而形成一体，相互配合密切。而地下部分，因各结构特点不一，地下空间的特殊性，需要作出优化和规划。在全逆作施工的地下，由于出土孔的定位，应对地下的施工顺序随出土孔的方向进行布局，通常按出土孔向四周推进，按上述原则执行；当出土孔偏向与地面一侧，地下空间狭长时，应采取通道法结合出土孔下盆式开挖，将土方先与出土孔下挖出空间，再按推进方向向前推进形成通道，最后分层分段逐步完成通道两侧的空间，这样的开挖方式有利于工作面的展开，对施工地下结构的安全也很有利。

在半逆作或逆作施工与正作施工交替时，应充分考虑出土路线通过大开口或直通地面的坡道组织施工行车路线，这样使地下挖土的速度和运输进度得到优化，速度加快。

3.6　水平结构体系施工

逆作法施工的水平结构体系，主要是利用地下结构的水平梁板结构代替水平支撑，并由浅到深逐步替代基坑支护中的内支撑体系，并不断向下施工的过程。水平结构施工前应预先确定出土口、各种施工预留口和降水井口，必须按设计图纸确定具体位置、尺寸，并应采取加强措施。

水平结构体系应优先利用土模施工水平结构，宜将土面整平夯实，浇筑一层厚约50mm的素混凝土，然后刷一层隔离层；土质较差时水平结构采用其他类型模板。当采用支模方式浇筑梁板，先挖去地下结构一定高的土层，然后按常规方法搭设梁板模板，浇筑梁板混凝土，应考虑周边围护结构的设计要求。

水平结构如作为周边围护结构的水平支撑，其后浇带处应按设计要求设置传力构件，后浇带传力杆件设置如图 3.6-1 所示。

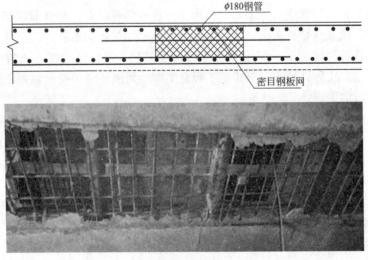

图 3.6-1　后浇带设置传力杆件

地下梁板结构逆作法的施工工艺决定了土方开挖时，必须拆除梁板模板的支撑后方可进行，这将导致后浇带位置没有竖向支撑。为防止后浇带下沉，同时考虑支撑体系水平荷载的传递作用，在后浇带位置设置 $\phi180$ 钢管间距 1m 设置传力杆，能有效解决后浇带下沉及满足整个水平支撑体系的完整性和刚度要求。

后浇带水平位置的传力杆件通常设置在梁和板中，具体分布设计节点如图 3.6-2 所示。

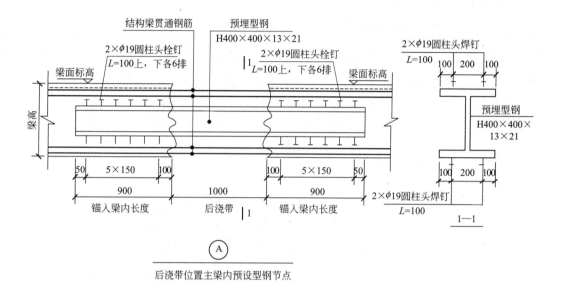

图 3.6-2 后浇带设置在梁或板中的传力杆件示意

水平结构体系起着双重作用，既作为水平支撑传力体系，对基坑安全起到关键作用，又必须满足工程结构设计的使用功能；当建筑结构楼层存在高差要求或在局部位置需要预留楼梯、电梯井口、设置通廊等不完全密闭且不满足传递水平支撑力的空间时，应对结构体系通过设计进行调整或采取临时加固或封闭措施，待地下结构支撑要求失效后，再进行拆改。

水平支撑体系在结构中产生高差时，应采取加腋处理或采取临时坡道进行过渡，并便于室内通行，如图3.6-3、图3.6-4所示。

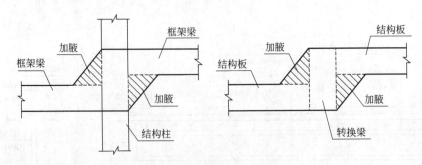

图3.6-3 结构梁板高差位置加腋示意图

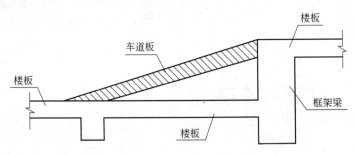

图3.6-4 施工区域高差处理示意图

水平支撑体系在实施之前，应通过设计验算，确认水平支撑体系的安全后，方可施工。

3.7 竖向结构体系施工

逆作施工的竖向结构体系分为临时支撑传力体系和永久支撑传力体系，在实际施工中，其周边通常与支护围护体系相结合，在逆作施工之前便做好选择来实施。中间结构通常也因结构需要设置的柱、墙体系在支承端由桩传递或桩承台传递。

因支护体系与结构外墙在设计中考虑的形式有内外叠合或组合，而会对周边竖向结构体系进行不同的施工措施。当支护体系与外墙叠合，便形成单侧立模，施工难度较大。如在天津富力中心，外墙壁桩叠合部位采用了单面支模，叠合部位模板采用15mm厚竹胶板单面支模，10号槽钢做背楞，距楼板顶500mm处支设浇筑混凝土用的喇叭口，在楼板预留直径100mm×500mm的浇筑口，内侧圆柱采用定型模板，节点示意如图3.7-1所示。

支护体系与外墙叠合并由支护体系承担一部分外墙结构时，应在支护体系施工之前进行水平结构的预留预埋，以便竖向结构与水平结构在逆作施工时的细部节点匹配，如地下连续墙外围护与地下室外墙形成叠合，可在地下连续墙各槽段钢筋加工施工时，在梁板标高位置设置预留插筋或钢筋接驳器，控制好标高，以便在每层水平梁板支撑体系施工时能连接成整体。此种施工方法通常因标高控制困难，且因沉降或内应力关系或施工偏差位移等因素，控制比较困难，对结构精度控制偏差影响大，一般在地下空间极度紧张的情形下才使用。

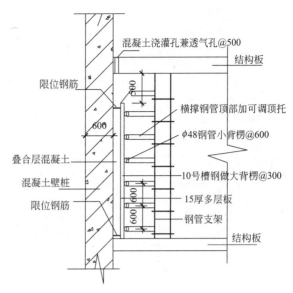

图 3.7-1 壁桩叠合部位单面支模示意

地下结构外墙与支护的关系，通常因地下水的控制难度大，外墙须设置防水而采取双墙合一或支护与外墙组合的形式来完成，这样既解决了支护体系与内支撑体系的水平联系节点的矛盾，也使各自施工过程相互脱开，有助于结构施工的完整和节点处理。采取这种形式，通常在竖向结构中设置临时支撑体系，如格构柱，在墙体或结构梁板的受力点，采取临时支撑先将水平梁板支撑好，再进行正式竖向结构的施工，使竖向结构施工更便利，且预留接缝少，处理容易。

中间支承体系通常在地下逆作工程施工中以柱网体现，其大部分为桩柱形式，且根据轴网关系设置为"一桩一柱"，局部上部结构较高区域会设置剪力墙或由多桩组合的承台等支承，上部以墙体等支承。相对于周边，桩柱支承体系较为简单，当采取"一桩一柱"形式时，常使用叠合桩柱形式，采取 H 型钢（或钢管）等叠合形式；在局部施工困难部位采取临时格构柱进行支承，以便后续正式桩柱的施工。

钢筋混凝土叠合柱实例如图 3.7-2 所示，钢筋混凝土叠合柱是将钻孔灌注桩直接施工至楼板标高作为基坑开挖期间的立柱进行叠合（图 3.7-3）。

图 3.7-2 钢筋混凝土叠合立柱逆作现场图

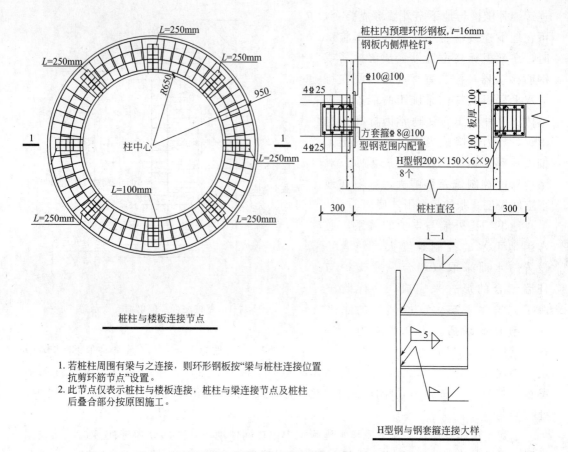

图 3.7-3 钻孔灌注桩作为立柱与楼板（或底板）连接示意图

在施工过程中，前期以桩的形式施工至临界层结构梁板面，在逆作施工的梁板结构完成后，对桩表面进行毛化处理，并重新布置钢筋，再安装模板浇筑成柱，在与梁板接头部位可设置水平环梁解决水平支点与预埋在桩柱中的型钢牛腿连接。因毛化处理对结构表面需进行剔凿，用工及质量把控度差，因此在叠合桩柱施工中，通常会以钢管桩或格构柱通过栓钉来解决，如图 3.7-4、图 3.7-5 所示。

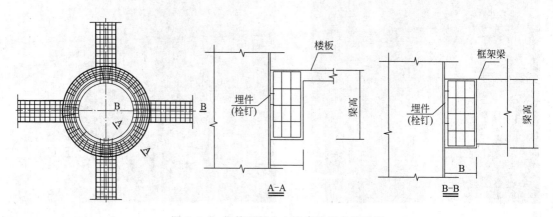

图 3.7-4 钢管混凝土立柱连接节点示意图

图 3.7-5 钢管混凝土立柱实景图

中间支承柱的连接节点应按以下要求施工：①中间支承柱的连接节点为 H 型钢（或钢管）与梁连接的节点采用钻孔法时，每穿过一根钢筋应立即将孔的双面满焊封严，然后再钻下一个孔、穿筋。②中间支承柱为 H 型钢（或钢管）与梁连接的节点采用钢板传力法时，钢板与型钢宜采用竖向焊接，钢板与型钢的焊缝应满足设计要求。施工现场应对此焊缝做探伤试验，梁的钢筋与传力钢板的焊接应对焊件做抗拉强度试验。③中间支撑柱为钢管混凝土柱时，与梁受力钢筋的连接宜采用传力钢板法，钢筋焊在传力钢板上，应采用双面焊接，钢板大小与钢筋的焊缝的长度经计算确定。传力钢板的位置经测量放线确定，钢板的位置应准确，焊接钢板前应将 H 型钢（或钢管）表面清理干净，不允许有锈蚀。④中间支撑柱为钻孔灌注桩在各层梁的标高预设环形钢板，环形钢板安装应牢固准确。叠合柱的钢筋接头应采用机械连接或焊接。

地下连续墙与梁节点的连接宜采用传力钢板法，应在梁的位置预设钢板，位置准确、连接可靠。地下连续墙与地下室底板连接处应有加强措施，在底板与地下连续墙的接触面设止水条，中间支承柱与底板连接时，柱子四周设止水环。当地下结构空间较大，在水平支撑体系不满足受力要求状态时，可利用斜向传力体系设置临时斜撑，来缓解和控制大跨度空间下的维护墙变形和内力，如图 3.7-6 所示。

图 3.7-6 南京某逆作项目斜向支撑实景

竖向结构混凝土连接处理应如图 3.7-7 所示。

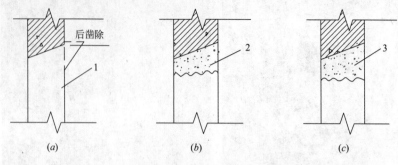

图 3.7-7 上下混凝土连接

（*a*）直接法；（*b*）填充法；（*c*）注浆法

1—浇筑混凝土；2—填充无浮浆混凝土；3—压入水泥浆

注：填充的无浮浆混凝土应为高一强度等级的膨胀混凝土。

3.8 钢结构体系

钢结构体系主要在地下逆作中起到辅助作用，其使用优点是结构强度高、形体小、便于焊接和后续节点处理，且在节点预留预埋中起到重要作用，钢结构的加工和安装必须严格按照相关焊接和制作规范要求施工。

钢结构主要体现在型钢支撑、钢构件锚栓焊接、接驳器或临时钢支撑等方面，在结构内部通常作为劲性钢骨构件或钢板墙等，其施工特点通常因地下空间小，结构构件重，需要大型吊重机械配合施工，而在逆作施工中采取局部大开口或半逆作施工中得以应用。

在逆作施工中，常用的钢结构体系为竖向格构柱和水平钢管支撑等。竖向格构柱通常在桩基施工阶段由场外加工制成成品，运至现场通过垂直度控制与基础桩插接。水平支撑传力杆件及较小的预埋接驳器构件，由人工搬运至现场安装，或采取现场散件搬运，安装和焊制。

3.9 地下结构防水

3.9.1 地连墙

由于地下连续墙自身施工工艺的特点，其施工是分槽段进行的，因此地下连续墙墙幅与墙幅之间接头位置的防渗漏是关键问题，尤其是当地墙作为地下室永久性外墙时，即两墙合一设计时，接头要有较好的止水构造。实际工程中也采用了许多种技术措施，地墙接头防渗总体效果较好，但由于施工因素，难免会发生一些局部的渗漏。

1. 地连墙渗漏水主要原因是："地下连续墙夹泥、内部窝泥、地下连续墙接缝处理不到位"而造成渗漏水现象发生。

（1）地下连续墙夹泥、内部窝泥主要原因：

地下连续墙槽段部位的淤积物是墙体夹泥的主要来源，浇筑水下混凝土时向下冲击大，混凝土将导管下的淤积物冲起，引起一部分淤积物悬浮于泥浆中，随着混凝土浇筑时间的延长，又沉淀下来落于混凝土表面，当槽孔混凝土面发生变化或呈现覆盖状流动时，这些淤积物最容易被夹在混凝土中。由于混凝土的流线呈弧形，拐角处的淤积物不可能完全挤升向上，所以拐角处绝大多数有淤积物堆积。

当为多根导管浇筑时，除了端部接缝处夹泥外，导管间混凝土分界面也可能存在夹泥现象；另外导管埋深影响混凝土的流动状态。导管埋深太小，混凝土呈覆盖状态流动，容易将混凝土表面的浮浆及淤积物卷入混凝土内。另外当浇筑速度太快时，混凝土向上流动速度过快，对相邻混凝土的拉力也大，有时会将其拉裂形成水平或斜向裂缝，成为渗漏水的质量隐患（图3.9-1）。

图 3.9-1　地下外墙渗漏

其次导管提升过猛，或探测错误，导管底扣超出原混凝土面，涌入泥浆；导管发生堵塞，拔出后重新下管浇筑，当导管插入已浇筑混凝土内继续浇筑时，导管内的泥浆被带入，夹在混凝土内，若重新下入的导管未插入混凝土内，而继续浇筑，则新老混凝土面形成一条水平缝，缝内夹泥。混凝土浇筑时局部塌孔也会造成夹泥。

地下连续墙在采用传统接头管的施工中，液压抓斗在开挖紧靠墙体接头一侧的槽孔时，不可避免地会碰撞或啃坏墙体接头，使墙体接头凹凸不平；尽管在成槽后进行刷壁，但是在刷除墙体接头凸面上土渣泥皮的同时，也将泥浆搪进了接头的凹坑之中。因此，成墙之后，墙体接缝处的渗漏水现象仍然很常见。

（2）地下连续墙接缝处理

槽段间接头为清刷干净；只要在施工过程中清刷工作稍有松懈，或因为泥浆护壁效果不佳，清刷和下笼过程中不小心碰塌了侧壁的土体，都会使槽段接头处自带成渣或局部夹泥，从而导致渗漏水。

钢筋笼偏斜；某些槽段由于条件的限制，不能采用跳跃式施工，只能顺序施工相邻的槽段，致使后施工的槽段钢筋笼不对称，吊放时因偏心作用产生偏斜；由于接头处未清刷干净，留有前期槽段留下的混凝土块，仍强行吊装钢筋笼，从而产生偏斜（图3.9-2）。

图3.9-2　钢筋笼吊装

支撑架设不及时；由于基坑开挖过快，支撑架设不及时，地下连续墙变形较大造成接头处渗漏水，尤其是对接头管接头，由于接头刚度较小，对基坑变形更为敏感。

（3）特殊地质条件的危害

由于勘察遗漏或者勘察不到位，导致地下连续墙在成槽期间，遇弧石或地下木桩等特殊地质原因将导致地下连续墙成槽困难，严重者成槽无法进行。在遇到特殊地质原因的情况下，施工单位将会采取一系列措施（回填后重新成槽、上下窜动等），进行第二次成槽。然而一旦这些处理措施不适当，这些部位将是以后地下连续墙在基坑开挖过程中易漏水的隐患部位。

（4）施工过程中的其他原因

地下连续墙采用传统接头管的施工中，在两幅墙之间的接缝处进行旋喷加固止水，或者搅拌桩加固止水，以防止基坑开挖的过程中地连墙接缝处漏水。如果在施工过程中加固止水环节质量没有控制好，这将会给未来基坑施工，地下连续墙带来潜在的渗漏水危害。在地下连续墙钢筋笼内设置了大量与主体结构相连接的接驳器。由于接驳器数量较多，间距较小，并且集中在一个层面上，容易形成一个隔断面，混凝土的骨料难以填充至两层接驳器间。在这些部位，常由于混凝土不密实而产生渗漏水现象。

2. 开挖及渗漏水处理措施

（1）开挖前的措施

地连墙外侧施工三重管高压旋喷桩，引孔至50m深，开始进行高压旋喷。

在大小里程端头井阴角处注双液浆。由于三重管高压旋喷桩桩机较大在阴角处个别地方无法进行施工；在开挖前须做好引流管、水玻璃、水泥、引孔机、土工布、土袋等，用于渗漏水时的防范工作。实现在各个地连墙接缝处引孔。在发生渗漏水的时候可以第一时间注浆，避免事态的扩大。

基坑降水要求坑内井点降水应在开挖前 20d 进行，降水深度应达到设计要求，并不得少于基底以下 0.5~1m。降水期间应按设计要求布置水位观测孔，对基坑内外的地下水位及邻近的建（构）筑物、地下管线的沉降进行监控，当建（构）物、地下管线的变形速率或变形量超过警戒值时，可用回灌水法或隔水法来控制降水对周围环境的有害影响。

（2）发生渗漏水时处理措施

首先在坑内确定渗漏点，对漏水部位进行棉絮和土工布进行封堵，分水引流防止进一步涌砂涌泥，埋入引流管，用早强水泥逐步补实；待 24h 后，用手压泵从引流管中压入聚氨酯水溶性堵漏剂，使早强水泥与原有地连墙混凝土内形成隔水带。为了防止漏水漏砂墙厚出现较大的渗孔导致基坑周围以后出现较大面积的塌陷，同时也为了隔断渗流路径，采取坑外压密注浆。在距离漏水点正后方 2m 左右钻孔，钻孔深度比漏水点深 2m，孔径大约为 100mm。然后，插入注浆管，开始注浆压密（图 3.9-3）。

图 3.9-3　地连墙堵漏处理

成槽至标高后，采用成槽机抓斗进行清淤，使地下连续墙成渣厚度不大于 100mm，凹槽段应刷壁（10 次以上），刷壁时每次刷壁器提上来以后必须把刷壁器上的泥巴清理干净后再继续刷，直到刷壁器上无泥巴作为终止标准；然后进行扫孔，扫孔时抓斗每次移开 50cm 左右，如本副槽段需进行侧壁，刷壁后应先测壁然后进行清孔（图 3.9-4）。

（3）地下连续墙渗漏水控制要点

为提高接头处的抗渗及抗剪性能，对地下连续墙接合处，用外型与凹槽相吻合的接头刷紧贴混凝土凹面上下往返刷动十至十五次，保证混凝土浇筑后密实、不渗漏。

图 3.9-4　刷壁器

地下连续墙外侧承受巨大水压力，为进一步提高地下连续墙的防渗性能，在地下连续墙槽内侧设置内衬墙（暂定 200mm 厚），内衬墙通过预先在地墙内预留的钢筋与地墙形成整体连接，从而增强地墙墙身尤其是接缝位置的防渗性能。

在地下连续墙槽段接头外侧，应根据地质条件及防渗要求采取高压喷射注浆防渗加强措施。

地下连续墙漏水后各个测量项目之间都有连锁反应。水位观测孔和地下连续墙测斜首先予以表现出来，然后就是周围管线和建筑物的沉降；稳定的时候也是地下连续墙测斜先稳定，然后周围环境监测数据稳定。这一点在判断地下连续墙渗漏水的基坑数据时，需要引起注意。

地下连续墙漏水时，各个测量项目监测数据突变的先后顺序以及堵漏完成后各个测量项目数据趋于稳定的恢复过程都说明在地下连续墙漏水事故发生的过程中，地面和房屋沉降对维护墙体变形的响应有一定的滞后，同时也说明基坑墙身与基坑开挖一样，具有一定的时空效应。

地下连续墙采用止水可靠性高的工字形刚性接头，同时在地墙槽段分缝外侧设置 RJP 工法大直径高压旋喷桩，以提高接缝处的抗渗能力。

施工原因是影响地下连续墙渗漏水的关键因素，也是在众多基坑事故中主要原因，所以在地下连续墙施工过程中、基坑开挖时以及基坑开挖后应注意：地下连续墙施工时注意接缝、接头位置、浇筑混凝土时的处理，防止夹泥、窝泥，给将来漏水埋下隐患；基坑开挖时，地下连续墙不均匀沉降导致了接缝处的相对滑动。如果此接缝漏水，必然导致漏水程度加大。

随着基坑开挖越来越深，承压水所带来的风险也越来越大。在基坑开挖和施工过程中，承压水容易冲破地层薄弱处形成管涌和流砂。在基坑施工前，应做好勘察工作，必须搞清场区及附近各含水层的特征、含水层间与地表水体间的水力联系，并做好降水设计。在施工过程中，要确保地下连续墙的施工质量，并按照设计方案进行降水。

　　地质因素是我们判断、处理基坑事故的主要依据之一，在进行某个基坑或者隧道数据异常的判读前，对该工程场区的地质勘察资料的详细了解是不可或缺的。

　　成槽完毕，采用底部抽吸、顶部补浆的方法进行置换和清淤，置换量不小于该槽段总体积的 1/3，使底部泥浆密度不大于 $1200kg/m^3$，地下连续墙沉淀淤积物厚度不大于 100mm。

3.9.2　地下外围护结构

　　此处所描述的地下外围护结构是指"地下室结构外墙"（非地连墙），由于采用钻孔灌注桩作为围护体系，地下室外墙紧贴围护支撑体系，模板采用搭设支模，同时具体结构施工顺序为：先施工地下室暗梁及暗柱（同步预留墙体竖向及水平向钢筋）→依次类推施工地下室结构层直至地下室基础底板→由下往上施工剩余地下室外墙（图3.9-5）。

图3.9-5　地下外围护结构

　　渗漏水最薄弱的环节为暗梁与地下室外墙的水平接缝及暗柱与地下室外墙的竖向垂直接缝处容易形成通缝漏水现象。

　　1. 地下外围护结构其渗漏水最主要的原因是：

　　钻孔桩管桩作为基坑围护体系，同时兼为地下室止水帷幕作用，其本身没有达到止水效果。

　　挖土过程中，没有完全按照"分段、对称、限时"开挖的原则，造成围护体系局部变形，破坏止水帷幕效果，形成后期渗漏水的诱因。

　　由于地下室外墙采用的是结构单侧支模形式，模板上方加喇叭口进行混凝土浇筑方式，其混凝土原材料坍落度过小，流动性差，同时浇筑进度缓慢，造成混凝土振捣不密实，局部存在孔洞现象。

暗梁、暗柱部分没有安装设计要求进行设计防水止水条，同时在新旧混凝土接触面没有进行剔凿凿毛，在混凝土浇筑前没有进行湿润和涂刷界面剂。

地下室外墙混凝土浇筑完毕后，没有进行喇叭口多余混凝土剔凿，进行水平、垂直施工缝处进行二次加压注浆，没有及时进行空鼓、不密实部位修补完善。

混凝土振捣选型不合理，应采用"50mm、35mm、25mm"不同直径振捣棒进行混凝土振捣。

2. 避免发生渗漏水的施工技术措施

（1）在土方开挖完成进行，进行灌注桩围护体系的清理工作，在灌注桩间隔处采用单砖砌筑，并采用 M5 混合砂浆砌筑、抹面，其次采用水泥基渗透结晶，进行整体围护体系防水涂刷，确保结构外防水达到质量要求。

（2）在施工暗梁及暗柱时，按规范要求设置好遇水膨胀止水带，新旧混凝土接触面做好凿毛处理，浇筑混凝土前进行浇水湿润涂刷界面剂。

（3）在地下室外墙混凝土浇筑前事先预留好二次注浆管和引水管，在混凝土到设计强度的 75% 时，进行喇叭口位置剔凿，水平、垂直施工缝处进行二次加压注浆，确保接缝处混凝土密实性和气密性，并对空鼓、不密实处进行修补完善。

（4）对于有节点处渗漏水可见明水处可采用堵漏剂进行加压灌浆处理。

3.9.3　基础底板

基础底板渗漏水部位主要出现在与地连墙连接处及塔吊劲性柱连接节点处，其余底板渗漏处主要存在两方面原因："混凝土原材料原因、施工质量原因"等。

1. 与地连墙连接部位

逆作法在施工到地下室基础底板部位时，待垫层混凝土干燥后将垫层混凝土与地连墙之间的施工缝用防水密封膏沿基础底板外边线交圈封闭，将地连墙在基础底板厚度的中间位置处设置 30mm 的遇水膨胀止水条和止水钢板。

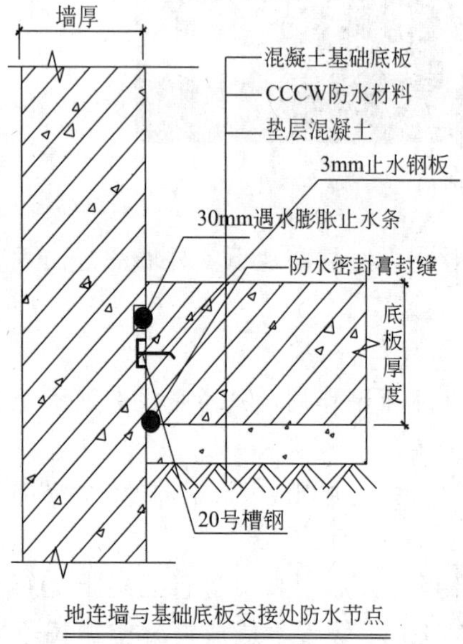

地连墙与基础底板交接处防水节点

图 3.9-6　基础底板防水节点处理

2. 塔吊劲性柱与基础底板阶段部位

塔吊劲性柱桩周围应焊接止水钢板，止水钢板与钢管装应满焊。

在塔吊桩与基础底板部位混凝土应振捣密实，防止漏振现象发生。

3. 混凝土原材料原因

由于混凝土底板的面积大，厚度大，所以，为达到抗裂的目的，制定采用：水泥使用低收缩性的硅酸盐水泥，掺入粉煤灰，减少水泥用量，粉煤灰比例适当加大，将水泥的用量控制在 $300kg/m^3$ 左右。

4. 施工质量原因

自粘防水卷材与基层表面做到平整、空鼓、松动、起砂、起皮等缺陷。阴阳角处做好附加层形成圆弧形或钝角，防水层严禁有破损和渗漏现象，卷材附加层宽度，接头宽度，错开幅度不符合规范要求。桩顶部位防水：应在桩顶未采用刚性防水层，桩预留钢筋未采用遇水膨胀止水条。

混凝土浇筑过程中按既定的施工方案进行施工，对于墙、柱与底板节点处，集水坑处应加强混凝土振捣工作，确保混凝土密实性。

混凝浇筑过程中及时进行收仓平整养护，严格控制好混凝土内外温差，避免出现混凝土裂缝现象发生。

施工案例十一：上海中心

1）上海中心工程概况

上海中心大厦，位于浦东的陆家嘴功能区，所处地块东至东泰路，南依银城南路，北靠花园石桥路，西临银城中路，占地3万多 m^2。其建筑设计方案由美国 Gensler 建筑设计事务所完成，主体建筑结构高度为580m，总高度632m，是目前（2012年）中国国内规划中的第二高楼，上海中心大厦以办公为主，其他业态有会展、酒店、观光娱乐、商业等。

占地面积：30368m^2；建筑面积：574058m^2，（其中地下建筑面积：141071m^2，地上建筑面：432987m^2）；建筑高度：632m。

建筑层数：地下结构5层，地上部分包括124层塔楼和7层东西裙房。

结构形式：钢筋混凝土核心筒—外框架结构。

2）工程结构简要介绍

上海中心大厦的形体及结构比较复杂：①钢筋混凝土结构施工难度大，核心筒体形变化，竖向结构多，模板结构体形适用性和施工要求高，混凝土强度达C70，混凝土浇筑高度约574m，高强混凝土超高层泵送是个难题。②钢结构施工将遇到多重挑战，钢结构总用量达10万t，构件重量大。吊装设备选型要求高，钢构件板材厚，高空焊接量大，施工环境差，焊接质量控制难。③垂直运输组织任务重，人员和材料运输任务繁重，高效的垂直运输体系对施工效率有直接影响。④施工组织难度大：为了提高投资效益，裙房和主楼22层以下部位提前营业，施工组织面临许多新课题："施工难度大，建设标准高，组织协调困难，社会影响显著。"

该工程基坑支护：采用双层地下连续墙，其中裙房一道地下连续墙，墙厚1.20m、深48m；主楼部位一道地下连续墙，墙厚1.20m、深54m；群房采用管井降水、逆作法施工。主楼采用正作法施工。

① 地下室埋深−25.40m，共计−5层，−1～−2层为商业、后勤管理、货运装卸区，−3～−5层为停车场、后勤服务用房。

② 主楼596.25m，共计124层，分为九个区：一区（1～5层）为商业区、标高（±0.00～27.90m），避难层（6～7层）、标高（27.90～37.95m）；二区（8～19层）为办公区、标高（37.95～93.65m），避难层（20～21层）、标高（93.65～103.65m）；三区（22～34层）为办公区、标高（103.65～163.85m），避难层（35～36层）、标高（163.85～173.85m）；四区（37～49层）为办公区、标高（173.85～234.05m），避难层（50～51层）、标高（234.05～244.05m）；五区（52～65层）为办公区、标高（244.05～308.75m），避难层（66～67层）、标高（308.75～318.75m）；六区（68～81层）为办公区、标高（318.75～383.45m），避难层（82～83层）、标高（383.45～393.40m）；七区（84～98层）为办公区、标高（393.40～460.05m），避难层（99～100层）、标高

（460.05～470.00m）；八区（101～115层）为酒店区、标高（470.00～536.65m），避难层（116～117层）、标高（536.65～546.60m）；九区（118～120层）为观光区、标高（546.60～561.25m），设备层（121～124层塔尖底部）、标高（561.25～596.25m）。

3）工程施工工艺流程

分区施工突出主楼的原则：按施工流程分为主楼区、裙房区。地下室筏板采用C50S8自密实混凝土浇筑，最厚（主楼）筏板6m厚，混凝土用量67200m³，不设置施工缝和后浇带。混凝土浇筑时采用16台汽车混凝土泵及4台地泵同时浇筑，400余辆水泥车轮番往来，500多名工人轮班不间断工作，60多个小时连续作业，上海中心大厦主楼67200m³大底板混凝土浇筑工作于2010年3月29日凌晨完成，如此大体积的底板浇筑工程在世界民用建筑领域内开了先河（图3.9-7）。

图3.9-7 浇筑地下室筏板混凝土用量67200m³

上海中心大厦基础大底板浇筑施工的难点在于，主楼深基坑是全球少见的超深、超大、无横梁支撑的单体建筑基坑，其大底板是一块直径 121m，厚 6m 的圆形钢筋混凝土平台，11200m² 的面积相当于 1.6 个标准足球场大小，厚度则达到两层楼高，是世界民用建筑底板体积之最。其施工难度之大，对混凝土的供应和浇筑工艺都是极大的挑战。作为 632m 高的摩天大楼的底板，它将和其下方的 955 根主楼桩基一起承载上海中心 124 层主楼的负载，被施工人员形象地称为"定海神座"。

主楼工程分为：钢筋混凝土核心筒和外框架 2 条流水线，前后合理搭接，平行作业，其他区域施工穿插进行。

具体流程：

① 吊装核心筒墙体内劲型钢结构，采用传统脚手架施工 1～5 层核心筒混凝土结构→跳爬式液压顶升构架平台脚手架模板体系安装完成后，拆除落地脚手架→核心筒 6 层剪力钢板吊装完成，安装南、北方向 2 台 M1280D 塔吊，原有 2 台 M1280D 塔吊第一次爬升→核心筒墙体施工至 7 层，开始安装钢结构外框架→核心筒墙体施工至 36 层，矩形柱安装至 27 层，外幕墙钢支撑系统开始安装→核心筒墙体施工至 45 层，机电安装进场施工→核心筒墙体施工至 50 层，开始群房钢结构施工→核心筒墙体施工至 75 层，群房部位封顶，拆除此区域塔吊，开始幕墙安装→核心筒墙体施工到顶，拆除钢平台模板脚手架体系→矩形柱安装至 117 层，8 区桁架层施工完成，拆除东、西 2 台 M1280D 塔吊→屋顶皇冠结构施工完毕→屋顶皇冠幕墙完成。

② 总平面布置遵循以人为本，动态调整的原则：裙房地下室顶板施工，主楼核心筒墙体 6 层及以下施工，大型构件堆场设置在主楼周边，主楼垂直运输东、西设置 2 台 M1280D 塔吊→裙房地下室采用逆作法施工，主楼核心筒 50 层及以下主体施工，环通现场道路，采用 2 台 300t 履带吊进场，增设 2 台 M1280D 塔吊→裙房上部工程施工，主楼核心筒施工至 75 层及以下主体结构施工→裙房和主楼 22 层以下开始营业，主楼主体结构封顶，裙房区域拆除所有临时设施，重型结构进行调整，主体区域拆除 2 台塔吊→主楼主体结构封顶至工程竣工。

3.9.4 集水坑降排水

集水坑设置的目的，主要是在逆作法过程中，是怕地连墙渗漏水及取土口雨水倒灌至基坑，防止雨水、渗漏水浸泡基坑，防止地基土受到水资源的影响，从而降低了土质的承载力。因此设置集水坑将水源集中在一起便于集中排水，确保整体地下工期和施工质量。

在地下室暗挖阶段，根据地下室流水分段施工区域，进行每个区域独立设置排水明沟及集水坑，排水明沟采用宽 300mm、深 500mm 并敷设碎石，集水坑为 1.5m×1m 并抹 1∶3 水泥砂浆。

在整个地下室每个流水区域均单设搁置各自的排水明沟和集水坑，并最终引至土方开挖最深的集水坑部位，形成基坑内有效的排水措施。

根据地下占地面积的大小和基础埋深，选择合适的抽水泵，其抽水扬程必须符合施工要求，防止地下水倒灌浸泡基坑。

3.10　人防工程

3.10.1　模板及预留洞等的处理措施

1. 人防墙模板施工

由于采用逆作法施工，楼板混凝土均已浇注完毕，故需要在楼板施工时在有剪力墙部位预留混凝土浇注孔，剪力墙模板采用15mm厚多层板，采用100mm×100mm木方做大背楞，间距300mm布置，φ48mm钢管做小背楞间距600mm布置，φ12mm的对拉螺栓穿入墙体内的塑料套管固定。第一道距离结构面300mm，上面每道间距600mm（如是人防墙取消塑料套管，待拆模后割掉对拉螺栓）在剪力墙半高处留置300mm×300mm的浇注孔，待混凝土浇注到此部位后进行封堵其余部分混凝土由楼板预留孔浇注，楼板浇筑孔直径100mm、间距500mm（图3.10-1）。对超厚剪力墙模板体系及加固需单独计算、复核。

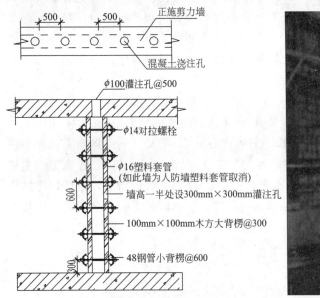

图3.10-1　人防墙体模板安装

2. 人防门洞口模板支设

（1）门窗洞口模板采用钢木结合形式，门窗洞口模角部配置∟125×125×12、∟75×75×12一对角钢（与洞口模同宽），洞口模面板采用12mm厚竹胶板，面板内侧紧贴厚50mm木龙骨（红白松），门窗洞口模宽度为墙体截面厚度减2mm。窗宽大于1500mm时，应在窗模板底开两个排气孔（φ20～30mm），当门洞宽大于1500mm时，在窗底模中间开一个排气孔，以防门洞下混凝土填充不到位，如图3.10-2所示。

（2）门洞口模板应根据洞口大小设置相应的内支撑，支撑宜采用木龙骨，且应使用无变形、开裂、腐朽木材加工，木龙骨厚度应不小于50mm，宽度应不小于门窗洞口模宽度

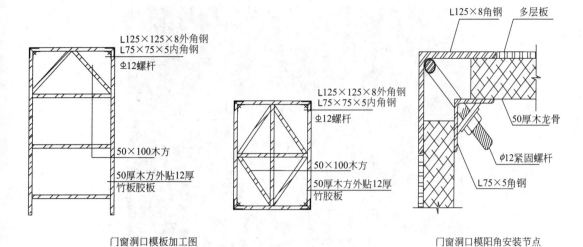

图 3.10-2　人防门窗洞口模板支设

的三分之二。门洞口模内侧顶部、窗洞口模内侧顶部与下部两侧应设置斜向支撑，斜向支撑角度宜控制在 $45°\sim60°$。纵向及竖向支撑间距应根据支撑大小确定，一般应控制在 500mm。

① 为防止门（窗）洞口模板侧向移位变形，在门（窗）洞口模安装时应在模板侧面加设"U"形固定筋（图 3.10-3），固定筋一般用 $\phi10\sim12$ 钢筋制作。

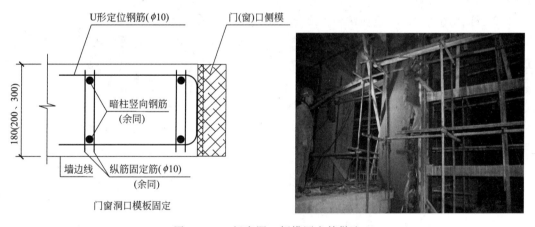

图 3.10-3　门窗洞口侧模固定筋做法

② 门（窗）洞口模板应在洞口角部距角 50mm 部位均应设置"U"形固定卡。相临角部间距大于 1000mm 时均应加设中间固定卡。

③ 为保证"U"形固定卡与暗柱钢筋不发生滑移，"U"形固定卡宜与短固定筋焊接夹紧竖向主筋。任何情况下均不得与主筋直接焊接。

（3）对于人防门框上方混凝土难以浇筑密实的部位，可以采用二次浇筑工艺进行（图 3.10-4）。

图 3.10-4　人防门框上方混凝土二次浇筑

3.10.2　施工缝处理措施

（1）逆作法竖向结构应采取措施确保水平接缝的密实度，应结合工程情况采用超灌法或注浆法的接缝处理方式。

（2）采用超灌法时，竖向结构混凝土宜采用高流态低收缩混凝土。

（3）当竖向结构承载力和变形要求较高时，宜在接缝处预埋注浆管，竖向结构施工完成后采用灌浆料对接缝进行处理，灌浆料宜采用高流态低收缩材料，强度高于原结构一个等级，注浆管间距宜控制 500mm 左右，注浆宜选用以下几种方式：

① 在接缝部位预埋专用注浆管，混凝土初凝后，通过专用注浆管注浆。

② 在接缝部位预埋发泡聚乙烯接缝棒，争创浇捣混凝土，混凝土强度达到设计值后用稀释剂溶解接缝棒，形成注浆管道进行注浆。

③ 混凝土强度达到设计值后，在接缝部位用钻头引洞。安装有单向功能的注浆针头，进行定点注浆。

3.10.3　混凝土浇捣措施

（1）采用顶置浇捣孔施工竖向结构时，宜在墙、柱的侧上方楼板上或墙、柱中心留孔，墙、柱模板顶部宜设置喇叭口，并应与浇捣孔位置对应。喇叭口混凝土浇筑面的高度宜高于施工缝标高 300mm 以上。

（2）剪力墙回筑时，宜沿墙侧楼板或中心设置浇捣孔，浇捣孔间距宜为 500～1000mm。柱的浇捣孔一般在柱四角楼板处设置，数量不应少于 2 个。

（3）逆作法墙、柱模板施工中，模板体系应考虑逆作法施工特点进行加工与制作。模板预留洞、预埋件的位置应按图纸准确留设。

（4）模板体系应具有足够的承载力、刚度和稳定性，能可靠地承受浇筑混凝土的重量、侧压力以及施工等荷载。

（5）当一次混凝土浇筑高度超过 4m 时，宜在模板侧模增加振捣孔或分段施工。

（6）逆作法竖向结构施工宜采用高流态低收缩混凝土，混凝土配合比应根据逆作法特点配置，浇捣前应对混凝土配合比及浇筑工艺进行现场试验。混凝土在现场应做好坍落度试验，并应制作抗渗试块及同条件养护试块。

（7）竖向结构混凝土浇筑前清除模板内各种垃圾并浇水湿润，浇筑时应连续浇捣，不应出现冷缝；宜通过浇捣孔用振捣棒对竖向结构混凝土进行内部振捣，不宜直接振捣部位应在外侧使用挂壁式振动器组合振捣；钢筋密集处应加强振捣，分区分界交接处宜向外延伸振捣范围不少于 500mm。

（8）采用劲性构件的竖向结构，应在水平钢板位置设排气孔，预留孔应采取等强加固措施。支撑柱外包混凝土施工时应将钢结构表面清理干净，确保外包混凝土与支撑柱的连接密实。

3.11 后浇带

3.11.1 后浇带加固传力措施

逆作法施工中地下室各层作为基坑开挖阶段的水平支撑体系，结构后浇带位置将承受压力的水平结构从中一分为二，使得水平力无法传递，因此，必须采取措施解决后浇带位置的水平传力问题。

在后浇带位置由于结构梁板仅钢筋连通，混凝土后浇，无法达到逆作阶段的传力要求。采用在后浇带位置设置型钢传力杆件，型钢锚入后浇带两侧的结构梁和板内一定长度，并在锚入部分设置圆柱头抗剪栓钉，以确保锚固效果和传力的可靠性。同时在施工通道区域，为保证竖向施工荷载的传递，在施工通道区域后浇带两侧竖向增打角钢格构柱作为竖向支承（图 3.11-1）。

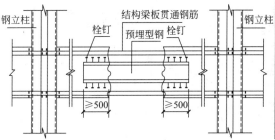

图 3.11-1 后浇带传力构造

如在界面层需设置运土车辆及原材料运输道路，应将初步的行车路线图提交至设计院，由设计院进行详细计算。以"天津富力中心"为例，土方车辆需由后浇带处通行的，在后浇带处铺 30mm 厚钢板，钢板上回填素土并夯实，铺 100mm 厚石子垫层，绑扎钢筋 $\phi16@180$ 双层双向，浇筑 300mm 厚 C30 混凝土（图 3.11-2）。

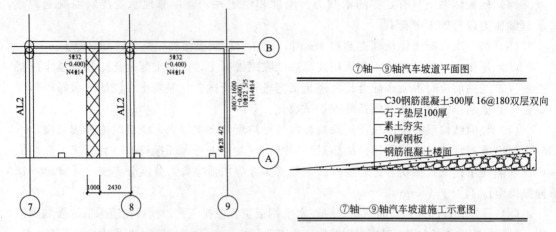

图 3.11-2 "天津富力中心"车道通过某后浇带处理

Ⓑ/⑦～⑧处的 KL20a 的后浇带，经过设计同意采用 C40P6 将 KL20a 的后浇带浇筑完毕再采用钢管斜支撑进行加固。后浇带加固图及计算书见图 3.11-3。

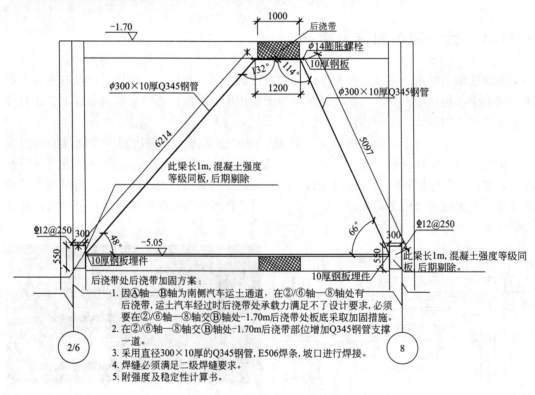

图 3.11-3 后浇带增加支撑示意图

计算项目：Ⓑ/⑦～⑧处的 KL20a 的后浇带 Q345 钢管支撑

（1）基本输入数据

构件材料特性

材料名称：Q345-B

设计强度：300.00（N/mm²）

屈服强度：325.00（N/mm²）

截面特性

截面名称：无缝钢管：$d=280$（mm）

无缝钢管外直径 $[2t \leqslant d]$：280（mm）

无缝钢管壁厚 $[0 < t \leqslant d/2]$：10（mm）

缀件类型：

构件高度：5.000（m）

容许强度安全系数：1.00

容许稳定性安全系数：1.00

（2）荷载信息

恒载分项系数：1.00

活载分项系数：1.00

是否考虑自重：考虑

轴向恒载标准值：1800.000（kN）

轴向活载标准值：0.000（kN）

偏心距 E_x：0.0（cm）

偏心距 E_y：0.0（cm）

（3）连接信息

连接方式：普通连接

截面是否被削弱：否

（4）端部约束信息

X-Z 平面内顶部约束类型：简支

X-Z 平面内底部约束类型：简支

X-Z 平面内计算长度系数：1.00

Y-Z 平面内顶部约束类型：简支

Y-Z 平面内底部约束类型：简支

Y-Z 平面内计算长度系数：1.00

（5）中间结果

① 截面几何特性

面积：84.82（cm²）

惯性矩 I_x：7740.10（cm⁴）

抵抗矩 W_x：552.86（cm³）

回转半径 i_x：9.55（cm）

惯性矩 I_y：7740.10（cm⁴）

抵抗矩 W_y：552.86（cm³）

回转半径 i_y：9.55（cm）

塑性发展系数 γ_{x1}：1.15

塑性发展系数 γ_{y1}：1.15

塑性发展系数 γ_{x2}：1.15

塑性发展系数 γ_{y2}：1.15

② 材料特性

抗拉强度：300.00（N/mm²）

抗压强度：300.00（N/mm²）

抗弯强度：300.00（N/mm²）

抗剪强度：175.00（N/mm²）

屈服强度：325.00（N/mm²）

密度：7850.00（kg/m³）

③ 稳定信息

绕 X 轴屈曲时最小稳定性安全系数：1.24

绕 Y 轴屈曲时最小稳定性安全系数：1.24

绕 X 轴屈曲时最大稳定性安全系数：1.24

绕 Y 轴屈曲时最大稳定性安全系数：1.24

绕 X 轴屈曲时最小稳定性安全系数对应的截面到构件顶端的距离：5.000（m）

绕 Y 轴屈曲时最小稳定性安全系数对应的截面到构件顶端的距离：5.000（m）

绕 X 轴屈曲时最大稳定性安全系数对应的截面到构件顶端的距离：0.000（m）

绕 Y 轴屈曲时最大稳定性安全系数对应的截面到构件顶端的距离：0.000（m）

绕 X 轴弯曲时的轴心受压构件截面分类（按受压特性）：a 类

绕 Y 轴弯曲时的轴心受压构件截面分类（按受压特性）：a 类

绕 X 轴弯曲时的稳定系数：0.88

绕 Y 轴弯曲时的稳定系数：0.88

绕 X 轴弯曲时的长细比 λ：52.34

绕 Y 轴弯曲时的长细比 λ：52.34

按《建筑钢结构设计手册》P174 表 3-2-24 计算的 φ_{b_X}：1.00

按《建筑钢结构设计手册》P174 表 3-2-24 计算的 φ_{b_XA}：1.00

按《建筑钢结构设计手册》P174 表 3-2-24 计算的 φ_{b_XB}：1.00

按《建筑钢结构设计手册》P174 表 3-2-24 计算的 φ_{b_Y}：1.00

按《建筑钢结构设计手册》P174 表 3-2-24 计算的 φ_{b_YA}：1.00

按《建筑钢结构设计手册》P174 表 3-2-24 计算的 φ_{b_YB}：1.00

④ 强度信息

最大强度安全系数：1.41

最小强度安全系数：1.41

最大强度安全系数对应的截面到构件顶端的距离：0.000（m）

最小强度安全系数对应的截面到构件顶端的距离：5.000（m）

计算荷载：1803.33kN

受力状态：轴压

（6）分析结果

绕 X 轴弯曲时的最小整体稳定性安全系数：1.24

该截面距离构件顶端：5.000（m）

绕 Y 轴弯曲时的最小整体稳定性安全系数：1.24

该截面距离构件顶端：5.000（m）

最小强度安全系数：1.41

该截面距离构件顶端：5.000（m）

构件安全状态：稳定满足要求，强度满足要求。

3.11.2 后浇带防水构造

逆作法项目与传统正施项目在后浇带留置方面有所区别，由于地连墙每副槽段连接处均为柔性连接，故在竖向可不用设后浇带，为此仅需在水平向留置沉降后浇带即为结构加强带，满足水平向受力要求。

后浇带防水采用施工采用超前止水措施，即在后浇带加强层先布置一层防水，待基础底板浇筑时再采用止水钢板防水（图 3.11-4）。

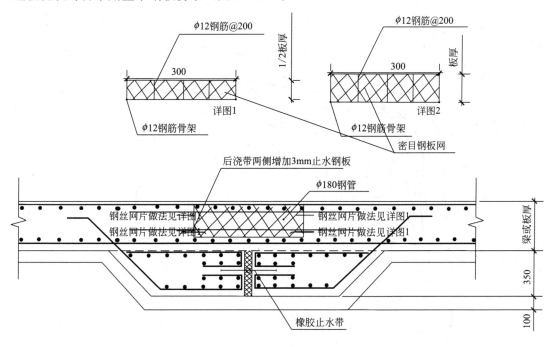

图 3.11-4 后浇带超前止水构造

注：图中所有钢筋均同板钢筋，折角处断开的钢筋均互锚 $40d$。

3.12 测量及变形监测

3.12.1 定位测量

遵循"先整体、后局部，高精度控制低精度"的原则，利用基坑周边的二级控制网，采用"外控法"，在主轴线的延长线上架设经纬仪（即在二级控制点上架设仪器），把测设在基础的轴线投测到施工层。用全站仪测坐标点进行复核。

在地面层楼板施工完成前采用外控法，控制点同裙房地下连续墙施工阶段。在地下连续墙开始施工至第一次土方开挖期间对轴线控制桩每半月复测一次，以防桩位位移影响到正常施工及工程测量的精度要求。在地面层楼板结构施工时，采用全站仪与塔楼控制轴线校核后，进行地面层结构的轴线测量。

地面层楼板施工完成后，将控制轴线引测至建筑物内。根据施工前布设的控制网基准点及施工过程中流水段的划分，在各施工区域内做内控点（每一施工区至少2～3个内控基准点），埋设在地面层相应偏离轴线1m的位置。基准点采用预留150mm×150mm洞口，洞边刻划十字线，作为竖向轴线投测的基准点。基准点周围严禁堆放杂物，向下各层在相应位置留出预留洞（150mm×150mm）。

轴线控制点采用激光经纬仪自上而下逐点投测，保证每一施工段至少2～3个点，作为角度及距离校核的依据。控制轴线投测至施工层后，先在结构平面上校核投测轴线，闭合后再测设细部轴线（图3.12-1）。

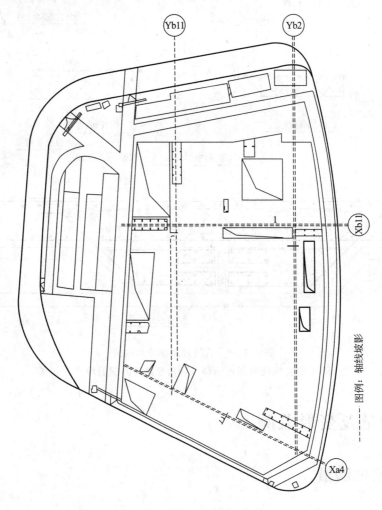

图3.12-1　控制轴线投测示意

当土方暗挖完成一部分后，利用四个出土孔，将轴线的控制点引测至开挖后的平整场地内，且不影响土方机械的通过，加以保护，以防破坏控制点。由于地下二层以下的土方全部为暗挖，不能形成前后视的同轴，所以地下二层以下的测量工作通过轴线控制点，利用全站仪将每个桩柱的坐标测放到施工区域内，形成局部的通轴后利用经纬仪将细部尺寸线再测放出来。以此进行梁体土模的修筑和墙体插筋，待此层楼板混凝土浇筑后再次将轴线及细部线投测，作为墙体模板支模的依据。如此反复进行直至地下室底板浇注完成。

当每一层平面或每段轴线测设完后，必须进行自检，自检合格后及时填写报验单，报送报验单必须写明层数、部位、报验内容并附一份报验内容的楼层放线记录表，以便能及时验证各轴线的正确程度状况。

3.12.2　标高引测

±0.00 以下标高的施测：为保证竖向控制的精度要求，对每层中每个施工段所需的标高基准点，必须正确测设，负一层土方开挖时引测的高程点控制点，每个施工段不得少于三个。并作相互校核，校核后三点的较差不得超过 3mm，取平均值作为该平面施工中标高的基准点，基准点应标在基准物上作为限制其沉降量，用红色三角作标志，并标明绝对高程和相对标高，便于施工中使用。

下层每一个施工段土方开挖初步整平后，将高程引至本施工段，所引测的高程点，不得少于三个。并作相互校核，校核后三点的较差不得超过 3mm，取平均值作为该平面施工中标高的基准点，以此基准点对土方进行精确整平保证支模的平整度要求。将高程控制点用红油漆标记在桩柱上，并定期与外侧高程控制网点进行联测，作为桩柱是否发生沉降的观测点，如果发生沉降，记录沉降数据协调设计院进行处理，沉降后高程控制点需要从控制网点重新引测（图 3.12-2）。

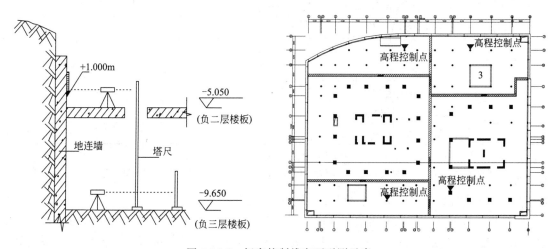

图 3-12-2　标高控制线向下引测示意

控制点的保护：由于地下土方暗挖，照明通风条件不是很好，轴线控制桩较容易被破坏，在土方开挖时需要将控制桩用钢管搭设防护架，防护架高度为 800mm，上面四周用夜间警示灯，以免行驶的土方机械碰撞。

3.12.3 基坑变形监测

（1）监测目的与内容

为了保证深基坑工程的施工操作安全，确保附件建筑物以及地下管线的安全，对施工过程实施信息化监测，第一时间掌控围护结构、附近土体的受力以及变形情况，根据项目本身的特征、附近环境的特点，结合工程建设经验，制定基坑监测目标。

（2）监测频率

在逆作法基坑工程施工的全过程中，应对基坑支护体系及周边环境进行有效的监测，并为信息化施工提供参数。基坑监测应从基坑围护结构施工开始，至地下结构施工完成为止，当工程需要时，应延长监测周期。

逆作法基坑监测应按基坑安全等级为一级、相应的环节保护等级和设计施工技术要求等条件编制监测方案（表3.12-1）。

基坑支护体系监测项目表   表 3.12-1

序号	监测项目	坑内加固施工和预降水阶段	基坑开挖阶段
1	支护体系观察	—	☆
2	围护墙顶部竖向、水平位移	○	☆
3	围墙体系裂缝	—	☆
4	围护墙侧向变形(测斜)	○	☆
5	围护墙侧向土压力	—	○
6	围护墙内力	—	○
7	用于支持体系的梁、板内力	—	☆
8	取土口附近的梁、板内力	—	☆
9	支承柱竖向位移	☆	☆
10	支承柱内力	—	※
11	支承桩内力	—	※
12	坑底隆起(回弹)	—	☆
13	基坑内、外地下水位	☆	☆
14	逆作结构梁板柱的裂缝巡视	—	☆

注：1. ☆应测项目；○选测项目（视监测工程具体情况和相关单位要求确定）；

2. ※当地上地下结构同步施工时，支撑柱和支撑桩内力为必须项目，若仅基坑部分单独施工，则为选测项目。

（3）围护墙水平位移和竖向位移监测点布置应符合下列要求：

① 围护墙顶部水平位移监测点和竖向位移监测点宜为共用点，监测点间距不宜大于20m，关键部位宜适当加密，且每条边监测点不应少于3个，基坑每条边的中部、阴角处应布置测点；

② 围护墙计算受力和变形较大处宜布置监测点；

③ 周边环境有重点保护对象处应加密监测点；

④ 围护墙竖向位移测点与相邻支承柱竖向位移测点宜布置在一断面上；

⑤ 监测点布置尚应满足设计和施工要求。

（4）支承柱竖向位移监测点布置应符合下列要求：

① 监测点宜布置在支承柱计算受力、变形较大的部位；

② 兼作施工栈桥和行车通道区域的支承柱宜布置测点；

③ 监测点数量不宜少于支承柱总数的 20%，且不应少于 5 根；

④ 对于面积较大的取土口，沿取土口周边方向宜加密监测点的数量；

⑤ 布置测点时，宜确保有 2 个相互垂直的断面连续布置。

（5）支承柱内力监测点宜根据支承柱的结构变形和沟里计算布置，内力监测传感器应对称布置。

（6）结构梁、板内力监测点布置宜符合下列要求：

① 监测断面应选在结构梁、板中计算受力较大的部位；

② 兼作栈桥和行车通道的首层结构梁、板应适当加密监测点；

③ 每处设置传感器不少于两个，呈正交布置；

④ 对于结构梁的内力监测，应在各层楼板相对应的梁中分别选在几个截面埋设传感器，各截面的上下皮钢筋各布一个传感器；取土口处的梁埋设传感器时，宜上下左右各布设一个。

（7）坑底隆起（回弹）监测点布置宜根据基坑面积、取土口位置连续布置测点，形成 2 个相互垂直的断面。

（8）在主体结构底板施工前，相邻支承桩间以及支承柱与邻近基坑围护墙之间的差异沉降不宜大于 1/400 柱距，且不宜大于 20mm。

3.12.4 建筑物沉降监测（及地下管线变形监测）

（1）沉降观测的基本要求

① 仪器设备、人员素质的要求。根据沉降观测精度要求高的特点，为能精确地反映出建构筑物在不断加荷作用下的沉降情况，一般规定测量的误差应小于变形值的 1/10～1/20，为此要求沉降观测应使用精密水准仪（S1 或 S05 级），水准尺也应使用受环境及温差变化小的高精度铟合金水准尺。

人员必须接受专业学习及技能培训，熟练掌握仪器的操作规程，熟悉测量理论能针对不同工程特点、具体情况采用不同的观测方法及观测程序，在工作中出现的问题能够会分析原因并正确地运用误差理论进行平差计算，做到按时、快速、精确地完成每次观测任务。

② 观测点的要求。为了能够反映出建构筑物的准确沉降情况，沉降观测点要埋设在最能反映沉降特征且便于观测的位置。一般要求建筑物上设置的沉降观测点纵横向要对称，且相邻点之间间距以 15～30m 为宜，均匀地分布在建筑物的周围。通常情况下，建筑物设计图纸上有专门的沉降观测点布置图。

③ 沉降观测的自始至终要遵循"五定"原则。所谓"五定"，即通常所说的沉降观测依据的基准点、工作基点和被观测物上的沉降观测点，点位要稳定；所用仪器、设备要稳

定；观测人员要稳定；观测时的环境条件基本一致；观测路线、镜位、程序和方法要固定。以上措施在客观上尽量减少观测误差的不定性，使所测的结果具有统一的趋向性，保证各次复测结果与首次观测的结果可比性更一致，使所观测的沉降量更真实。

④ 施测要求。仪器、设备的操作方法与观测程序要熟悉、正确。在首次观测前要对所用仪器的各项指标进行检测校正，必要时经计量单位予以鉴定。连续使用 3~6 个月重新对所用仪器、设备进行检校。

⑤ 沉降观测精度的要求。根据建筑物的特性和建设、设计单位的要求选择沉降观测精度的等级。一般超高层建筑施工过程中，采用特级或一级变形测量等级进行建筑沉降测量控制。

⑥ 沉降观测成果整理及计算要求。原始数据要真实可靠，记录计算要符合施工测量规范的要求，依据正确，严谨有序，结果有效的原则进行成果整理及计算。

（2）测点布置

测点布置原则：建筑物的四角、核心筒四角、大转角处及沿外墙每 10~20m 处或每隔 2~3 根柱基上。

（3）监测周期与频率

① 建筑物施工阶段的观测：在建筑物首层结构浇筑完成后，埋设好沉降观测标，并进行初次观测。之后每施工两层荷载观测一次直至主体封顶，填充墙完成后观测一次，装饰阶段观测 2~3 次，竣工验收观测 1 次，具体观测次数应根据建筑层数而确定。

② 建筑物使用阶段的观测：建筑物竣工后半年每个 2~3 月观测一次，竣工验收 1 年后观测一次，直至建筑物沉降稳定。当建筑物出现下沉、上浮，不均匀沉降比较严重，或裂缝发展迅速，应每日或数日连续观测。

③ 建筑物沉降监测认定为稳定的条件：沉降是否键入稳定阶段，由沉降量与时间关系曲线判定。根据规范要求当最后 100d 的沉降速率小于 0.01~0.04mm/d 时可认为已进入稳定阶段。

④ 如果在监测过程中发现沉降值过大，应迅速通知各方，停止施工，由专家团队出具解决措施，直到可以施工为止。

3.12.5 周边构筑物及地下管线变形监测

深基坑开挖后，由于土体平衡被打破而导致土应力发生改变，土体支护结构及本身出现变形，导致周边建筑物出现不同的沉降、位移、挠曲、倾斜和裂缝等现象，因此在基坑施工过程中，不仅要对基坑及周边建筑物进行连续的变形观测，也要对发现的问题，及时采取措施，做好预防工作，确保建（构）筑物的安全。

1. 基坑变形

（1）基坑变形概述

基坑在开挖施工过程中由于受基坑土质、开挖深度及尺寸、周围荷载、支护系统及施工方法等诸多因素影响，变形将是不可避免的。尽量减少基坑开挖对周边环境的影响。加强对基坑周边建筑物、基坑土体及支护桩的位移等进行变形监测。尽可能地对它们在后续施工中的变形进行预测。了解其有无较大的不均匀沉降，以便采取有效的补救措施等，是现代建筑基坑施工中面临的必须解决的重要问题。

（2）基坑变形机理

深基坑无论是哪种形式的变形，究其原因，主要是由于基坑开挖而导致的基坑周围地层移动。基坑的开挖过程是基坑开挖面上卸载的过程，卸载会引起土体在水平或者垂直方向上原始应力的改变。随着基坑的开挖，水平方向上由于坑内外土压力的作用而使围护结构产生位移，周边地表产生沉降。垂直方向上由于基坑内外高差所形成的加载和地面各种超载的作用而使坑底产生向上的隆起。这就是基坑变形机理。

2. 基坑变形监测

（1）基坑变形监测的目的

在基坑施工过程中，由于地质条件、荷载条件、材料性质、施工条件等复杂因素的影响，很难单纯从理论上预测施工中遇到的问题。基坑工程的设计预测和预估只能够大致描述正常施工条件下，围护结构与相邻环境的变形规律和受力范围，仅此是不够的，还必须在基坑开挖和支护施工期间开展严密的现场监测。基坑工程施工及地下结构施工期间，应对基坑支护结构受力和变形、周边建筑物等保护对象进行系统的监测，通过监测，及时掌握基坑开挖及施工过程中支护结构的实际状态及周边环境的变化情况，做到及时预报，为基坑边坡和周边环境的安全与稳定提供监控数据，防患于未然；同时通过监测资料与设计参数的对比，可以分析设计的正确性与合理性，科学合理地安排下一步工序，必要时及时修改设计，使设计更加合理，施工更加安全，相邻建筑物不受施工的危害。在实际施工中我们经常采用信息化施工的方法，实施边施工边监测，并及时反馈监测结果。通过信息化施工，监测小组与驻地监理、设计、业主及相关各方建立良性的互动关系，积极进行资料的交流和信息的反馈，进一步优化设计，调整方案，确保工程施工的顺利进行和构筑物的安全。

（2）基坑变形监测的内容

1）水平位移监测。围护结构顶部水平位移是围护结构变形最直观的体现，是整个监测过程的重点。围护结构变形是由于水平方向上基坑内外土体的原始应力状态改变而引起的地层移动。基坑开挖时水平方向影响范围为1.5倍开挖深度，水平位移及沉降的监测控制点一般设置在基坑边2.5～3.0倍开挖距离以外的稳定区域。变形监测点的布置和观测间隔应遵循以下原则：间隔5～8m布设一个变形监测点，在基坑阳角处、距周围建筑物较近处等重要部位适当加密布点。基坑开挖初期，可每隔2～3d观测一次；开挖深度超过5m到基坑底部的过程中，可适当增加观测次数，以1d观测一次为宜。特殊情况要继续增加监测频次，甚至实时监测。

2）垂直沉降观测。沉降监测高程控制网测量：采用独立水准系。在远离施工影响范围以外两侧各布置一组稳固水准点。沉降变形监测基准网以上述永久水准基准点作为起算点，组成水准网进行联测。

3）沉降监测。基坑围护结构的沉降多与地下水活动有关。地下水位的升降使基底压力产生不同的变化，造成基底的突涌或下陷。通常使用精密电子水准仪按水准测量方法对围护结构的关键部位进行沉降监测。观测的周期、时间和次数，应根据工程的性质、施工进度、地基地质情况及基础荷载的变化情况而定。

4）倾斜监测。倾斜监测应根据监测对象的现场条件，采用垂准法或外部投点法。垂准法应在下部测点上安置光学垂准仪或激光垂准仪，在顶部监测点上安置接收靶，在靶上直接读取或量取水平位移量与位移方向。外部投点法应采用经纬仪瞄准上部观测点，在底部观测点位置安置水平读数尺直接读取倾斜量，换算成倾斜度。经纬仪正、倒镜法各观测1次取平均作为最终结果。

5）裂缝监测。地基发生不均匀沉降后，基础产生相对位移，建筑物出现倾斜。倾斜使结构上产生附加拉力和剪力，当应力大于材料的承载能力时即会出现裂缝。裂缝多出现在房屋下部沉降变化剧烈处附近的纵墙。对裂缝的观测应统一编号，每条裂缝至少布设两组（两侧各一个标志为一组）观测标志，裂缝宽度数据应精确至 0.1mm，一组在裂缝最宽处，另一组设在裂缝末端。并对裂缝观测日期、部位、长度、宽度进行详细记录。

6）道路、管线变形监测。基坑开挖过程中，应同时对邻近道路、管线等设施进行水平位移和沉降观测。尽可能以仪器观测或测试为主、目测调查为辅相结合，通过目测对仪器观测进行定性补充。例如：目测调查周围地面的超载状况，周围建（构）筑物和地面的裂缝分布，周围地下管线的变位与损坏，边坡、支护结构渗漏水状况或基坑底面流土流砂现象。

（3）基坑工程监测仪器

1）水准仪应用于基坑围护结构的沉降观测。基坑周围地表、地下管线、四周建筑物的沉降。基坑支撑结构的差异沉降。确定分层沉降管、地下水位观测孔、测斜管的管顶标高。

2）经纬仪可以用作周围建筑物、地下管线的水平位移测量。主要用在：围护结构的顶面及各层支撑的水平位移和测斜管顶的绝对水平位移测量上。

3）测斜仪按其工作原理有伺服加速度式、电阻应变片式、差动电容式、钢弦式等多种。比较常用的是伺服加速度式、电阻应变片式两种，伺服加速度式测斜仪精度较高，目前用得较多。

4）钢筋计可用于测量基坑围护结构沿深度方向的应力换算为弯矩。基坑支撑结构的轴力、平面弯矩。结构底板所受弯矩。另外还有土压力计和孔隙水压计。

（4）地下管线的调查与保护措施

1）地下管线的调查核实

在前期准备工作中，应先对影响施工的地下管线进行了改移和保护工作，在无法改移的应做好探测并评定影响程度，编制相应监测和保护措施。施工准备期间，应会同业主、监理工程师和相关单位一起对施工影响范围内的各种管线调查复核，核实地下管线的平面位置、类型、规格、埋深，并经有关部门或单位确认。

当发现与业主提供地下管线现状不符的管线，应及时报告有关单位，并请其进行复核，地下管线核查的主要内容包括：

① 制定详尽细致的核查计划和核查方案。

② 对相关单位及业主提供的管线资料进行认真整理和确认。

③ 走访施工辖区影响范围内所有管线的业主及产权或主管单位，搜集相关的管线资料，对地下所有管线进行探查和确认。

④ 准确探查和测定出施工区域内所有管线的种类位置埋深形状尺寸等，并将核查结果报相应部门确认。

⑤ 向有关部门确认各类管线的容许变形量。

⑥ 将经过确认的所有地下管线资料标注到车站平面及剖面上。

2）地下管线的保护

① 地下管线的保护原则

a. 施工前调查所有与施工有关及基坑开挖影响范围内的各种管线，查明管线的类型规格材质位置及走向等基础资料。

b. 根据查明的管线资料，针对各种管线的不同控制要求，对基坑开挖中不需拆迁和改移的管线，作出具体的设计方案和保护措施。

c. 管线保护的设计方案及其技术措施在得到业主和监理的认可，使用时要和管线主管部门共同商讨，并达成一致意见，如设计图纸有详细保护措施，则严格按图纸执行。

d. 支吊结构必须坐落在坚实稳定可靠的支墩上。在施工期间保证支撑、悬吊的材料具有足够的刚度和强度，结构设计合理，确保管线在悬吊期间的变形与位移值控制在允许范围内。在主体工程完工后管线下方回填密实，并有密实检测记录。

e. 管线应在其下的原状土开挖前支吊牢固，并经检查合格后再采用人工方法开挖下部土方。

f. 管线漏水（气）时，必须修理好后方可进行支吊，对跨越基坑较长或接口有断裂危险的管线，应先采取加固措施在进行悬吊。在施工过程中，必须对支吊的刚性管线进行监测。

g. 工程施工中，不得碰撞支吊系统或利用其作起重架脚手架或模板支撑。对支吊的管线应根据管线类型分别设立一定的安全保护区，严禁施工机械靠近。

h. 基坑土方回填时，在悬吊的刚性管线下应砌筑支墩加固，防止管线下沉，然后再拆除支架，并按设计要求恢复管线和回填土。

② 地下管线的保护

a. 开挖土方时，人工沿管道纵向开挖管线上覆土方，管线暴露后，立即对管线进行支托和吊挂牢固。在管线保护并按要求处理妥当后，才进行管线下部的土方开挖。管线下部的土方开挖仍采用人工开挖。开挖的高度和宽度控制以在机械施工时不会碰到地下管线为准。对断裂或破损的管道，首先通知有关产权单位，然后按规范和有关部门的要求进行修理。修理完并经检查合格后再进行下道工序作业。

b. 设置支墩，架立桁架并与两端的连接件焊接。为确保给水管道和六孔通信管道的变形不超过要求，上部的桁架梁、两端钢柱都采用角钢制作的桁架，施工前作为专项方案设计确定。当土方开挖到地下管道上部时，先将支墩和吊点位置的土方挖至管底下，然后浇筑支墩混凝土结构和安装钢桁架梁和吊杆。支墩的大小根据计算确定。当支墩强度达到70％以上及调整好吊杆后才能开挖管线下的土方。混凝土支墩设在新建混凝土构筑物外或围护桩帽梁顶上。

c. 跳槽开挖管线下部土方，安装吊杆和其与支托的连接件。加固调整吊杆，使管线平直悬吊于桁架下方。

③ 管道悬吊保护技术要点

a. 管线露出后，检查管线，处理接头，再进行悬吊，对电信的铜管线在接头两边加钢箍，使外侧用钢套管加固接头时接触在同一圆周上；对铸铁给水管道，吊杆的吊点尽量设置在管道承插口（接头）附近。

b. 管线悬吊结构经管线主管部门检验合格后，方可进行下部土方开挖。

c. 土方开挖，严禁破坏管道。对漏水或破坏的地下管线，按管线主管部门要求进行修复更换后，方可悬吊。

d. 由于铸铁给水管道和通信六孔砖管道属于刚性管道，施工时还要设置变形监控点。

（5）建筑物、构造物调查

1）调查方式

应和监理、业主共同进行目检并记录工程影响范围内所有建筑物在施工前的状况，确定既有建筑物的已有破损及其状况（如有的话），以作为可能由地铁工程施工所引起的既有建筑物损坏（如有的话）而进行讨论和赔偿的基础。必要时，建筑物调查应运用各种手段进行，包括直接调查和物理调查。

2）调查内容与方法

主要调查建筑物的名称、位置、所属业主、建筑物的用途、建筑物的层数（高度）、有无地下室、建造时间、结构类型、内外构件有无损伤及裂缝、建筑物的基础类型、基础深度、基础穿越地质情况、尺寸及其与隧道的相对位置关系，并出具调查报告。调查时要特别注意以下几点：

① 制订并填写每栋建筑物的调查表。每栋建筑物应给一记录号以便鉴别，列出一般情况以及有关材料、状况和已有损坏或在目检中发现的损伤等特殊情况。

② 对建筑物的内外构件（包括表面修整和维修保养）情况进行目检。摄影资料应包括各种缺陷如裂缝、抹面脱落和其他损坏。已有裂缝应用光学裂缝仪量测并予以记录。

③ 记录并拍摄主要结构裂缝、开裂和磨损的混凝土、外露或锈蚀的钢筋。给重要照片加示意草图或说明，以显示相应拍摄物的位置。

④ 调查四层或更高层建筑物垂直度。

⑤ 如建筑物的一部分位于工程影响范围内，则应对整栋建筑物进行调查。

⑥ 承包人应负责安排进入调查涉及的所有地产。发包人对此将作出必要协调和帮助。

⑦ 工程师可以在施工中甚至完工后有选择地要求承包人对地铁施工影响范围内的建筑物进行进一步的调查，并予以记录。

⑧ 建筑物调查表应有承包人、建筑物拥有者签名。

3）调查范围与重点

根据地下逆作施工结构及区间施工影响范围（根据地质情况、结构埋深确定的沉降槽宽度及前后影响范围），对此范围内的所有地面建筑物进一步进行调查，调查的重点是四层（含四层）以上的建筑物，年久失修的房屋，以及基础调查。对于业主未提供详细资料的建筑物要调查清楚，对已有资料的要进一步核实。在施工开始前提出调查表和调查报告，并在施工过程中不断地完善。

4）提交资料

① 在可能引起建筑物损坏的主要工程开工前进行调查，调查开始前应就可能引起地层位移或振动的设备的使用获取工程师的批准。

② 按工程师的指示提交调查成果，包括图上标示的（拟拆迁建筑物除外）在工程影响范围以内建筑物的调查表、照片、示意图和底片。

③ 工程师可以要求在施工中或施工完成之后对建筑物进行补充调查。

5）建筑物、构筑物发生变形时的应急预案

针对周边管线及建筑物密集程度，在施工过程中，将加强对周边建筑物的监测，必要时采取顶撑的措施临时加固建筑物和跟踪注浆等措施来控制建筑物的沉降变形，并制定以下预案，确保万无一失。

① 在监测中发现周围建筑物有明显沉降时，采取：

a. 提前准备一定数量的钢支撑，及时架设临时支撑。

b. 提前准备双液注浆、旋喷注浆机械各一套，编织袋、短木桩等相关应急物资若干，根据预案，进行地基加固和止水堵漏处理。

c. 加大对地面沉降监测的频率，随时观察变形动态，发现异常，立即增设或加密支撑，并以监测信息指导开挖。

d. 要求电源、电线、开关、插座、水源、起吊设备、运输设备等相应配齐备。其他配置按常规及设备自身需要。材料准备齐备并集中堆放，经常检查，如发现不足，立即补充，确保材料供应及时；设备及相关管路、电路等应定期检查，确保设备运转正常。

② 对变形超过警戒值的建筑物加密监测频率，根据监测结果和建筑物变形情况决定是否进行顶撑加固。如果变形过大首先疏散楼房内的住户，确保人身安全。

A. 顶撑加固根据现场条件和建筑物变形的情况，在一楼地面上铺设钢板，选择用门型支架或钢（木）支撑在选定的柱子周边对梁进行顶撑加固，分散地基承载，减轻不均匀沉降，控制建筑物变形。

B. 施工时，先对沉降过大的柱子周边进行顶撑，在竖向支撑底部设千斤顶加力或用木楔楔紧，具体根据现场实际确定。

C. 加固注意事项

a. 现场施工管理人员应每天关注施工监测情况，监测人员及时将监测结果报项目部相关领导。

b. 如遇沉降较大时，项目部应立即组织应急小组到位。

c. 建筑物应急保护时首先要考虑到楼内居民的安全。

d. 应急处理过程中加密监测频率。

e. 建筑物应急保护时要考虑对周围建筑物影响，尽最大可能避免建筑物倒塌事故，以减少损失。

f. 应急方案实施时要统一指挥，有序进行。应急物资、设备应在最短时间内到位。

3.12.6 结构应力监测

当灌注桩、壁柱作主体结构时应采用低应变动测法监测桩身完整性，检测桩数不宜少于总桩数的 20%，且不应少于 10 根。桩体混凝土质量应采用超声波透射法进行检测，检测数量不宜少于总桩数的 5%，且不应少于 3 根。必要时可采用钻取芯方法进行强度质量检测。

3.12.7 监测数据管理及预警机制

（1）宜在基坑围护结构施工之前完成远程监控系统的安装、调试工作，具备远程监控系统正常运行条件。在远程监控系统运行过程中，远程监控中心应协调相关工作，保证远程监控系统的正常运行。

（2）监测数据上传工作应满足下列要求：

① 监测单位应在每次现场监测数据量测完成后 2h 内把监测数据上传至远程监控系统；

② 所有监测数据必须真实、完整、有效，不得出现阶段性归零；

③ 上传监测数据时，必须有工况信息。

（3）远程监控系统应具有下列功能：

① 对上传的监测数据自动分析、生成历时曲线的功能。

② 预报警自动提示功能。

③ 当发生预报警事件时，在管理平台上及时跟踪反馈预报警事件最新信息的功能。

④ 根据各地区现行规范提出的一级基坑变形的设计和监测控制值，结合工程周边环境条件和设计工况的要求，基坑围护设计单位提出表 3.12-2 主要监测报警控制值。

主要监测报警控制值   表 3.12-2

序号	监测内容	警戒速率（mm/日）	累计警戒值（mm）	备注
1	围护墙顶位移	2	30	
2	围护墙体倾斜	2	30	
3	地面沉降	2	30	
4	坑外水位	—	300	
5	管线沉降	—	8	

（4）在各项施工前，测得各监测项目的初始值。自基坑内开挖开始，施工阶段平均每天 1 次，特殊情况如监测数据有异常或突变、变化频率偏大及变化速率极小时，适当加密或减少监测频率。底板浇筑后，逐渐减少监测次数，平均每周 1～2 次。监测 3～4 周后，如监测数据变化不大，可再减少至每月 1～2 次。监测报表当天上报，如测得数值有异常或特殊情况，一经发现即口头及书面向有关方面汇报。

3.13 大型机械设备选型及布设

3.13.1 大型吊机的设备选型及布设

在逆作法施工中，大型吊机的选型及布设需着重考虑如下几点：

（1）因场地条件所限，同时考虑成本及适用性因素，优先采用塔吊作为逆作法施工中主要的垂直吊运设备（无地上结构或地上结构较少的项目无需配备）。

（2）由于逆作法需在大面积挖土前先施工界面层结构，因此需在土方开挖前施工塔吊基础（一般采用劲性塔吊基础，将塔吊基础节安装于界面层标高附近），确保界面层施工前完成塔吊安装（图 3.13-1）。

（3）垂直运输设备的位置受现场工作面的限制，同时影响现场材料仓库、材料堆场、

图 3.13-1 劲性塔吊基础

搅拌站、水、电、道路的布置。

（4）一般建筑施工中，可以布置自升式或爬升式塔吊，他们的位置相对固定，具有较大的工作半径，考虑塔吊位置时尽量减少死角，使材料和构件控制在塔吊的工作范围之内（着重考虑最大单构件的重量及塔吊与该构件间的位置关系等因素），尽量减少二次搬运。

（5）吊机定位时，要尽量减少塔机基础及塔身对建筑物结构施工的影响（如是否占据工程桩、结构柱、梁等主要构件的位置，是否影响外架施工等），同时还要考虑附墙距离、是否便于安装和拆除等因素。

（6）对于有群塔作业的项目，考虑塔吊之间的平面位置关系，同时要注意相邻塔吊大臂的作业高度，尽量避免其作业时相互干扰。

（7）考虑塔吊的初始安装高度及施工期间的顶升高度，避免其与周边建筑物及待建建筑物发生碰撞的可能。

（8）结合施工方案的选用及进度计划，估算吊运工作量及构件的重量，对比各型塔吊的技术参数及租赁费用，选用经济、适用的吊机型号。

3.13.2 施工电梯/井架的选型及布设

在逆作法施工中，施工电梯/井架的选型及布设需着重考虑如下几点：

（1）型号及安装高度否满足地上建筑物二次结构及装修施工中的人员、材料运输需要。

（2）施工电梯/井架基础一般置于界面层楼面，对该部位结构板的成品保护与加固至关重要。

（3）地下逆作作业完成后，剩余工程量较多，材料运输相对难度较大，一般建议施工电梯直至地下室，作为地下部分二次作业材料运输主要工具。

3.14　临时用水用电

逆作法施工临时用水、临时用电布置原则：
（1）临时用水、临时用电布置需重点考虑建筑物内的管路走向、敷设固定牢靠；
（2）逆作施工各阶段的管路、线路的保护；
（3）减少二次拆改工作量，干管、主线路尽量不进行二次拆改；
（4）临时管线危险预警及报警措施、应急预案。

3.15　安全管理重点及预防措施

3.15.1　新风、送风

逆作法在地下室施工，人员和设备对施工环境的影响较大，也影响员工职业健康安全，通风设备的选择各种送风量的设备，对选中的通风设备，要规定供货商对设备使用期间做好全方位的服务，直到地下室逆作法施工完成。

在浇筑地下室各层楼板时，按挖土行进路线应预先留设通风口，随地下挖土工作面的推进，通风口露出部位应及时安装通风及排气设施。地下室空气成分应符合国家有关安全卫生标准，在土方和结构同时施工时进行空气质量监测，根据检测结果再次核定是否需要增加风机的台数。

通风及排气设施应结合基坑规模、施工季节、地质情况、风机类型和噪声等因素综合选择。逆作法通风排气设施宜采用轴流风机，风机应具有防水、降温和防雷击设施。

风机表面应保持清洁，进、出风口不得有杂物，应定期清除风机及管道内的灰尘等杂物。风机在运行过程中如发现风机有异常声、电机严重发热、外壳带电、开关跳闸、不能启动等现象，应立即停机检查。不得在风机运行中维修，检修后应试运转 5min 左右，确认无异常现象方可开机运转。

风管的设置和安装应符合下列规定：
（1）风管的直径应根据最大送风量、风管长度等计算确定；
（2）风管应敷设牢固、平顺，接头严密，不漏风；
（3）风管不应妨碍运输、影响挖土及结构施工；
（4）风管使用中应有专人负责检查、养护。

3.15.2　电力设施安全防护

逆作法地下室施工时自然采光条件差，结构复杂，应设一般照明、局部照明和混合照明。尤其是节点构造部位，需加强局部照明设施，但在一个工作场所内，局部照明难以满足施工及安全要求，又必须和一般照明混合配置。

现场照明应采用高光效、长寿命、低能耗的照明光源。对需大面积照明的场所，应采用高压汞灯、高压钠灯或混光用的卤钨灯等。照明器具和器材的质量应符合国家现行有关强制性标准的规定，不得使用绝缘老化或破损的器具和器材。照明灯具应置于预先制作的标准灯架上，灯架应固定在支承柱或结构楼板上。

随着地下工作面的推进，电箱至各电器设备的动力、照明线路均应采用双层绝缘电线，宜增设绝缘套管，并架空铺设，严禁将线路架设在脚手架、钢支承柱及其他设施上。现场临电布设及基坑照明基坑开挖时的临时电缆需全部采用塑料管进行保护，塑料管紧贴地下室顶板、梁进行可靠固定。通常情况下，线路水平预埋在楼板中，也可利用永久使用阶段的管线，竖向线路可在支承柱上的预埋管路（图3.15-1）。

图 3.15-1　照明管线紧贴地下室顶板固定

地下室施工阶段，一旦停电，将出现降水停止，地下水水位上升，甚至水漫基坑，若有承压水的涌出就更加严重；地下室没有了照明，全部停工状态，严重影响进度；防水混凝土施工时，停电引起停工，直接影响工程质量。因此，必须做好断电预防措施和采取紧急预案：

（1）备用发电机组。地下施工阶段，现场配备发电机组，停电后立即启动发电机，确保地下照明、降排水用的水泵、混凝土震动机用电。

（2）布设专用停电供电系统。设置停电的专用供电线路，便于停电后同步启动发电机组，及时供电，停电的专用供电线路单独布设，做好标识，日常电工巡查时必须和正常使用的线路一样检查。

3.15.3　场内交通疏导与指挥

逆作法施工项目的场地一般较为狭小，材料堆场、加工场、由于拟建工程沿线交通量大、人流量较多，为尽全力减小施工对车辆交通、沿线单位、住户、商铺及厂区的影响程度，同时也要为确保施工过程中车辆通行、施工及道路通行人员的安全，确保道路最大能力的畅通减少交通疏导带来的压力，在施工阶段采取全封闭施工，交通疏导总体思路，为尽可能减少交通疏导压力，减少施工干扰，在施工过程中必须优化施工方案，确保施工措施到位，加大施工投入，缩短施工工期。

3.15.4 地下防火

逆作法施工地下工程时，除遵守正常施工中的各项防火安全管理制度和要求，还应遵守以下防火安全要求：

(1) 施工现场的临时电源线不宜直接敷设在墙壁或结构上，应用绝缘材料架空安装。配电箱应采取防水措施，潮湿地段或渗水部位照明灯具应采取相应措施或安装防潮灯具。

(2) 施工现场应有不少于两个出入口或坡道，施工距离长应适当增加出入口的数量。施工区面积不超过 $50m^2$，且施工人员不超过 20 人时，可只设一个直通地上的安全出口。

(3) 安全出入口、疏散走道和楼梯的宽度应按其通过人数每 100 人不小于 1m 的净宽计算。每个出入口的疏散人数不宜超过 250 人。安全出入口、疏散走道、楼梯的最小净宽不应小于 1m。

(4) 疏散走道、楼梯及坡道内，不宜设置突出物或堆放施工材料和机具。

(5) 疏散走道、安全出入口、疏散马道（楼梯）、操作区域等部位，应设置火灾事故照明灯。火灾事故照明灯在上述部位的最低照度应不低于 5lx（勒克斯）。

(6) 疏散走道及其交叉口、拐弯处、安全出口处应设置疏散指示标志灯。疏散指示标志灯的间距不易过大，距地面高度应为 1~1.2m，标志灯正前方 0.5m 处的地面照度不应低于 1lx。

(7) 火灾事故照明灯和疏散指示灯工作电源断电后，应能自动投合。

(8) 地下工程施工区域应设置消防给水管道和消火栓，消防给水管道可以与施工用水管道合用。特殊地下工程不能设置消防用水时，应配备足够数量的轻便消防器材。

(9) 大面积油漆粉刷和喷漆应在地面施工，局部的粉刷可在地下工程内部进行，但一次粉刷的量不宜过多，同时在粉刷区域内禁止一切火源，加强通风。

(10) 严禁易燃、易爆物品或材料在地下工程内部存放。

(11) 进行地下气割作业时，除了应符合相关安全操作要求以外，还必须确保作业区域及钢瓶放置区域有良好的通风措施。

3.15.5 管涌、基底隆起、承压水

逆作法施工过程中为了确保基坑安全，必须对基底情况及地下水位进行监测。在基底设置断面监测点，地下水位设置观测井。

降水和土方开挖过程中，时刻关注室外水位的变化情况，针对有明显水位变化的部位，应派专人看护。若地连墙/止水帷幕出现一般的渗漏，应立即组织堵漏，堵漏的次序是先堵小漏，再堵大漏。若出现的大的渗漏，有流沙，泥水的显现时，应该立即停止土方的开挖，进行堵漏处理完成后方可恢复施工。

由于可能出现地连墙深层纵向移位、槽段之间接缝偏位等原因，造成地连墙产生空隙，出现"泉涌"或者"喷泉"，应立即停止施工，启动应急措施。先使用沙袋堆挡"喷泉"处，把漏水处采用堆、压、堵的措施保持水不外流，在"喷泉"的地连墙背面打高压旋喷 2~3 排。待一天以后，逐步撤除坑内的沙袋，在该部位地连墙的内侧采取高压注浆的方式进行防水补强。若完全不渗漏后，再继续土方开挖。

逆作法施工的基坑开挖范围内时常含有承压水含水层，基底易产生涌水等不利现象。基坑开挖时若采取降水和减压措施不合理，极有可能产生突涌，是必须关注的一个问题。为防止基底突涌的出现，首先在地连墙施工期间，加强围护结构施工质量的控制和检验，保证围护结构的质量。土方开挖后再次对墙面质量进行检验，对于渗、漏水位置及时进行处理；其次加强疏干井（减压井）的降水管理。基坑开挖前，降水降至开挖面下 1m，并保持水位稳定，严禁超降，应始终保持减压井的观测，一旦出现异常情况，立即上报解决处理。

3.15.6 基坑坍塌

基坑开挖后，围护结构通常会产生一定的位移，若位移变形过快、过大，基坑则有坍塌危险。因此在基坑开挖过程中应密切注意围护结构的变形、位移等情况，如果位移过大，或位移发展过快，则必须停止基坑开挖，联系设计，采取增加钢支撑等方法。

基坑开挖前，应对周边建筑物进行沉降点的布设。监测项目在基坑开挖前应测得初始值，且不应少于两次。基坑开挖过程及基坑使用初期，直至基坑底板浇筑完毕一周每天监测 1 次，特殊情况下加密监测。一旦沉降过快或达到预警值，及时停止基坑开挖，向监理及业主进行报告并征求设计意见。

加快结构施工，采取"随挖随浇"的方法，是较为安全的措施之一，对于制止位移发展也有一定作用。

3.15.7 防雨、防汛

开挖时做好基底排水，当开挖至基底标高后，在基坑四周设置 40cm×30cm 排水沟与降水井相连，及时抽排坑内积水，确保开挖过程中土体和基底的干燥，保持基底强度及完整性不受破坏。

在界面层结构板的各出土孔、通风口、预留洞四周砌筑 200mm 高防水台，严防界面层及楼上积水进入地下室。

此外在基坑挖土过程中配备足够的抽水设备，确保能迅速排干坑内积水，防止基坑被淹。

3.15.8 交叉作业中的伤害

（1）多个施工班组在同一作业区域内进行高处作业、模板安装、脚手架搭设拆除、土方吊运时，在施工作业前对施工区域采取全封闭、隔离措施，应设置安全警示标识、警戒线或派专人警戒指挥，防止高空落物、施工用具、用电危及下方人员和设备的安全。

（2）脚手架拆除作业时，作业区周转及进出口处，必须派专人进行看护，严禁非作业人员进入危险区域；拆除大片架子时应加临时护栏；作业区电线及其设备有妨碍时，应事先与有关单位联系进行拆除、转移或加防护。隔离层、孔洞盖板、栏杆、安全网等安全防护设施应严禁任意；必须拆除时，应重复原搭设单位的同意，在工作完毕后立即恢复原状并经原搭设单位验收；严禁乱动非工作范围内的设备、机具及安全设施。

（3）在同一作业区域内进行吊装作业时，充分考虑对方工作的安全影响。指派专业人员负责统一指挥，检查现场安全和措施符合要求后，方可进行吊装作业。

（4）在同一作业区域内进行焊接（动火）作业时，施焊人员必须事先做好防护，并配备合格的消防灭火器材，消除现场易燃易爆物品。无法清除易燃物品时，应与焊接（动火）作业保持适当的安全距离，并采取隔离和防护措施。上方动火作业（焊接、切割）应注意下方有无人员、易燃、可燃物质，并做好防护措施，遮挡落下焊渣，防止引发火灾。焊接（动火）作业结束后，作业单位必须及时、彻底清理焊接（动火）现场，不留安全隐患，防止焊接火花死灰复燃，酿成火灾。

（5）各方应自觉保障施工道路、消防通道畅通，不得随意占道。凡因施工需要进行交通封闭或管制的，必须报项目管理部审批，且一般应在30min内恢复交通。运输超宽、超长物资时必须确定运行路线，确认影响区域和范围，采取防范措施（警示标识、引导人员监护），防止其他物件和人员。车辆进入施工区域，须减速慢行，确认安全后通行，不得与其他车辆、行人抢道。

（6）同一区域内的施工用电必须做好接地（零）和漏电保护措施，防止触电事故的发生。各用电设备必须做好用电线路隔离和绝缘工作，互不干扰。若敷设的线路必须通过其他施工作业面，应事先征得相关作业班组的同意，同时应经常对用电设备和线路进行检查维护，发现问题及时处理。

（7）施工各班组应共同维护好同一区域作业环境，切实加强施工现场消防、保卫、治安，文明施工管理。必须做到施工现场文明整洁，材料堆放整齐、稳固、安全可靠（必须有防垮塌，防滑、滚落措施），确保设备运行、维修、停放安全。设备维修时，按规定设置警示标志，必要时采取相应的安全措施谨防误操作引发事故。

3.16 常见质量缺陷及预防处理措施

3.16.1 桩身质量差

现象：桩几何尺寸偏差大，外观粗糙（图3.16-1）。

原因分析：

（1）桩身混凝土设计强度偏低。

图 3.16-1　桩身几何尺寸偏差大

（2）混凝土配合比不当或原材料不符合要求。

（3）钢筋骨架制作不符合规范要求。

（4）浇筑顺序不当和浇捣不密实。

（5）混凝土养护措施不良或龄期不足。

（6）未按要求进行跳打。

防治措施：

（1）原材料质量必须符合施工规范要求，严格按照混凝土配合比配制。

（2）钢筋骨架尺寸、形状、位置应正确。

（3）混凝土浇筑时导管应随浇筑速度缓慢匀速提升。

（4）相邻两桩施工间隔不少于 24h。

3.16.2　桩身偏移过大

现象：成桩后，桩位偏移超过规范要求。

原因分析：

（1）场地松软和不平使桩机发生倾斜。

（2）控制桩产生位移。

（3）沉桩顺序不当，土体被挤密，邻桩受挤偏位或桩体被土抬起。

（4）桩成孔时，遇到大块坚硬障碍物，使桩尖挤向一侧。

防治措施：

（1）施工前需平整场地，其不平整度控制在 1% 以内。

（2）成孔时，控制桩身垂直度在 1/200(0.5%) 桩长内，若发现不符合要求，要及时纠正。

（3）桩基轴线控制点和水准点应设在不受施工影响处，开工前、复核后应妥善保护，施工中应经常复测。

（4）根据工程特点选用合理的成桩顺序。

（5）发现桩位偏差超过规范要求时，应会同设计人员研究处理。

3.16.3 地连墙预留钢筋及预埋件偏位或预留钢筋被破坏

现象：当围护地连墙与建筑物地下外墙两墙合一时，在地连墙预埋水平梁板钢筋或连接预埋件位置与设计标高不一致，或预埋钢筋被破坏，水平构件无法按原设计方式与地连墙连接。

原因分析：

（1）标高基准点设置、保护未按规定执行。

（2）标高引测偏差。

（3）地连墙钢筋笼入槽标高控制不到位。

（4）预埋筋、预埋件固定不牢，混凝土浇筑中成品保护不到位。

（5）预留钢筋在地连墙施工中或后期剔凿过程中被破坏。

防治措施：

（1）将标高基准点设置在稳固位置，每次使用前进行复测，确保基础数据来源可靠。

（2）地连墙钢筋笼入槽时严格控制标高，钢筋笼接长时，按规定搭接长度及连接方式连接，钢筋笼就位后，固定牢固。

（3）预埋筋、预埋件固定方式稳固、可靠，浇筑混凝土时导管轻拔轻放避免碰撞破坏。

（4）处理方式

① 部分钢筋可利用：增加环梁高度，利用预留钢筋；

② 预留钢筋可利用度不高：化学植筋。参见图 3.16-2 做法。

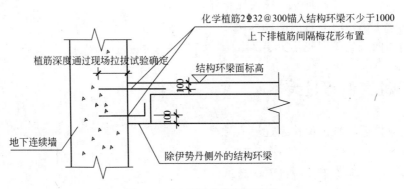

图 3.16-2 环梁植筋剖面示意

3.16.4 地连墙接槎渗漏

现象：基坑开挖过程发现不同槽段接头、不同高度处渗水，甚至有浑浊泥浆水，大量中砂、细砂涌进坑内，接头地面（墙顶面）下陷，逐渐向深度及广度扩展，坑内堆积泥砂和积水（图 3.16-3）。

图 3.16-3　地连墙接茬渗漏

原因分析：

（1）地连墙槽段封头板选用 U 形接头管，易渗漏。

（2）封头件上泥砂清理不干净。

预防措施：

（1）改用接头方法，选用凹凸形、楔形、工字形槽段封头板，降低渗漏可能。

（2）同时根据接头形式制作专用泥砂刷，插接封头板时，将泥砂提前清理干净。

（3）槽段挖深及钢筋笼制作长度的垂直误差须在规定以内，注意起吊接头箱及槽段接头，避免泥砂留在槽段缝处。

（4）已经出现的渗水涌砂部分可采取快速堵漏方法用水玻璃水泥堵漏。在渗水涌砂较严重部分，在墙后用高压注浆方法在一定宽、深部范围内注浆。确有渗漏严重的，在不影响结构安全的情况下，可采用以疏代堵的方式保证正常使用功能。

3.16.5　逆作竖向构件接槎混凝土不密实

现象：逆作法施工的墙、柱水平施工缝接槎处混凝土浇捣不密实，夹渣等。

原因分析：

（1）接槎处清理不干净。

（2）浇筑混凝土采用常规方式，导致上部混凝土浇筑充盈不足。

预防措施：

（1）剔除施工缝接槎松散混凝土并清理干净。

（2）浇筑混凝土前，施工缝处洒水湿润。

（3）在施工缝接槎上部水平梁板留设混凝土浇筑口及排气孔。如图 3.16-4 所示。

（4）顶部 100～50mm 混凝土采用细骨料混凝土加压浇灌。

（5）对完成的构件施工缝逐个进行超声波检测，发现有中空现象，进行加压注浆，确保接槎混凝土密实。

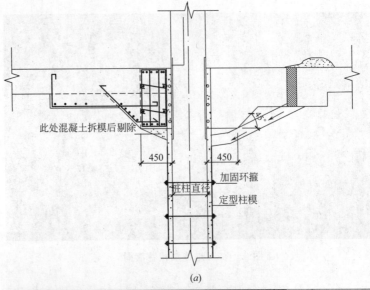

(a)

(b)

图 3.16-4 墙、柱等竖向构件混凝土浇筑

3.16.6 不同级别钢材焊接质量达不到要求

现象：不同材质钢材焊接质量达不到要求标准，如不同等级钢材焊接、高强钢筋与型钢、钢板焊接等。

原因分析：

（1）焊接工艺选择不合理。

（2）焊接用焊材选用不合理。

（3）施焊工人操作技能素质偏低。

预防措施：

（1）正确选用焊条及相应焊材是异种钢焊接成功的关键。

①在焊接接头不产生裂纹等缺陷的前提下，若强度和塑性不能兼顾时，则应选塑性较

好和韧性好的焊条和焊材。焊缝金属性能只需要符合两种母材中的一种即认为满足使用技术条件要求；②对相同等级结构钢焊条选用时，优先考虑抗裂性能好的低氢型焊条。在满足性能要求的前提下，选用工艺性能好、价格低、易于采购的焊条；由不同等级/类别的金属所组成的接头，避免使用焊缝金属强度比母材强度过高的焊接填充材料，使用适合于低强配比，但抗裂能力与韧性储备更高的低氢焊材；③Q420D 超高强钢板焊接，选用强度匹配适当并且塑性比较好的焊材，如 E5515-G，ER55-D2 以应对超高强钢塑性差、焊接残余应力高引起的裂纹敏感性；Q420 与 Q345 钢和铸钢件的焊接采用 E50 型焊条及 ER50 型焊丝；④铸钢 GS-20Mn5V 为改善了可焊性的铸造调质钢，焊接性能良好，原则上拟采用稍高的焊前预热温度防止裂纹，作为调质钢材，要控制热输入量和道间温度的上限，以防止近缝区软化，同时采取道间锤击工艺，松弛接头焊接收缩应力。

（2）预热温度的确定，一般应根据淬硬裂纹倾向大的一侧母材和焊缝金属合金化程度的大小综合确定，应当由焊缝工艺评定来进行确定。

（3）焊工要专门进行培训，应具有焊接质量保证体系及技术责任制，并在监理的督促下进行。

（4）铸钢件与异种钢接头的焊接，应按焊接的有关工艺规定进行施焊，做好定位焊的施焊控制和检查，并保证接头的对称、连续焊接，一次完成，特别是要做好焊接防风和焊后缓冷保护，焊后应后热消氢、消应力，后热处理后保温棉包扎缓冷，同时保证足够的探伤检查延迟时间，避免延迟裂纹。

3.16.7 混凝土梁板下挠

现象：逆作法施工梁板在拆除模板、支撑开挖下部土方后，出现不同程度的下挠（图3.16-5）。

图 3.16-5 顶板混凝土下挠

原因分析：

（1）开挖时对支撑桩、柱成品保护不到位，出现支撑失效后梁板下挠。

（2）模板拆除过早，构件强度未达设计强度标准。

（3）上部加载过早、过大。

预防措施：

（1）模板、支撑拆除严格按照设计要求、施工方案实施。

（2）梁板施工完成，上部材料堆载按审批通过的施工方案实施，严禁乱堆乱放，严禁超载。设计为载重车通行的，应要求车辆低速行驶，避免急停。

（3）开挖下步土方时，机械、设备距离立柱桩、支撑桩柱等不少于1.0m；周边土方由人工挖运。

（4）土方开挖时，立柱桩两侧土方高差不超过1.0m。

（5）临时立柱桩涂刷警戒色或挂警戒标识牌，避免施工中误撞。

3.16.8　地连墙导墙破坏或者变形

现象：在地连墙施工过程中，导墙出现破坏或者变形，影响地连墙施工。

原因分析：

（1）导墙的强度和刚度不足。

（2）地基出现变形或局部坍塌。

（3）导墙内支撑设置间距过大或支撑破坏。

（4）导墙周边施工荷载偏大。

预防措施：

（1）结合施工场地地质情况合理设计导墙。

（2）必要时进行土体加固后再进行导墙施工。

（3）导墙四周形成坡度，设排水沟，避免周边积水。

（4）施工荷载分布合理，严禁超载施工。

（5）出现破坏或变形的，需拆除被破坏部分导墙，用灰土等回填夯实，重新施工导墙。

3.16.9　地连墙槽段移位

现象：地连墙槽段出现偏斜或垂直度偏差超标（图3.16-6）。

原因分析：

（1）成槽设备定位不精确，设备拼装未达要求。

（2）成槽区存在土质突变。

（3）成槽时抓斗摆动偏离位置。

（4）设备纠偏提醒失效或未按提醒进行纠偏。

（5）成槽施工工序不当。

预防措施：

（1）成槽机使用前调整悬调装置，防止偏心。

图 3.16-6　地连墙槽段位移

（2）成槽机工作时，机架底座安定平稳，固定牢固。

（3）遇软硬土层交界处，须低速成槽，合理安排挖掘顺序。随时监控偏斜数据，并及时进行纠偏。

（4）当出现成槽偏斜情况，首先查明偏斜位置和程度，分析问题原因，避免类似问题出现。同时制定整改措施①在偏斜处吊住挖机上下往复扫孔，使槽壁顺直；②当偏差严重时，应回填灰土或黏土到偏槽处 1.0m 以上待沉积米时候再重新施工。

3.16.10　地连墙槽壁坍塌

现象：在槽壁成槽，下钢筋笼或浇筑混凝土时，槽段内局部孔坍塌，出现水位突然下降，空口冒出细密气泡，出土量增加，而不见进尺，钻机负荷显著增加等现象（图 3.16-7）。

图 3.16-7　地连墙槽臂坍塌

原因分析：

(1) 遇竖向层理发育的软弱土层或流砂土层。

(2) 护壁泥浆选择不当，泥浆密度不够，不能形成坚实可靠的护壁。

(3) 地下水位高，泥浆液面标高不够，或孔内出现水压力，降低了静止水压力。由于漏浆或施工操作不当，造成槽内泥浆液面降低，超过了安全范围。

(4) 泥浆水质不符合要求，含盐和泥沙多，易沉淀，使泥浆性质发生变化，起不到护壁作用。

(5) 在松软砂层中成槽，进尺过快，或钻机回旋速度过快，空转时间过长，扰动槽壁。

(6) 成槽后搁置时间过长，未及时吊放钢筋笼并浇筑混凝土，泥浆沉淀失去护壁作用。

(7) 单元槽段过长，或地面荷载过大等。

防治措施：

(1) 在竖向层理发育的软弱土层或流砂层成槽，应慢速成槽，适当加大泥浆密度，控制槽段内液面高于地下水位 0.5m 以上。

(2) 成槽时应根据土质情况选用适当泥浆，并通过试验确定泥浆密度，一般不应小于 1.05。

(3) 泥浆必须配制，并使其充分溶胀，储存 3h 以上，严禁将膨润土、火碱等直接倒入槽中。

(4) 所用水质符合要求，在松软砂层成槽，应控制进尺，不能过快，同时根据成槽情况，随时调整泥浆密度和液面标高。

(5) 单元槽段一般不超过 6m。

(6) 槽段成槽后，及时吊放钢筋笼及浇筑混凝土，尽量缩短搁置时间。

(7) 局部出现坍塌可加大泥浆密度，如出现大面积坍塌，应用优质黏土回填至坍塌以上至少 1.0m，待沉积密实后再进行成槽。

施工案例十二：天津弘泽湖畔国际广场

1. 天津弘泽湖畔国际广场工程概况

本工程位于天津市天塔道与卫津南路路口交叉处，地处天津天塔湖附近，东侧对望相隔的电视塔及天塔湖，南侧有居民住宅，地理位置特殊，交通不便，现场存在扰民问题。洪泽湖畔国际广场周边关系示意图如图 3.16-8 所示。

本项目由 2 栋 38 层的公寓楼（A 楼、B 楼）和 1 栋 25 层的写字楼（C 楼）及 6 层裙房组成，总建筑面积为约 96376m²，其中 AB 座主楼地下 3 层，地上 38 层，C 座主楼地下 3 层，地上 25 层，裙房地下 3 层，地上 6 层，ABC 座主楼采用桩-筏基础，全现浇钢筋混凝土剪力墙结构，裙房采用桩-承台基础，框架结构。AB 座主楼建筑高度 133m，C 座主楼建筑高度 99.5m，裙房建筑高度为 30.73m。

该工程基础形成连体，AB 座地上公寓部分与裙楼连成整体为大底盘双塔建筑，C 座地上写字楼部分与 AB 座脱开自成一个独立体建筑。洪泽湖畔国际广场效果图如图 3.16-9 所示。

该工程地基基础设计等级甲级，建筑桩基安全等级为一级，抗震设防烈度为 7 度、抗

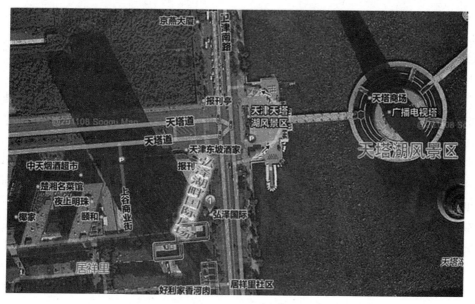

图 3.16-8 洪泽湖畔国际广场周边关系示意图

图 3.16-9 洪泽湖畔国际广场效果图

震设防为丙类，结构抗震等级地下三层、二层为三级，地下一层至地上结构 AB 座为一级，C 座为二级。

该工程±0.000 相当于大沽标高 4.150m，室内外高差 0.60m，根据勘察资料，该工程场地埋深 100.00m 深度范围内，地基土按成因年代可分为 11 层，按力学性质可划分为 24 个亚层。初见水位埋深 1.80～2.50m，相当于标高 −0.81～−0.90m，静止水位埋深 0.80～1.70m，相当于标高 0.19～0.10m，第一承压含水层水位埋深 11.00m 左右，相等于标高 −9.50m 左右。

该工程裙房采用逆施法施工，主楼采用正施法施工（本基坑周边裙房土方开挖采用全逆施（盖挖）法，而塔楼采用正施（明挖）法）。

2. 本工程的基坑支护形式及土方开挖方式

（1）本基坑支护体系

本工程基坑深 15.2m，基坑围护采用 φ920 钻孔排桩，GZ1、GZ2 型桩长 26.6m，GZ3、GZ4 型桩长 25.1m。裙房采用逆施法施工时，利用裙房地下室的梁板柱作为基坑土方开挖的水平支撑体系，本基坑安全等级为一级。

（2）土方开挖部署

本工程自然地貌标高 -0.600m，裙房坑底标高为 -11.80m，A 楼基底标高 -13.4m，B、C 楼基底标高 -12.7m，其中集水坑处最深为 -15.5m，主要为回填土、粉土、粉质黏土，土方总开挖量约 23 万 m³。

本基坑为地下三层，由于地处天津电视塔地区，周边管线、地形复杂，本基坑定为一级基坑。为了减轻基坑土方开挖给周边环境带来的影响，本基坑周边裙房土方开挖采用全逆施（盖挖）法，而塔楼采用正施（明挖）法，这样有助于中间塔楼部位大开口土方开挖的运输速度，并使裙楼逆作更便利；同时利用地下一层作为逆作施工临界层，对基坑的整体土方外运工作加快了进度。

根据设计文件和施工工艺要求，土方开挖共分四步八次开挖。在基坑内大面部分及空间较宽区域采取机械开挖，格构柱下不便于大挖机操作区域采用小挖机操作，桩边、格构柱边、支护桩边、降水井边及基底等精细部位采取人工挖土配合施工，在基坑收坡及最后收尾采用长臂挖机。通过流水组织，使地下操作流程穿插并简化。

（3）土方开挖流程与方法

1）施工流程

工程的土方开挖分 4 步进行，第一步为支护上挡土墙施工土方开挖；第二步为支撑梁以上土方开挖；第三步为大面基坑底以上土方开挖；第四步为基底电梯井、集水坑局部加深开挖。这样通过层次划分，使各自的目的达到，并与逆作支撑梁板相穿插，土方运输和周转衔接紧密，工期节约。

土方施工需合理安排车次，进行信息化施工，动态管理，严格控制标高，严禁超挖。本工程充分利用公寓楼及写字楼部位正常开挖的条件，设置土方出入坡道，该部分土方由坡道外运，裙房逆施部位土方靠近公寓楼及写字楼部分由挖掘机将土堆到公寓楼及写字楼部位，再由挖掘机直接装车从坡道口外运，同时在负一层底板及负二层底板上设置出土口，部分土方由出土口出土，加快地下逆作出土速度。

2）土方开挖施工过程

① 第一次挖土

本次土方开挖为裙房、公寓楼及写字楼部位帽梁土方，第一层土方为明挖施工，土方开挖至标高 -1.50m，开挖宽度 5.0m，沿裙房部位基坑周边开挖。土方开挖前应等排桩施工完毕并达到设计强度，基坑预降水完成，使坑内水位处于 -1.5m 以下 1.0m 范围方可开挖。本层土方施工应人工配合机械，严禁扰动地下原状土。土方开挖到标高后进行帽梁施工。

由于基坑开挖范围较大，本次土方开挖共分 4 个区进行流水施工，土方开挖时先开挖 1 区，然后开挖 2 区，依次直至开挖 4 区。每一开挖区开挖时应采用退步法开挖，即从基坑边向坡道开挖，以方便土方车辆的通行。本次土方开挖坡道无需放坡，只对坡道两侧放坡。

土方开挖到标高后，进行帽梁施工。本次出土约计4000m³，配备日立300挖掘机4台。

② 第二次挖土

由于现场场地极小，不能满足自然放坡要求，采取垂直基坑帽梁内侧开挖，该步土方挖至-4.50m标高。本次土方开挖为写字楼部分第一层土方，本层土方为明挖施工，进行第一道水平支撑施工。本次土方开挖将坡道放至-4.50m，土方开挖先由南向北，将坡道两侧土方向坡道口开挖，最后坡道土方采用退步法开挖，坡道随土方开挖逐步拆除。

本次挖土约4000m³，配备日立300挖掘机4台。本层土方施工应人工配合机械，严禁扰动地下原状土。

③ 第三次挖土

在帽梁施工完成，混凝土强度达到设计强度后，进行裙房及公寓楼部分第一层大面积土方开挖施工。第一层土方为明挖施工，土方整体开挖至标高-5.85m。本层土方施工，土方见底时应人工配合机械施工，严禁扰动地下原状土。土方开挖，应提前做出控制开挖的标高点。先由测量人员给出开挖深度，由挖土机逐步向下开挖，边开挖边测量，配合挖至预留人工清槽土层顶标高，对于已挖出槽底应等间距撒出白灰点作为标志防止超挖。本次土方开挖将坡道放至标高-5.85m，坡道铺设路基箱，挖运施工分为3个区。土方开挖时先开挖1区，然后开挖2、3区。每一开挖区开挖时应采用退步法开挖，即从周边向坡道开挖，以方便土方车辆的通行。最后坡道土方采用退步法开挖，坡道路基箱随土方开挖逐步拆除。

土方开挖到标高后，进行负一层底板及公寓楼第一道钢支撑施工。楼板施工时留置出土口，及坡道出土口。本层土方开挖约18000m³，配备4台日立300挖掘机。

以上土方为明挖，并利用负一层结构面作为临界面，为开展下部结构的全逆作施工创造条件，这样有助于改善施工现场的场地条件，加快土方运输进度，使地下工程施工经济合理。

④ 第四次挖土

在地下一层楼板施工完成，混凝土强度达到设计强度后，进行地下二层土方开挖施工。此时土方在主楼区域已进入第二层开挖，公寓楼部位为明挖，周边裙房逆施部位进行暗挖施工，土方开挖至标高-8.85m。公寓楼明挖部位坡道放坡至标高-9.85m，该部为土方利用坡道出土，配备日立300挖掘机，裙房逆施部位部分靠近公寓楼部位土方可由挖掘机甩出，由坡道出土。裙房逆作其他部位以出土口设置抓斗挖机进行取土工作，取土口内设置0.4m³小挖掘机配合，小挖机可以由公寓楼部位出土坡道进入逆作区，或由出土口吊入，先取出土口下方的土方，再向周边扩展。本层土方施工，土方见底时应人工配合机械施工，严禁扰动地下原状土。

土方开挖到标高后，进行负二层底板及公寓楼第二道钢支撑施工，楼板施工时留置出土口。本层土方开挖约20000m³，配备4台日立300挖掘机，10台小挖机，4台抓斗挖机。

⑤ 第五次挖土

为写字楼及周边区域地下二层土方，方法同第四次挖土，土方开挖至标高-10m。本层土方开挖土层较厚，施工时可分为两层开挖，土方见底时应人工配合机械施工，严禁扰动地下原状土。土方开挖，应提前做出控制开挖的标高点。先由测量人员给出开挖深度，由挖土机逐步向下开挖，边开挖边测量，配合挖至预留人工清槽土层顶标高，对于已挖出槽底应等间距撒出白灰点作为标志防止超挖。

本次土方开挖将坡道放至标高−10.05m，土方开挖先由南向北，将坡道两侧土方向坡道口开挖，最后由坡道外运。土方开挖到标高后，进行写字楼第二道支撑施工。本层土方开挖约 7000m³，配备 2 台日立 300 挖掘机。

⑥ 第六次挖土

在地下二层底板施工完成，混凝土强度达到设计强度后，进行地下三层土方开挖施工。方式同地下二层同步区域，公寓楼明挖部位坡道放坡至标高−15.15m。该步为土方利用坡道出土，配备日立 300 挖掘机，裙房逆施部位部分靠近公寓楼部位土方可由挖掘机甩出，由坡道出土。裙房逆作部位出土口设置抓斗挖机进行取土工作，取土口内设置 0.4m³ 小挖掘机配合，小挖机可以由公寓楼部位出土坡道进入逆作区，或由出土口吊入。本层土方施工，土方见底时应人工配合机械施工，严禁扰动地下原状土。

土方开挖到标高后，进行基础底板施工。本层土方开挖约 30000m³，配备 4 台日立 300 挖掘机，10 台小挖机，4 台抓斗挖机。

⑦ 第七次挖土

在写字楼第二道水平支撑施工完成，混凝土强度达到设计强度后，进行写字楼部分地下三层土方开挖施工。方式同地下二层同步区域，土方开挖至标高−14.35m。本层土方施工，土方见底时应人工配合机械施，严禁扰动地下原状土。土方开挖，应提前做出控制开挖的标高点。先由测量人员给出开挖深度，由挖土机逐步向下开挖，边开挖边测量，配合挖至预留人工清槽土层顶标高，对于已挖出槽底应等间距撒出白灰点作为标志防止超挖。本次土方开挖将坡道放至标高−14.35m，土方开挖先由南向北，将坡道两侧土方向坡道口开挖，最后由坡道外运。

土方开挖到标高后，进行写字楼基础底板施工。本层土方开挖约 5000m³，配备 2 台日立 300 挖掘机。

以上土方为主楼大开口区域设置临时坡道明挖，其余裙楼部位并利用负一层结构面作为临界面，利用出土口对地下全逆作暗挖，这样明暗同步穿插，相互配合，使地下工程施工出土速度加快，且使周边结构支撑通过分区分段开挖和施工，对工期影响减小，基坑安全隐患降低。

⑧ 基坑四周收口

当四周第一道桩顶帽梁完成后达到一定强度，C 区立即砌 240 砖墙，间距每 3.0m 加设构造柱，作为挡土墙。构造柱尺寸为墙厚×240mm，配筋 4Φ12，φ6@200，为地上工作施工创造条件。

在地下逆作施工的同时，可利用上部开阔的空间同步施工上部结构，有利于地上主体工程施工进度提前。

3）土方开挖注意事项

① 土方开挖前，应根据施工方案的要求，将施工区域内的地下、地上障碍物清除和处理完毕。

② 建筑物或构筑物的位置或场地的定位控制线（桩）、标准水平桩及开槽的灰线尺寸，必须经过检验合格；并办完预检手续。

③ 夜间施工时，应有足够的照明设施；在危险地段应设置明显标志，并要合理安排开挖顺序，防止错挖或超挖。

④ 土方开挖时，需在基坑合理位置设置排水明沟，预防积水。

⑤ 每次土方开挖必须严格控制标高，严禁超挖，特别是最后基底部分土方开挖。

⑥ 开挖至桩位置附近，严禁直接采用机械挖土，在桩周围 30cm 范围内老土必须采用人工清土，防止机械碰撞桩身。

⑦ 标高控制：在挖土过程中，水平测量应与挖土机同步推进，随挖随抄平，对坑底标高进行有效的控制；另外还应连续作业，不分昼夜一气呵成，无特殊情况中间不得停顿。

⑧ 人工清底：当机械挖完土后，应安排人工挖除坑中 20cm 厚的余土和清底，清出的土方应运出场外，不得堆于坑口四周，以免塌方。最好是前面在进行机械挖土，随着即进行人工清底，使清出的土由反铲一并带出运往场外。

⑨ 回填：本工程的地下室回填采取二八灰土，根据现场土质情况，负二层的回填土源可选择现场的基坑源土，现场进行添加石灰进行拌制，分层夯实。

⑩ 清槽完毕，检查无误后，应及时请建设、设计、勘探和监理单位共同验槽，并填好隐蔽工程记录，以便核查。

土方开挖按照方案要求分层分区分段组织开挖，并穿插结构施工，尤其对支撑体系的安全保障是关键，因此严格控制和执行是工程成败的关键。

3. 针对地下逆作的风险分析和预防措施

(1) 风险点位分析

1) 环境风险点位分析

①周边建筑物位移、沉降；②地下管线的损坏；③结构失稳，影响到施工安全。

2) 施工降水风险点位分析

从整个地质纵断面图看，基坑开挖面大部分位于⑥$_1$ 层，在大里程段该层分布较薄且存在与⑥$_2$ 层的互层。⑥$_1$ 层以下地层为⑥$_2$、⑦$_1$、⑦$_2$ 这些地层的渗透系数都比较大与下一层承压水层存在着较为广泛的水力联系。而⑦$_4$ 以下比较好的隔水层为⑧$_1$、⑨$_1$ 层，但这两层分布不均匀。另外根据勘察报告，①～④轴、㉗～㊵轴广泛分布着透镜体，⑥$_1$ 层作为最主要的隔水层，在大小里程端头井基坑开挖面以下存在缺失的情况。本项目的地质情况比较复杂，⑨$_4$ 承压水层以上没有完整的隔水层，经与勘察单位结合各层水力联系都比较大，对基坑开挖及基坑降水带来很大的风险。

(2) 针对风险点位采取的措施

1) 针对环境风险采取的措施

地面建筑物沉降、倾斜、开裂　基坑降水、基坑开挖，地表沉降会引起地面周围建筑物沉降、倾斜、开裂。

2) 拟对施工影响范围内的建筑物采取如下防护措施：

① 加强监测。施工前，对建筑物进行摸底调查，准确评估它的安全等级，并根据建筑物的结构形式与地下结构的关系，确定最大沉降和沉降差的警界值。按照监测标准，在楼体上设置沉降、测斜监测点；在行车路面上埋设沉降点，监测沉降幅度。施工期间，加强监测频率，严密监测建筑物的变形、沉降情况，根据监测数据不断调整、优化施工，直

至回填后沉降、变形基本稳定为止。

②　在基坑开挖过程中，降水面始终保持在开挖面以下 0.5～1m 范围内，以减少降水时对建筑的影响。

③　最大沉降和沉降差临近警界值时的保护措施。当最大沉降和沉降差临近警界值时，立即对建筑物进行跟踪注浆加固，控制下沉和变形，同时控制施工进度，保证建筑物的稳定。

3）地下管线的损坏

施工中，为了避免管线的损坏，给相关单位造成困难。拟对施工影响范围内的地下管线采取如下防护措施：

①　对于工程范围内的纵向地下管线采取临时拆除和迁移方案进行处理。

②　对于基坑以外的管线进行跟踪监测。

③　对埋深较大，管底距结构拱顶较近的管线。施工前对管线周围的土体进行注浆加固，采用自上而下分层注浆的方法，注浆深度至管底以下，并沿管线布设沉降观测点。

4）结构失稳，影响到施工安全

①　发生基坑支护结构失稳，现场目击者在第一时间里通知项目经理或生产经理，由生产经理组织抢修队伍。

②　项目主任工程师、甲方项目经理、总监理工程师到现场察看险情，根据险情情况，确定排险的实施方案，参加由总包项目生产经理组织按实施方进行的排险工作。

③　项目生产经理首先停止支护墙体倾斜部位的土方施工。

④　根据险情首先考虑以增加支撑方法，增加基坑支护墙的抗倾覆抵抗能力，在柱根部增加型钢斜支撑，防止支护墙继续倾斜，土方机械向支护墙倾斜部位回填土方。

⑤　倾斜部位支护墙体漏水时，在施工支护墙支撑的同时进行堵漏，堵漏材料用水不漏，搅拌成快凝型胶泥进行堵漏。

⑥　在墙体倾斜方案实施时，加强基坑支护墙倾覆和周围地基沉降监测频数，及时提供监测信息，以证明对基坑支护墙体采取的抗倾覆加固措施的有效性。

⑦　由基坑支护墙水平位移引起的基坑周围地基沉陷，进行现场调查，确定注浆部位的加固方法、加固位置、加固数量。项目主任工程师和地下连续墙施工项目经理指导地基注浆加固方案的实施。

⑧　基坑支护墙倾斜支撑的拆除：在支护墙水平支撑完成后，再拆除斜支撑。

5）针对施工降水风险采取的措施

①　基坑帷幕渗漏

a. 机械、材料预备：在基础施工阶段，现场准备两台旋喷机，并保修保养，保持随时可以使用；在固定的位置堆放备用的水泥、水不漏材料，做好防潮防水工作，堆放足够的沙袋备用。

b. 表面渗水采用水不漏：将渗漏处凿成反楔型孔漏，清除残渣、擦去表面水；配料：快速堵漏选用了速凝堵漏型"水不漏"，将粉与水按 1∶0.2 的质量比反复揉捏成团，封口料按粉∶水＝1∶0.3 的质量比搅拌成均匀的腻子状；施工：将快要凝固的速凝型团块迅速塞进漏水口，用锤子木棒挤压砸实。确认不再漏水后，在孔洞周围外延 10cm 的范围再刮一层，并及时喷雾养护。堵漏次序应先堵小漏，再堵大漏。

c. 加强水位观察：降水和土方开挖过程中，关注水位的变化情况，针对有明显水位变化的部位，派专人开护。出现一般的渗漏，不需停止作业，立即组织堵漏，出现的大的渗漏，有流砂、泥水的显现时，应该立即停止土方的开挖，进行堵漏处理完成后方可恢复施工。

② 基坑突涌

本工程采用中心岛出土的开挖方法。本工程开挖深度较大，在地连墙主楼电梯井集水坑最大挖深约27m，虽然地连墙穿透了第二微承压水层，但是埋入相对隔水层的深度较小，而且地连墙接缝为薄弱漏水点，发生渗漏后承压水会沿着地连墙流入基坑，故基坑突涌是本工程的主要隐患。

如果管涌口涌出的水量小，水流流速小，携泥携砂量少，管涌口堆积少，则属较轻的管涌，对管涌口可不处理，在附近挖集水坑设水泵集中抽排，同时视情况可采取止水、降水措施。如果开始管涌程度较轻，但管涌不断发展，管涌口径不断扩大，管涌流量不断增大，带出的砂、泥越来越多，这也属于重大险情，需要及时处理。坑底局部涌水涌砂的处理：迅速用麻袋装土反压，并用止水材料封堵以缩小范围，再采用高压注浆等办法封堵。

③ 渗流破坏

如果基坑开挖过程中，围护结构接缝突然冒砂涌水，立即停止开挖，采用"支、补、堵"的有效措施，"支"就是增加支撑防止变形继续扩大；"补"就是在基坑外侧补设搅拌桩，加固土体；"堵"就是在基坑内采用沙袋封堵，同时围护结构背后双液注浆。

根据渗透的严重程度，常用的方法有：

a. 对渗水量较小，在不影响施工和周围环境的情况下，可采用坑底设排水的方法。对渗水量较大，但没有泥砂带出，造成施工困难，而对周围影响不大的情况，可采用"引流－修补"方法。即在渗漏较严重的部位先在围护上水平（略向上）打入一根钢管，内径20～30mm，使其穿透支护墙体进入墙背土体内，由此将水从该管引出，而后将管边围护墙的薄弱处用防水混凝土或砂浆修补封堵，待修补封堵的混凝土或砂浆达到一定强度后，再将钢管出水口封住。如封住管口后出现第二处渗漏时，按上面方法再进行"引流－修补"。如果引流出的水为清水，周边环境较简单或出水量不大，则不作修补也可，只需将引入基坑的水设法排出即可。

b. 对渗、漏水量很大的情况，应查明原因，采取相应的措施：如漏水位置离地面不深处，在支护墙后用密实混凝土进行封堵。如漏水位置埋深较大，则可在墙后采用压密注浆方法。如现场条件许可，还可在坑外增设井点降水，以降低水位、减小水头压力。对渗、漏水量很大的情况，应查明原因，采取相应的措施：如漏水位置离地面不深处，可将支护墙背开挖至漏水位置下500～1000mm，在支护墙后用密实混凝土进行封堵。如漏水位置埋深较大，则可在墙后采用压密注浆方法，浆液中应掺入水玻璃，使其能尽早凝结，也可采用高压喷射注浆方法。采用压密注浆时应注意，其施工对支护墙会产生一定压力，有时会引起支护墙向坑内较大的侧向位移，这在重力式或悬臂支护结构中更应注意，必要时应在坑内局部回土后进行，待注浆达到止水效果后再重新开挖。

④ 优化降水方案，合理确定降水井深度

本工程由于地质情况复杂，开挖面下两道承压水层存在着广泛的水力联系，结合基坑内分仓隔断墙的设置，优化降水方案后将疏干井设置在基坑开挖面处，减压井设置在第二道承压水层上。在前期抽取浅层水的过程中不触动承压水，能有效地缩短承压水的抽水时间及抽水量。

a. 进行抽水试验，为降水施工提供可靠参数

在正式降水施工前进行抽水试验确定了含水层初始水位，验算微承压含水层、水文地质参数并试验出了计算微承压含水层与第二道承压含水层中间相对隔水层的垂向渗透系数和水平向渗透系数，确定越流系数。

通过坑内外观测井水位变化值，进一步确认相对隔水层的水文地质参数，为降水预测提供可靠参数，进而预测降水过程中坑内外的水位变化并最终确定各种施工工况下减压井启用条件及启用时间。

b. 对降水设备进行改进，使降水施工达到可控状态

为有效控制降水施工的连续性，本工程对传统的抽水设备进行改进。利用空气压缩机提供抽水动力，在抽取浅层水时通过输气管将每个仓段内的所有疏干井串联，并于井口设置延时继电器。降水井内的水泵由进气管和出水管组成，通过进气管将高压气体压入降水井并由出水管将水排出。在降水井抽水时在进气孔设延时继电器，出水管设单向阀门，并设定抽水间隔时间，通过调整间隔时间控制抽水量，使降水达到可控状态。

4. 地下逆作重点难点分析及相应措施

（1）工程重点难点分析

本工程位于市区的主要干道旁，周边有居民楼，环境比较复杂；地下室基坑深、施工场地小、施工周期长，给施工过程中带了很多不定可变因素，根据以往的施工经验，对关键部位、关键工序进行预控，采取有准备的紧急处理，做到忙而不乱，有序地进行。

基坑施工时，必须严格按照设计文件要求，执行规范规定，采取有力的技术措施，加强过程控制，确保基坑安全，其控制重点有：支护降水系统的施工质量，暗挖法施工板下照明通风采光、预埋管穿过帽梁及格构柱、穿过基础底板的止水，护坡桩遇有渗漏处理，预留插筋搭接及锚固，后浇带模板的支设，基底突涌处理等。

（2）降水控制要点

超深基坑的降水工程要委托专业降水单位对降水设计进行优化，并经市建设科技委组织专家论证后，做降水试验符合设计要求后才能正式降水，在降水期间要委托第三方监测单位按照设计要求和监测方案严密监测地下水位的变化，有异常情况时，报请设计、监理等相关单位共同解决。

先在基坑四周，进行封闭止水帷幕施工，即基坑东、西、南、北四面设置单排 $\phi 800mm$ 深层水泥土搅拌桩作为隔水帷幕，形成一环型封闭隔水基坑；然后进行降水施工，采用三级井点降水系统，即在基坑底布置降水井，坑顶四周布置沉淀池，支撑上布置水箱。

当降水井施工完，检验合格，办理交接手续后即开始降水，根据设计说明要求进行停止降水作业。本工程准备在基坑开挖前进行试降水，检查整个基坑的漏水情况，是否有必要进行提前处理。确保基坑开挖后的万无一失。降水初期进行 24h 连续降水，直至地下水位位于基坑坑底标高向下 1m。开槽后，根据地下水情况，随时抽水，必须始终保持地下水位处于基坑坑底标高向下 1m 的状态。降水井施工中，基坑内所有管井应同时抽水，使水位同步整体下降，同时控制水位在基底标高向下 1m 左右。

当水位超过警戒要求时，应立即采取减少部分管井抽水的补救措施（或停止降水观察

水位的变化）。经常检查井底沉渣厚度，分析并掌握井底是否发生流砂情况，发现异常，立即报告。随时对邻近建筑、道路、土体进行检查，并及时收集第三方监测报告，整理、检查是否有位移、下沉、开裂现象，发现异常，立即报告。井点降水供电系统应采用双线路，防止中途停电或发生其他故障影响排水。潜水泵在运行时应经常观测水位变化情况，检查电缆线是否和井壁相碰，以防电缆磨损后漏电。

（3）土方挖运坡道留设

由于裙房采取逆作法施工，在开挖土方过程中，留设的汽车坡道不得直接承受在裙房负一层、负二层结构楼板上，故针对裙房上⑪～⑫轴/Ⓦ～Ⓨ轴，Ⓤ～Ⓢ/⑲～㉑轴处两条坡道的设计，采用钢结构架空坡道，坡道支架受力一端支承在护坡桩上，另一端支承在 $\phi950$mm 混凝土灌注桩上，该桩重新浇筑完成，不利用工程柱，在Ⓧ轴与Ⓦ轴中间设两根 $\phi950$mm 混凝土灌注桩支撑，灌注桩与工程桩净距满足安全距离，桩长 17.0m，桩身混凝土强度等级 C35，采用 28b 工字钢作为坡道纵梁，20b 号工字钢作为横梁，支撑在后浇灌注桩上，上铺花纹钢板 12mm 厚，并焊接 $\phi16$ 钢筋防滑条，形成斜坡道面；横梁净距300mm。其他部位在坡道上铺粗骨料碎石，碾压平整，并经常进行维护和修复，确保坡道稳定，达到使用要求，以利于土方运输车上下，从而不直接承受在结构楼板上，坡道设计宽为 5.5m，坡度 12°左右。坡道外墙上端延伸至主楼 AB 座处基坑处，C 座采用明挖土方坡道，留置在Ⓑ～Ⓒ轴处，按由北向南开挖的顺序进行，形成"L"形坡道，坡度角在 13°左右，最后逐一挖出土方坡道，做好坡道收口处理。

（4）暗挖法施工板下照明通风采光

裙房部位采取暗挖法作业方式，已在裙房结构负一层、负二层板上预留了 10 处进料洞口及 3 处吊挖洞口，洞的留设位置负一层、负二层上下垂直，加上主楼 ABC 座明挖施工，每步深度比暗挖深一步，有利于暗挖作业的采光以及通风要求，必要时使用 36V 安全电压加设照明灯辅助照明。

（5）预埋管穿过帽梁及格构柱、穿过基础底板的止水

由于帽梁及边梁截面高度为 600mm、800mm、1300mm，可能遇有机电安装水平预埋管与之相遇，若出现该情况，必须做好止水处理措施，根据管径大小，预先在预埋套管上焊接钢板止水环，止水环高度不少于 100mm，周圈双面焊接固定于钢筋混凝土梁上，对于直径≥300mm 的预埋套管，还必须在洞口周边附加钢筋，套管周边混凝土必须浇筑密实，以达到止水效果。格构柱穿过基础底板时，在格构柱四周焊接止水钢板穿过，使用 5mm 厚止水钢板，凸出宽度不少于 150mm，格构柱框内同一标高位置全部满焊，双面焊接严密，形成止水环，达到止水效果。

（6）降水井封井处理由于整个降水持续时间长，必须待地下结构完成，地下防水施工、回填土完成后，方可停止降水，降水工程停止后，必须及时对降水井进行封堵。本工程降水井管采用无砂混凝土井管，直径 700mm，在基坑内共布置 26 口，必然要穿过基础底板，故必须做好止水及封井处理，消除基础底板渗漏。

混凝土井管当安装至距垫层以下 1.0m 时，改用钢管井管，采用 $\phi327$ 焊接管，至垫层上表面时，改换为 $\phi200$ 管，穿过基础底板面以上 600mm，穿过垫层时，在垫层上焊接不可少于 500mm 宽的止水环，与基础底板防水层粘贴在一起，与管根粘结在一起，防水层卷材收口做密封处理，管井穿过基础底板的防水处理，在基础底板的中部沿管井周围焊

接 5mm 厚止水环，周边凸出 150mm，双面焊接严密。

当地下降水停止后，深井使用完毕，应及时封堵管井，采用砂砾填充密实，灌入素混凝土填密实，并同时将 $\phi50$ 塑料抽水管内灌注水泥浆，随后用钢板做封口处理，焊接于管井上口，与基础底板上表面相平。

（7）护坡桩遇有渗漏处理

若基坑支护桩发现有渗漏，应及时采取措施，予以封堵，防止因小失大。可采用堵漏剂予以封堵，挂网喷射混凝土封堵或采取留置水管，基坑内布设排水沟、集水坑等有效措施，组织排水。

（8）预留插筋搭接及锚固

对于帽梁、边梁及梁柱节点预留的墙体钢筋及柱插筋，一是符合设计及施工规范要求，二是竖向构件搭接接头错开 50%，三是机械连接接头距地面必须 ≥500mm，两接头错开长度 35d（接头不宜设在有抗震要求的框架梁端、柱端的箍筋加密区内），四是根据混凝土强度等级的不同，对绑扎搭接接头长度必须满足施工规范及设计要求。

本工程对于直径 ≥18mm 的钢筋采用等强直螺纹连接，对留置的钢筋预先套丝，其套丝长度满足要求，端头用帽盖加以保护，当钢筋连接时可用正丝及反丝头两面予以紧固，当结构不能满足要求时，可以采取冷挤压套筒连接接头或帮条焊接的方法。

对所有预留的钢筋插筋，必须加以覆盖保护好，严禁弯折、切割，必须按控制线拉线预留，位置要准确，留置的长度要保证，二次搭接前进行弹线调直、除锈，清理干净，以满足钢筋的间距、保护层、搭接长度要求。

（9）出土口、进料口的留置

1）出土口

该分项施工方案与设计师协商，拟采用以下方法留置土方挖出土口，留置 3 处，上下垂直。

出土口 1：布置在 ②～④//Ⓧ～Ⓦ 轴处，出土口内南北向次梁不断，东西向次梁暂不浇筑，形成两个单独预留洞，洞口尺寸为 2450mm×3950mm，2350mm×3950mm。吊挖设备北侧立柱端支承在 $\phi700$mm 灌注桩上，该灌注桩重新浇筑完成，不考虑支撑在格构柱上，南侧一端支承在 Ⓨ 轴处外墙护坡桩上端。

出土口 2：布置在 ⑮～⑰/Ⓦ～Ⓧ 轴间，出土口内南北向次梁不断，东西向次梁暂不浇筑，形成两个单独预留洞，洞口尺寸为 2350mm×3950mm，2650mm×3950mm。挖土设备支承柱北侧一端支承在 $\phi700$mm 灌注桩上，南侧一端支承在 Ⓨ 轴护坡桩上端。

出土口 3：布置在 Ⓛ～①/⑲～⑳ 轴处，出土口内东西向次梁不断，南北向次梁暂不浇筑，形成两个单独预留洞，洞口尺寸为 4050mm×2850mm，4050mm×2550mm。挖土设备支承柱西侧一端支承在 $\phi700$mm 灌注桩上，东侧一端支承在 ㉑ 轴外墙护坡桩顶上。

上述洞口位置的设计，在楼板处预留洞及次梁钢筋，满足搭接长度。短筋出梁截面不小于 300mm，错开距离不少于 35d，且不少于 500mm，错开根数 50%。对于龙门架的支承柱的受力，吊运土方的重量加上设备自身的重量约 3t，灌注桩能满足土方吊运荷载使用的要求，达到安全使用条件，上述洞口设置的部位、基坑运输车辆可以停在基坑外侧运土，其龙门架抓斗挖土机运出。针对上述洞口的后浇混凝土措施，先对预留的插筋进行调整、调直、除锈，梁周边施工缝处凿毛，支设梁板模板，调整焊接连接钢筋，浇筑混凝土振捣密实，并加强养护，也可掺入一定的膨胀剂，浇筑高一级的微膨胀混凝土，以达到设计使用要求。

2）进料口

其位置板钢筋阶段，预留搭接长度，并在洞口四周附加双层两根不少于板筋直径钢筋。

（10）基底突涌处理

本工程基坑开挖范围内分布有多层粉土及软塑～可塑粉质黏土或黏土。基坑开挖时若采取降水和减压措施不合理，极有可能产生突涌，是必须关注的一个问题。同时基坑开挖范围第五组陆相冲积层（Q_3^{eal}）粉土（⑥）和粉砂层（⑦$_2$）为微承压水含水层，基底易产生涌水等不利现象。

为防止基底突涌的出现首先在止水帷幕施工期间，加强围护结构施工质量的控制和检验，保证围护结构的质量。土方开挖后再次对墙面质量进行检验，对于渗、漏水位置及时进行处理；其次加强疏干井（减压井）的降水管理，基坑开挖前，降水降至开挖面下 1m，并保持水位稳定，严禁超降，应始终保持减压井的观测，一旦出现异常情况，立即上报解决处理。

5. 逆作基坑监测及降水控制要点

（1）重点监测部位过程控制

项目部将应急领导小组成员的手机号码、分公司应急领导组织成员手机号码、当地安全监督部门电话号码，明示于工地显要位置。工地抢险指挥及保安员应熟知这些号码。事故发生后，第一现场人员立即向现场主要负责人报告，现场主要负责人立即向应急领导小组报告，启动应急救援预案，通知各专业应急小组进入应急状态。事故应急领导小组立即将事故发生情况向上级领导汇报，并逐级上报，最迟不得超过 24h。并同时向业主及监理进行汇报。

1）基坑变形检测报警值达到规定值的 80%。

2）周围环境和建筑物的沉降值达到规定值的 90%或出现突然沉降。

3）基坑围护结构墙面或接缝出现带压渗漏，且已经采取措施但效果不明显。

4）基坑开挖面出现带压渗漏，且已经采取措施但效果不明显。

5）基坑开挖面出现带压带泥渗漏。

6）发生水位观测孔中的水位、水量变化异常、局部区域出现超降现象。

7）发现周围地表、建筑物和管线监测记录有异常。

（2）重点监测项目及对象

本基坑工程位于天津市天塔湖附近，基坑周边地形比较复杂，交通拥堵，工程基坑深 15.2m，裙房采用逆施法施工，主楼采用正施法施工，基坑围护采用 ϕ920 钻孔排桩，GZ1、GZ2 型桩长 26.6m，GZ3、GZ4 型桩长 25.1m。裙房采用逆施法施工，利用裙房地下室的梁板柱作为基坑土方开挖的水平支撑体系，本基坑安全等级为一级。

根据《基坑监测工程设计文件》、《建筑基坑支护技术规程》JGJ 120、《建筑基坑工程监测技术规范》GB 50497、《建筑变形测量规范》JGJ 8 等规范要求，由建设方委托天津市勘察院作为本基坑工程的监测、沉降观测单位，由该单位根据本基坑的特点编制了《天津弘泽湖畔国际广场工程基坑监测、沉降观测工程技术方案》，确定了监测的要点内容为围桩墙顶端水平位移、围护桩深度水平位移、基底隆起、楼板受力、周围地表沉降及裂缝、周围建筑物沉降、周围地下管线沉降、地下水位、围护桩体钢筋应力、支撑桩沉降、支撑桩桩身应力、主楼建筑物沉降及垂直度。

(3) 监测频率及报警指标

1) 施工监测频率

根据工况合理安排监测时间间隔，做到既经济又安全。根据以往同类工程的经验，拟定监测频率为见表 3.16-1（最终监测频率须与设计、总包、业主、监理及有关部门协商后确定）。

拟定监测频率 　　　　　　　　　　　表 3.16-1

监测内容	监测频率				
	围护施工阶段	坑内降水阶段	基坑开挖阶段	底板封底阶段	支撑拆除阶段
基坑周边地下管线垂直水平位移监测	2次/周	1次/3天	1次/1天	1次/3天	1次/1天
建筑物垂直水平位移监测	2次/周	1次/3天	1次/1天	1次/3天	1次/1天
围护顶部垂直水平位移监测	—	—	1次/1天	1次/3天	1次/1天
围护结构侧向位移监测	—	—	1次/1天	1次/3天	1次/1天
坑外土体侧向位移监测	—	1次/3天	1次/1天	1次/3天	1次/1天
支撑轴力监测（第三方）	—	—	1次/1天	1次/3天	1次/1天
立柱桩垂直位移监测	—	—	1次/1天	1次/3天	—
坑外潜水水位观测	—	1次/1天	1次/1天	1次/3天	1次/1天

注：1. 现场监测将采用定时观测与跟踪观察相结合的方法进行。
　　2. 监测频率可根据监测数据变化大小进行适当调整。

2) 报警指标

监测报警指标一般以总变化量和变化速率两个量控制，累计变化量的报警指标一般不宜超过设计限值。本工程报警指标初步拟定如表 3.16-2 所示（须得到有关单位的确认）。

报警指标 　　　　　　　　　　　表 3.16-2

项目	报警指标	备注
周边地下管线垂直位移监测	累计 10mm，2mm/d	三倍基坑开挖深度
建筑物垂直水平位移监测	累计 20mm，3mm/d	三倍基坑开挖深度
围护顶部垂直水平位移监测	累计 30mm，3mm/d	
围护结构侧向位移监测	累计 30mm，3mm/d	
坑外土体侧向位移监测	累计 30mm，3mm/d	
坑外潜水水位观测	累计下降 500mm	
立柱桩垂直位移监测	累计 30mm，3mm/d	
支撑轴力监测（第三方）	设计值的 80%	

当观测值临近此极限值时提出预警，当观测值超出此极限值时提出报警，并及时与甲方及监理进行沟通。

施工案例十三：天津富力中心主要施工工艺

本工程的施工特点是地下逆施，地上主体同时施工的工艺。把握住过程中的难点和重点是确保工程顺利实现管理目标的关键，地下施工中，应重点控制：降水、逆施土方、塔吊先装、结构与地连墙连接、桩及壁桩防水处理、地下防水、逆施通风、叠合结构施工、负一层转换结构施工、逆施结构施工、上下同步施工协调等。

现将各主要施工工艺实施案例展示如下：

1. 正负零以下施工测量

（1）轴线控制桩的校测

1）在建筑物基础施工过程中，对轴线控制桩每半月复测一次，以防桩位位移，而影响到正常施工及工程施测的精度要求。

2）采用测量精度 2″ 级的 RTS632 全站仪，根据首级控制进行校测。

（2）轴线投测方法

由于本工程地下室采用逆作法施工，地下二层的垫层混凝土浇筑完毕后进行地下室顶板结构施工，地下二层结构板的轴线的投测将无法从基坑边的轴线控制桩直接进行，所以从地下室二层顶板开始向下的轴线投测均采用内控法进行。

（3）±0.000 以下结构施工中的标高控制

1）高程控制点的联测：负一层土方开挖后在向基坑内引测标高时，首先联测高程控制网点，以判断场区内水准点是否被碰动，经联测确认无误后，方可向基坑内引测所需的标高。

2）±0.000 以下标高的施测：为保证竖向控制的精度要求，对每层中每个施工段所需的标高基准点，必须正确测设，负一层土方开挖时引测的高程点控制点，每个施工段不得少于三个。并作相互校核，校核后三点的较差不得超过 3mm，取平均值作为该平面施工中标高的基准点，基准点应标在 1.2m 宽的地下连续墙上（限制其沉降量），用红色三角作标志，并标明绝对高程和相对标高，便于施工中使用。

3）下层每一个施工段土方开挖初步整平后，将高程引至本施工段，所引测的高程点，不得少于三个。并作相互校核，校核后三点的较差不得超过 3mm，取平均值作为该平面施工中标高的基准点，以此基准点对土方进行精确整平保证支模的平整度要求。将高程控制点用红油漆标记在桩柱上，并定期与外侧高程控制网点进行联测，作为桩柱是否发生沉降的观测点，如果发生沉降，记录沉降数据协调设计院进行处理，沉降后高程控制点需要从控制网点重新引测。

4）控制点的保护：由于地下土方暗挖，照明通风条件不是很好，轴线控制桩较容易被破坏，在土方开挖时需要将控制桩用钢管搭设防护架，防护架高度为 800mm，上面四周用夜间警示灯，以免行驶的土方机械碰撞。

测控体系在施工中应由专人负责，并结合工程实体推进进度进行维护，尤其是对控制测量精度及安全监测等，应采取可控措施。

2. 降水施工

（1）降水体系的建立

1）设计降排水井

基坑共布置 26 口深井、8 口观测井、4 口降压井，深度分别为 28m、21m、37 m；降水井的滤水管设计，采用 ϕ475 桥式滤水管外包 7 目铁纱网和 2 层塑料丝网，透水管径 ϕ800，井内填充等粒径碎石作为滤石，降水井底碎石滤料层厚度 800mm。

2）降排水系统

基坑外沿四周设置观测井，监测坑外地下水位的变化。在基坑边设置 3 个三级沉淀池，沉淀池采用地埋式，每个沉淀池的尺寸为 5000mm×4000mm×2000mm，沉淀后利用水泵将沉淀好的水排向市政系统。基坑内的水泵及时汇集到基坑边的沉淀池内；每个降水井采用液位自动控制开关做到自动降水，派 8 名专业降水人员 24h 轮班检查降水井内水位情况，开关箱可相对集中设置。

降水井的设置应根据地下土质及含水特点进行设置，并通过实际试验来确定，以便使降水效果达到最佳。

（2）工艺流程

测量放线定位→钻机定位钻孔→成孔清孔→吊放井管→填砂砾过滤层→洗井→安装水泵及电缆→抽水及水位观测。

（3）降水井的保护

负二层以下采用暗挖土方，在土方开挖过程中测量人员随土方开挖的进度，提前标明降水井的位置，井边的土方采取人工挖土的方式，所有的挖土和运输工具，严禁在降水井上通过，同时加强平时施工和使用时的保护作业。基坑外的观测井的井口高出作业面 700mm，同时设置钢板盖进行保护，确保不会有杂物掉进和污水流入；基坑内的降水井，使用比井口直径大 50 mm 带孔的铁板做盖，排水管和电线从孔内穿出。

（4）降水施工

1）地下降水必须至少在土方开挖前 20d 降水至本层开挖标高向下 1000mm 处。在基坑开挖时，局部可能会有积水现象，为便于土方开挖，可在槽底四周设置排水盲沟（明沟内填石子），沟内水排入集水井，使基坑底排水有序。

2）每天必须两次（早、晚）进行降水测量记录，并将测量结果及时上报现场技术负责人及有关方。

3）现场保证有不少于 10 台备用降水泵，现场降水人员对不能正常工作的水泵必须及时更换，保证抽降效果。

4）降水人员分两班轮流进行值班，每班 4 人。

5）定期清理降水管线、沉淀池里的泥砂，保证排水线路畅通。

6）井点供电系统应采用双线路，防止中途停电或发生其他事故障碍影响排水。必要时设置能满足施工要求的备用发电机组，以防止突然停电，造成水淹基坑。

（5）封井

封井须在结构施工到安全部位，自身能够抵抗地下水的浮力，同时必须在地下室的后浇带封闭完毕。征得设计同意，降水停止，封井前要排出降水井内的水，立即用 C45 混凝土掺膨胀剂灌满导管，混凝土坍落度不得大于 100mm，导管口用 $D=300×12$ 的钢板封口（图 3.16-10）。

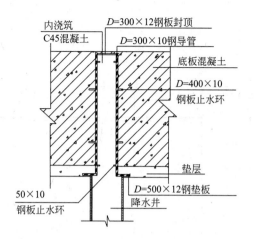

图 3.16-10　封井做法示意图

3. 塔吊

（1）塔吊的选型和布置

选择两台 K50/50 大型塔式起重机，塔吊回转半径选择 60m，臂端吊重 6.5t，覆盖建筑平面 90％面积。塔吊布置位置分别在公寓北侧和办公楼南侧。

（2）塔吊基础

1）本工程采用逆施法施工，故采用塔吊先装技术，土方开挖前完成塔吊的安装，其基础采用劲性塔吊基础。

2）塔吊基础劲性桩柱施工工艺流程为：塔吊平面布置→定位放线→塔吊基础桩成孔→钢筋笼及钢管柱安装→塔吊桩水下混凝土浇筑→塔吊劲性结构基础加工→塔吊劲性基础混凝土浇筑→钢管柱加固→基础节点加强及防水处理→拆除钢管柱。

3）塔吊平面布置

结合现场，考虑塔吊拆除时吊车位置、料场、最大单件重量等因素，确定塔吊的初始位置范围，确定塔吊布置位置分别在公寓南侧和办公楼北侧。由于塔吊采用逆作法先安装，塔吊的桩在地下四层错开梁的位置，在地上四层裙房塔吊的标准节错开裙房梁的位置，塔吊距离主楼的位置既要保证附墙的距离，又要满足拆除塔吊时大臂与主楼之间的安全距离，综上考虑塔吊的具体定位见图 3.16-11 所示。

塔吊的附着，考虑结构施工过程中，水平梁板的位置受到标高的影响，对实际附着有一定的局限性，因此充分利用竖向构件的连贯性和水平框架的整体性，选择与框架结构的桩柱关系密切的梁柱节点进行附着，这样可以优化附着位置，并且便于预埋件在构件中预埋。具体附着水平位置如图 3.16-12 所示。

4）塔吊基础桩柱施工图（图 3.16-13）

5）塔吊劲性基础底座安装

利用钢管上部 1000mm 高度作为塔吊的劲性基础，在钢管顶位置处焊接 50mm 宽外环板加强带，在加强带下焊接加强肋；在钢管顶下 1000mm 标高位置处焊接宽度为 100 厚度为 20mm 的外环板做为加强带，在加强带位置焊接加强肋，具体位置及尺寸见图 3.16-14。

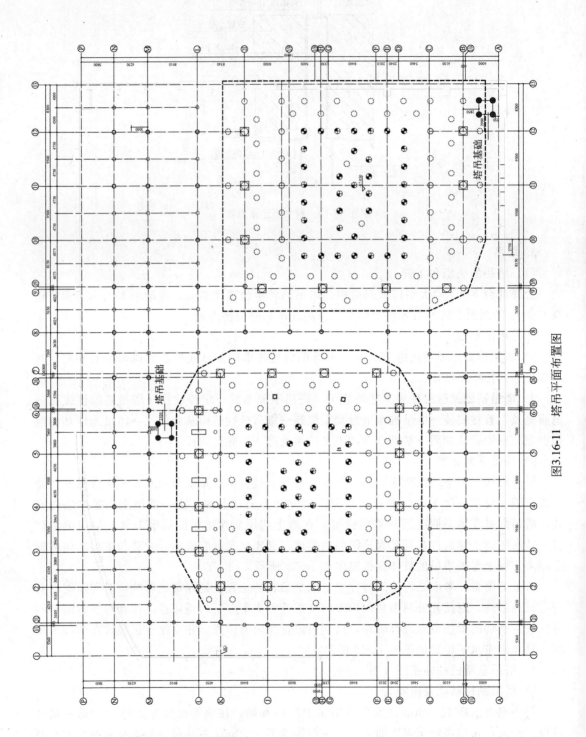

图3.16-11　塔吊平面布置图

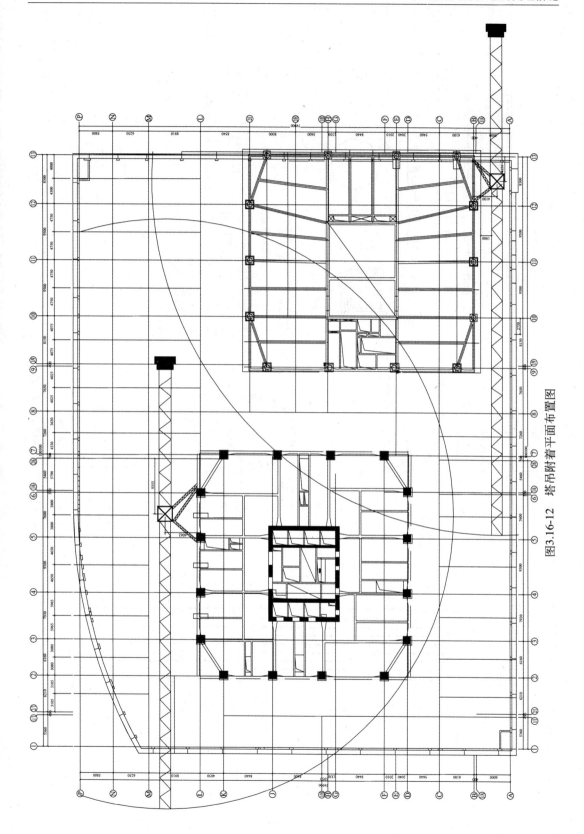

图3.16-12 塔吊附着平面布置图

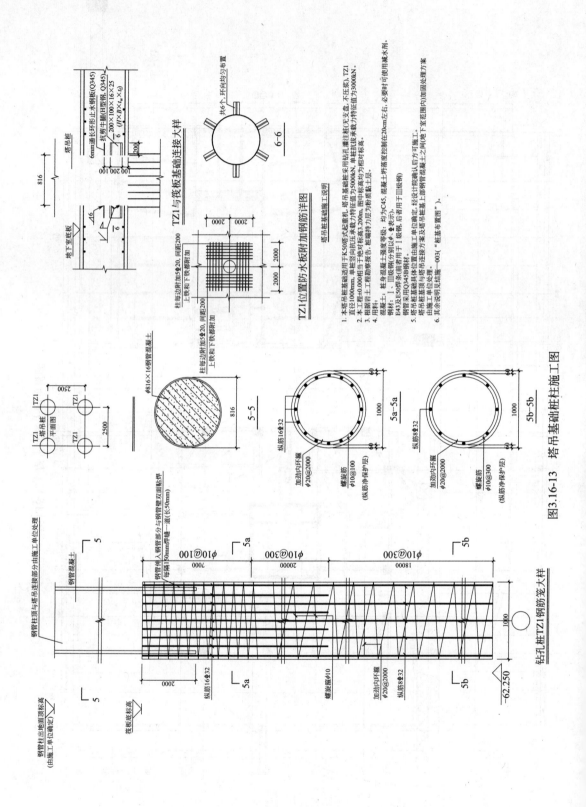

图3.16-13 塔吊基础桩柱施工图

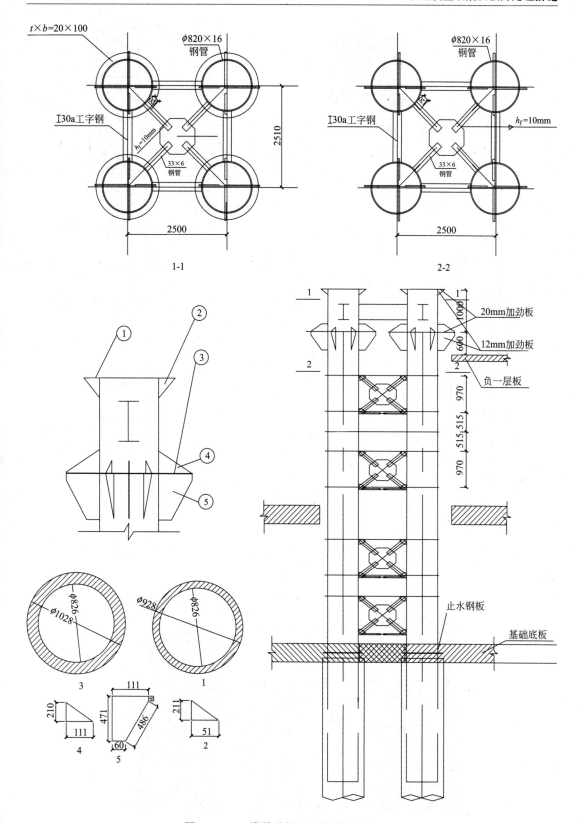

图 3.16-14 塔吊劲性基础钢管桩柱施工图

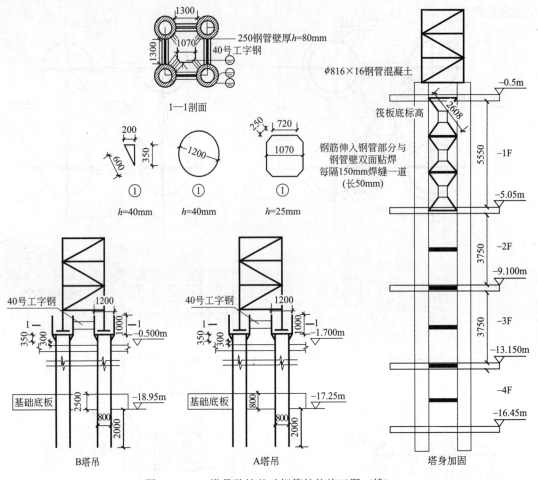

图 3.16-14　塔吊劲性基础钢管桩柱施工图（续）

6）基础节点加强及防水处理

钢管柱在基础底板位置进行加强处理，并在基础底板位置，沿钢管柱设置止水环。止水环宽度为200mm，厚度6mm的钢板（图3.16-15）。

图 3.16-15　塔吊钢管柱基础止水示意图（一）

7）塔吊劲性基础混凝土浇筑

塔吊劲性结构基础加工完成后进行隐蔽验收，塔帽内浇筑的混凝土比钢管柱高一等级的混凝土，混凝土振捣密实后，对塔吊基脚进行二次抄平、校正，保证塔吊基脚的位置和垂直。对上口进行覆盖浇水养护，混凝土强度达到塔吊说明书后，进行塔吊的安装（图3.16-16）。

图 3.16-16　塔吊钢管柱基础止水示意图（二）

8）拆除钢管柱

塔吊使用完毕，拆除塔吊后，对钢管柱进行拆除，采取"分段切割，剔凿修复"的方式，每层分两段，使用气割对钢管柱切割，剥下钢管外皮，风镐剔除混凝土。最后按照后浇洞的方式封闭塔吊留洞。

这里主要介绍了基坑内大型塔吊的施工，突出展现了地基条件较差且基坑内不便于设置塔吊基础时的特殊处理方式，通过钢管桩柱先期施工将塔吊在基坑未开挖前便可安装运行，这种方式可作为新的工法推广应用，并对钢管桩柱等采取回收和重复周转利用。

4. 土方开挖

（1）土方开挖概况

根据结构设计要求，本工程采用逆作法施工，利用桩柱为纵向支撑，各楼层构件为水平支撑，地连墙止水帷幕，±0.00 板分为 11 个施工段进行施工：

① 第 1、2、3、11、9、8 施工段挖土方采取明挖至 −4.0m，土方量约 2.0 万 m³。浇筑 C15 混凝土垫层，支正负零层结构模板，绑钢筋及叠合部位插钢筋，浇筑混凝土。

② 第 1、2、3、4、5、6、7、8、9、10、11 施工段挖至-6.7m 土方采用明暗结合的方法，土方开挖量约 4.0 万 m³（其中 1、2、3、11、9、8 施工段在 ±0.00 层混凝土板强度达到设计标准值后，拆除模板。从 −4.0m 同时暗挖至 −6.70m 土方开挖量约 2.5 万 m³），浇筑 C15 混凝土垫层，短支模，绑 −5.05m 钢筋及叠合部位插钢筋，浇筑混凝土。放线，支 −0.10m 层结构模板，绑钢筋及叠合部位插钢筋，浇筑 −0.10m 层混凝土。

③ 附施工流水段分布图如图 3.16-17 所示。

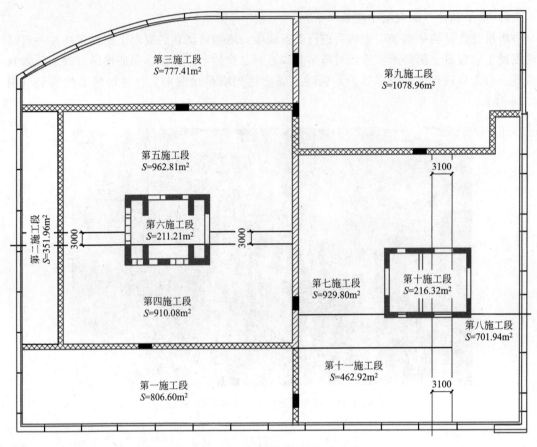

图 3.16-17　施工流水段划分示意图

（2）开挖方式的选择

1）首层土方明暗结合

为了尽量减少土方暗挖作业，首层采用明暗结合挖土方式，①第 1、2、3、11、9、8 施工段挖土方采取明挖至 −4.0m，土方量约 2.0 万 m³。②第 1、2、3、4、5、6、7、8、9、10、11 施工段挖至 −6.70m 土方采用明暗结合的方法，土方开挖量约 4.5 万 m³（其中 1、2、3、11、9、8 施工段在 ±0.00 层混凝土板强度达到设计标准值后，拆除模板。从 −4.0m 同时暗挖至 −6.70m 土方开挖量约 2.5 万 m³）。

2）暗挖土方

地下 −6.05m～四层土方均采用暗挖配备 12 台 0.4m³ 的小型挖掘机从 4 个出土口位置进入下层楼板内部开挖楼板下方土体，配备 8 台 30 型小型装载机将土方倒运至出土口位置，采用 4 个吊挖设备进行吊挖，吊挖设备的轨道于 −1.70m、−0.10m 的柱顶预埋铁板进行焊接安装，吊挖设备在轨道上来回行走，进行吊挖。由首层楼板的出土口的吊挖设备将土方装至自卸卡车，由现场三个大门运出场外。

本项目中垂直出土设备，在出土口口径限制下，抓斗设备相对较为经济和便利（图 3.16-18）。

（3）出土口的设置及运土路线

本工程土方开挖阶段共设 4 个出土口，运土汽车在浇筑完成的 −1.70m 的顶板行走，

图 3.16-18　抓斗机工作实景

此处板厚 400，承载力为 $30kN/m^2$（根据设计蓝图施工荷载极限值）。工地 3 个大门供土方车辆出入，施工道路两侧一般不放置施工机械及材料，每个大门口设置车辆冲洗设计及沉淀池、排水沟，保证及时清理运土车轮胎带泥问题，不污染场外道路，大门位置及现场车流方向见图 3.16-19，由于场区内非常狭小，没有土方车回车场，故出土线路上不能有其他机械材料，土方车只能在场区外道路上等候。这就需要夜间出土在厂区外有专人指挥土方车辆，协调道路上其他机动车，避免发生交通堵塞或事故。

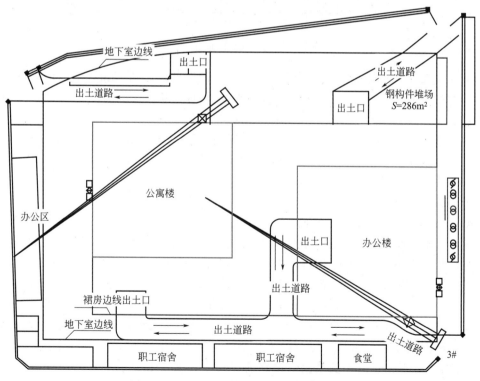

图 3.16-19　基坑周边围栏布置示意图（一）

待裙房封顶后，将现场部分加工场和木材场可迁至裙房屋顶上，这样现场出土就可以形成回车场加快土方外运，土方车辆行驶路线见图 3.16-20。

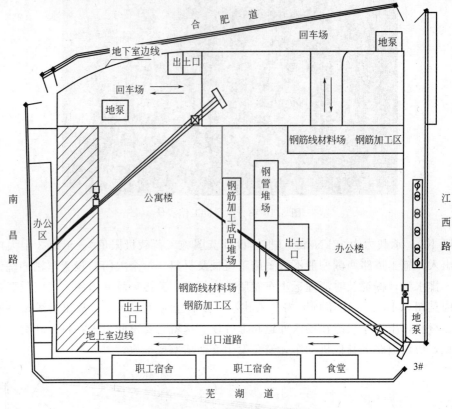

图 3.16-20 基坑周边围栏布置示意图（二）

1）后浇带土方车辆交通：过Ⓐ-Ⓑ/⑦-⑧轴后浇带部位，铺 30mm 钢板，钢板上回填素土并夯实，铺 100mm 厚石子垫层，绑扎钢筋 $\phi16@180$ 双层双向，浇筑 C30 钢筋混凝土 300mm 厚。见图 3.16-21 所示。

2）Ⓑ交⑦-⑨处的 KL20a 的后浇带，经过设计同意采用 C40P6 将 KL20a 的后浇带浇筑完毕再采用钢管斜支撑进行加固。详后浇带加固图及计算书如图 3.16-22 所示。

（4）具体施工方法

1）首层土方采取明暗结合的开挖方式

第一工况：首层采用明暗结合的方式，周边第 1、2、3、11、9、8 施工段的土方挖至 −4.0m，穿插降水井施工，土方分别从西北角、东北角、东南角大门运出。为了避免土体被机械扰动，留 100～300mm 进行人工清土，此时穿插桩柱的桩头、地连墙破除工作，桩头破除至与桩柱相交的最大截面的梁下标高，土方开挖至要求标高后，在基坑四周开挖宽度为 500mm，深度为 400mm 的排水沟，为了不影响楼板的支模，将排水沟回填石子形成排水盲沟，基坑底部土方平整后填一层 100mm 厚碎石层以增加土体的承载力和透水性，然后在碎石层上浇 100mm 厚 C15 混凝土垫层。垫层浇筑达到强度后±0.00 层支模。随后穿插施工缝的处理、止水条安装及冠梁钢筋、±0.00 梁、板钢筋绑扎，并叠合柱、扶壁柱插筋工作，隐蔽验收后，浇筑±0.00 层混凝土。施工如图 3.16-23～图 3.16-27 所示。

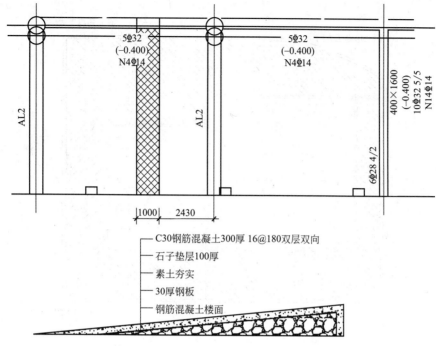

图 3.16-21 汽车坡道施工示意图

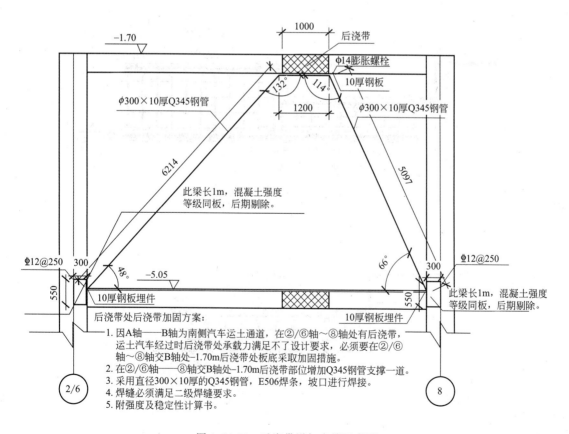

图 3.16-22 后浇带增加支撑示意图

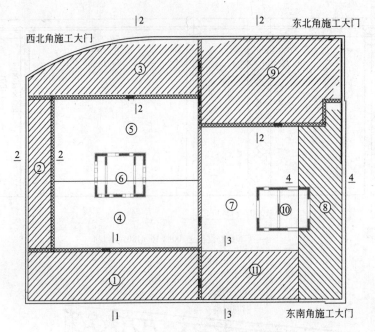

图 3.16-23 土方开挖第一工况布置图

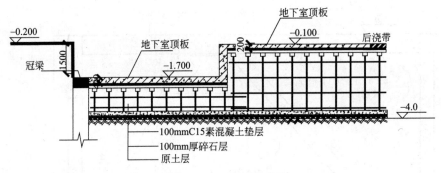

图 3.16-24 1-1 剖面图

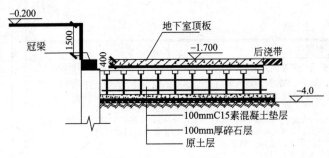

图 3.16-25 2-2 剖面图

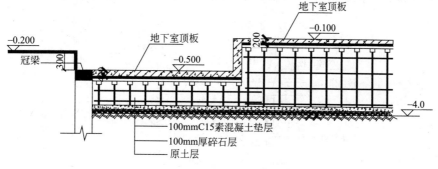

图 3.16-26 3-3 剖面图

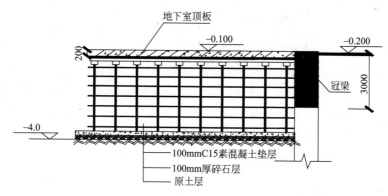

图 3.16-27 4-4 剖面图

第二工况：4、5、6、7、10 施工段土方从自然地面开挖至 −6.70m，其中 ±0.00 层梁、板混凝土强度达到设计标准值后，拆除 ±0.00 层梁、板模板，清理干净，土方从 −4.0m 暗挖至 −6.70m，所有土方均从东北角大门运出。为了避免土体被机械扰动，留 100～300mm 进行人工清土，此时穿插桩柱的桩头破除工作，在基坑四周开挖宽度为 500mm，深度为 400mm 的排水沟，为了不影响楼板的支模，将排水沟回填石子形成排水盲沟。土方平整夯实铺 100 厚碎石垫层，浇筑 100mm 厚 C15 混凝土垫层并原浆压光。放线，支 −5.05m 有梁、板模板，采用 $\phi48\times3.0$ 的 900 高短钢管，支撑采用立杆间距 1m、立杆步距 1.2m，立杆顶采用可调节托盘，主、次龙骨采用 100mm×100mm 的木方，梁板模板采用 15mm 厚竹胶板。铺主、次龙骨，支梁、板模板，并加固。梁、板模板均按 3‰ 起拱，模板验收。绑 −5.05m 梁、板钢筋，柱、核心筒叠合部位及扶壁柱、墙（上、下）插钢筋，浇筑 −5.05m 结构混凝土。

第三工况：①核心筒在 −6.05m 标高处有转换梁，转换梁模板采用 15mm 竹胶板，竖向龙骨选用 $\phi48$ 的钢管 1000mm 长，间距 250mm 布置，水平龙骨采用 $\phi48$ 的钢管间距 400mm，$\phi12$ 的对拉螺杆固定，由于转换梁需要同 −5.05m 结构层一同浇筑（图 3.16-28）。

②负 −5.05m 核心筒模板施工：−5.05m 结构正施核心筒剪力墙，墙宽 900mm，墙高 4750mm，由于本部分工程量不是很大，而且墙截面和高度均较大，为了加强模板的整体性，负一层核心筒剪力墙模板采用 15mm 厚竹胶板，采用 10 号槽钢做水平龙骨，

间距 300mm 布置，ϕ48 钢管双钢管做竖向龙骨间距 600 布置，采用 ϕ12 的对拉螺杆固定。

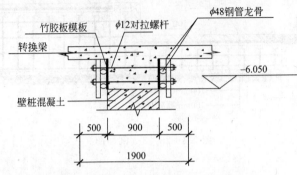

图 3.16-28　核心筒转换支模示意图

第四工况－0.10m 有梁板施工（图 3.16-29）：－5.05m 混凝土强度达到强度后，放线，支－0.10m 有梁、板模板，支撑采用立杆间距 1m、立杆步距 1.2m，立杆顶采用可调节托盘，主、次龙骨采用 100mm×100mm 的木方，梁板模板采用 15mm 厚竹胶板。铺主、次龙骨，支梁、板模板，并加固。梁、板模板均按 3‰ 起拱，模板验收。绑－0.10m 梁、板钢筋，叠合部位钢筋下插布设备、电器等管线。隐蔽验收合格后，浇筑－0.10m 有梁板混凝土。

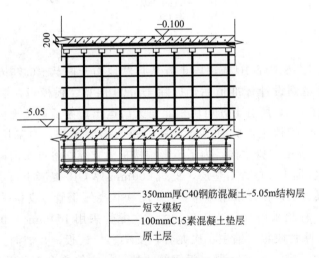

图 3.16-29　顶板支撑示意图

2）负二～负四层土方暗挖

从－6.7m～四层土方均采用 8 台 0.4m³ 的小型挖掘机从 4 个出土口位置进入下层楼板内部开挖楼板下方土体，配备 8 台 30 型小型装载机将土方倒运至出土口位置，采用 4 个吊挖设备进将土方吊运装至自卸卡车，由自卸卡车将土方从现场三个大门运出场外指定地点。吊挖设备安装在轨道上，吊挖设备的轨道分别固定在－1.70m、－0.10m 的梁顶上事先预埋钢板进行焊接，吊挖设备在轨道上来回行走，进行吊挖。

每个暗挖土方区域各配置两台 0.4m³ 的小型挖掘机一辆，两台 0.3m³ 的小型装载机一辆，白天进行土方暗挖及集中倒运至出土口范围附近，夜里利用每个出土口上方 $1.5m^3$、$5.0m^3$ 的抓斗集中进行土方外运，按每个出土口每夜出 $300m^3$ 土方量计算每个出土口配 10 辆 $10m^3$ 的自卸卡车，共计 40 辆自卸卡车。

（5）各项保证措施

1）防超挖措施

①土方开挖时根据坡度在基坑上口放出控制点，在开挖时用水平仪随时观测。采取预留 $100\sim300mm$ 厚土层，用人工开挖和修坡措施。

②施工中配备专职测量人员进行质量控制，测放槽底标高控制线，并随人工清底用水准仪监测控制开挖标高。

③挖土时分层均衡下挖，每挖一步检查边线和边坡，随时纠正偏差。

④施工人员换班时，要求交接挖深、边坡、操作方法以确保开挖质量。

2）暗挖过程中对桩柱的成品保护

①土方暗挖过程中保证作业区域的照明及排风，使得机械操作人员的视野清晰，以防止碰撞桩柱。

②测量放线人员随时配合挖土的进度，利用全站仪定位出桩柱的大体位置，距离桩柱 50cm 范围严禁使用机械挖土，改用人工清土。

③每棵桩柱开挖后，其上四面悬挂醒目的夜间警示灯，搭设防撞架，以防止施工机械碰撞。

④桩柱范围的土方采用对称挖土，严禁一边挖土，以免另一侧土方滑坡冲击桩柱。

3）基坑挖土的安全措施

①设专人指挥吊斗出土和机械挖土，严禁机械设备碰撞支撑；

②每日检查支撑的受力情况，发现异常及时汇报。

③基坑挖土配足够的抽水设备，遇暴雨能迅速排干坑内积水，防止基坑被淹。

④基坑开挖完成后及时办理基底验槽及隐蔽签证手续。抓紧施做加固、垫层和防水层及主体底板减少基底外露时间。

⑤开挖时做好基底排水，当开挖至基底标高后，在基坑四周设置 $40cm\times30cm$ 排水沟与降水井相连，及时抽排坑内积水，确保开挖过程中土体和基底的干燥，保持基底强度及完整性不受破坏。

⑥现场临电布设及基坑照明基坑开挖时的临时电线采用直径为 30mm 的塑料管保护，塑料管与冠梁上的脚手架用卡扣连接。基坑开挖的施工照明在基坑两边设置 1kW 的灯，施工现场的照明采用 3kW 的灯。

土方开挖，在逆作施工过程中所占的工期、质量、安全的影响因素及与结构体系穿插配合施工的程度高度密切，其组织的合理性是整个项目运作的关键，因此无论何种逆作形式，均应从出土的便利性、基坑的安全性及穿插配合的高效性等方面进行部署。

5. 地下室通风

（1）通风设备的选择

1）逆作法在地下室施工，人员和设备对施工环境的影响较大，也影响员工职业健康安全，通风设备选择各种送风量的设备，对选中的通风设备，要规定供货商对设备使用期间做好全方位的服务，直到地下室逆作法施工完成。由于地下室有 6 条后浇带，以及多个出土口和电梯井空洞，内燃机及电焊产生的废气温度较高会自动向上从这些施工洞口自动排出，所以暂不考虑排风设施。

2）根据地下室逆作法施工情况，做好施工各阶段的通风设备的选择，通风设备应按下述要求进行选择：

①地下室土方开挖面积在≤500m²，楼板下空气换气量4～6次/h（指工作空间净空体积），开挖面积越小换气次数越多，轴流风机或离心式送风机选择1～3km³/h左右1～4台，送风时间在设备刚钻入楼板地下施工时就要送风。

②地下室土方开挖面积在≤1000m²，楼板下空气换气量4～5次/h，选择送风5km³/h以上的轴流风机4台。

③地下室土方开挖面积在≤3000m²，楼板下空气换气量4次/h，选择送风10km³/h以上的轴流风机4台。

④地下室土方开挖面积在≤地下室净面积，楼板下空气换气量3次/h，选择送风20km³/h的轴流风机4～6台。

3）地下室楼层土方开挖完成，有辅助生产加工的楼层和进行楼板结构施工阶段，空气换气量根据情况可选择在1～2次/h左右。

4）地下室空气质量按二级空气质量指标考虑，在土方和结构同时施工时进行空气质量监测，根据检测结果再次确定轴流风机送风的台数。

5）在4个取土口挖土没有连成片之前，都要根据设备的选择配置通风设备，土方开挖连成片后形成对流空气，可调整通风设备的送风方向和送风量。

（2）地下室通风设备的布置（图3.16-30）

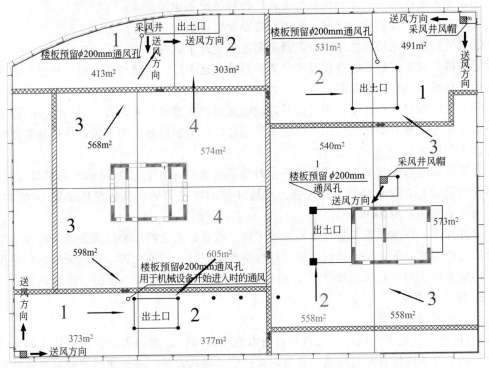

图3.16-30 负二、三层通风布置示意图

1）将轴流风机安装在施工层的地面高度，轴流风机安装在地面时，将送风管接到基坑内管口对准挖土设备进行送风，排除设备尾气。

2）风管选择：为了便于安装送风管和采风、送风，采用帆布风管，可随时改变送风方向、变动送风设备送风位置，保证作业面空气质量。

3）在取土口没贯通前，4个取土口凡是取土时，都要根据要求布置通风设备，取土口互相贯通后，地下室工作面送风应使空气形成对流，保证地下室空气质量。

4）凡是有内燃发动机机械、电弧焊机械、闪光对焊机械工作的楼层均应布置轴流风机进行通风，待内燃机械和对焊机械、大部分电焊机械撤走，才可以停止送风。

5）地下送风的楼层：土方施工楼层、结构施工时有辅助生产加工的楼层，有内燃机械设备活动的楼层都要布置通风设备，布置的数量和设备的送风量根据情况确定。

（3）逆作法通风管制作安装（图 3.16-31～图 3.16-33）

1）为了节约投资和安装、拆卸方便，采风管和通风管现场制作，采用型钢焊接骨架，帆布风道，随着基坑的开挖深度和开发面积的增大，可接长采风井壁和通风管。

2）通风管制作：采风井用角钢和扁钢焊接成骨架，将帆布包裹在骨架上，接头用抽芯铆钉固定。通风管采用帆布管，接头用建筑胶或者抽芯铆钉连接。

通风设备的正常运行，是对地下环境的改善，这是地下工程施工不可缺少的内容。

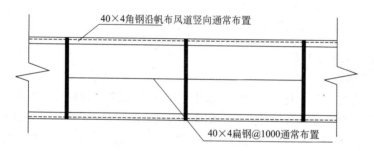

图 3.16-31　采风井骨架制作示意图

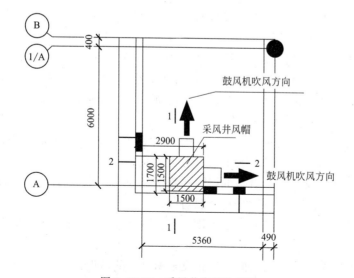

图 3.16-32　采风井安装位置图

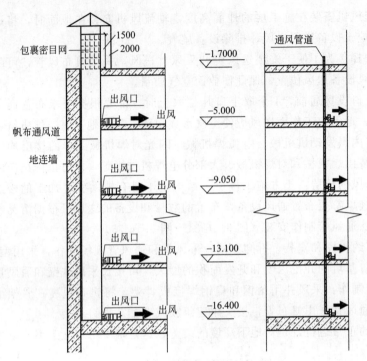

图 3.16-33　采风井及风管立面安装图

6. 周边及基坑安全监测

（1）主要监测内容

1）围护墙顶端水平位移；2）围护墙体深层水平位移（测斜）；3）基底隆起；4）楼板受力；5）周围地表沉降及裂缝；6）周围建筑物沉降；7）周围地下管线沉降；8）地下水位；9）围护墙体钢筋应力（必测）；10）桩径 1300mm 支承桩、壁桩沉降；11）桩径 1300mm 支承桩、壁桩桩身应力；12）主楼建筑物沉降及垂直度。

（2）监测点布设

1）围护墙顶端水平位移：沿地连墙每隔 15m 左右布设一个观测点，共布设 24 个观测点，测点点编号为 SP1～SP24。

2）围护墙体深层水平位移：沿地连墙每隔 40m 左右布设一个测斜孔，共布设 10 个测斜孔，测斜孔深度等于该处地连墙深度，测点编号为 CX1～CX10。

3）基底隆起：沿基坑边长平均布设 3 个断面，每个断面内平均布设 3 个监测点，共布设 9 个监测点，测点编号为 LQ1～LQ9。

4）楼板受力：平均每层布设 20 个测点，每个测点埋设 2 支钢筋应力计，4 层共埋设 160 支钢筋应力计。每层的应力监测点位置相互对应。

5）周围地表沉降及裂缝：沿基坑周围外侧每隔 30m 布设一剖面，共布设 10 个剖面，每个剖面布设 5 个测点，共布设约 50 个观测点。

6）周围建筑物沉降：受基坑影响范围内的建筑为监测对象，具体监测点数视现场情况而定。

7）周围地下管线沉降：采用间接法布设观测点，共布设约 60 个观测点。

8）地下水位：按设计图纸共 7 口观测井。

9）围护墙体钢筋应力：沿周边共布设 4 组监测点，对应槽段为 D2、D15、D21、D47。其中 D2、D47 槽段厚度为 800mm，沿竖直方向每隔 5m 在钢筋笼的内外两个各埋设 1 支钢筋应力计，埋设深度至−28m；D15、D21 槽段厚度为 1200mm，沿竖直方向每隔 3m 在钢筋笼的内外两个各埋设 1 支钢筋应力计，埋设深度至−28m，共需埋设 60 支钢筋应力计。

10）支承桩、壁桩沉降：全部桩径 1300mm 支承桩 26 根、壁桩 14 根，共 40 根。

11）支承桩、壁桩桩身应力：全部桩径 1300mm 支承桩 26 根、壁桩 14 根，共 40 根。每根桩沿竖直方向每隔 4m 埋设 2 支钢筋应力计，埋设范围为顶板下 5～−23m，每根桩埋设 10 支钢筋应力计，共埋设 400 支钢筋应力计。

12）主楼建筑物沉降及垂直度：主楼沉降利用支撑桩和壁桩沉降监测点，监测点不足时再按规范补充（图 3.16-34、图 3.16-35）。

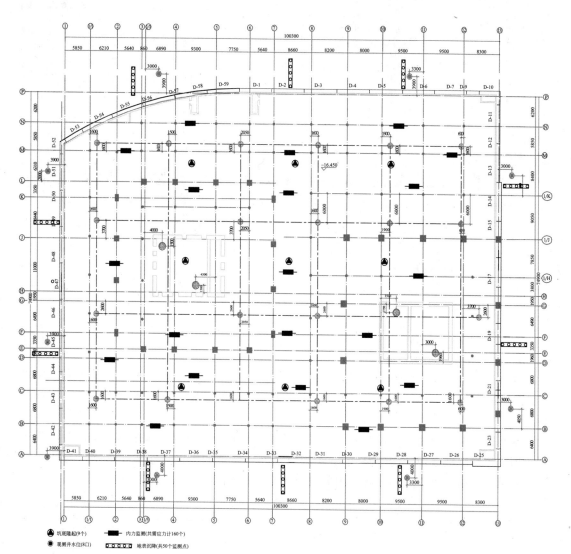

图 3.16-34　施工监测点布置示意图

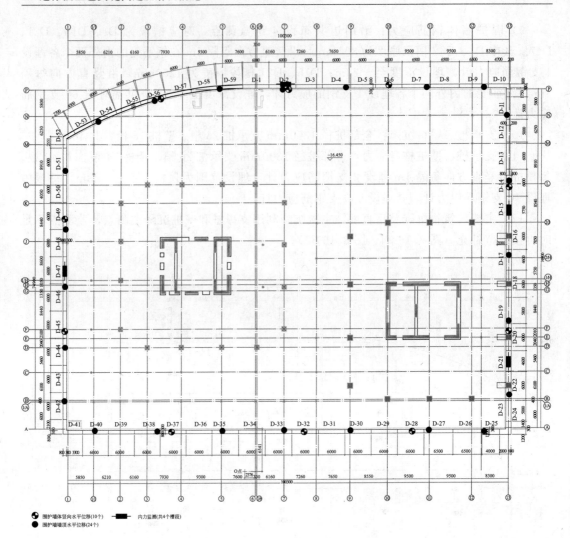

图 3.16-35　外墙沉降观测点布置示意图

（3）监测方法

1）围护墙顶端水平位移

在受施工影响以外的地方设置 3 个基准点，编号为 JZ1、JZ2、JZ3。在基坑周围设置 4 个工作基点，编号为 J1、J2、J3、J4。作法为埋入混凝土标石或打入顶端有十字刻划的标志。

水平位移监测采用平面控制测量。采用独立的平面坐标系统，按照两个层次布设观测网，即由控制点组成控制网（路线）、由监测点及所联测的控制点组成扩展网。按照建筑变形测量二级精度要求施测。各项限差符合表 3.16-3 要求。

各项限差　　　　　　　　　　　　　　　　　　　表 3.16-3

等级	导线最弱点 点位中误差（mm）	导线长度 （m）	平均边长 （m）	测边中误差 （mm）	测角中误差 （″）	导线全长相 对闭合差
二级	±4.2	1000	200	±2.0	±2.0	1:45000

测量所用全站仪定期在有资质的计量检定单位进行检定。作业开始时先对控制点进行观测，作业过程中定期对控制点观测，检验其稳定性。对监测点监测时，在控制点上设置全站仪，测定监测点在独立坐标系统中的坐标值。在基坑开挖的整个过程中采用相同的观测路线，并固定观测人员和仪器，选择最佳观测时段在基本相同的环境和条件下观测（如遇特殊情况除外）。

每次观测结束后，核对和复查观测结果，验算各项限差，确认全部符合规定要求后，对观测数据进行平差计算。计算得出本次观测坐标值减去上次观测坐标值，求出各观测点的水平位移方向和距离。

2）围护墙体深层水平位移（测斜）

其埋设方法如图 3.16-36 所示。

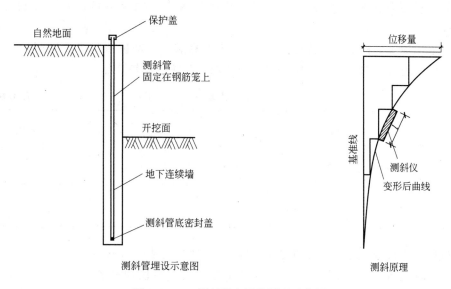

测斜管埋设示意图　　　　　测斜原理

图 3.16-36　测斜管布置及原理示意图

地连墙内测斜管的埋设：共布设 10 个观测点，每一测点的深度为该处支护桩长度。①根据设计图纸确定测点位置→②将测斜管固定在钢筋笼上，并封死管底→③校准测斜管方位→④下钢筋笼→⑤浇注混凝土→⑥管口用保护盖封盖→⑦测读初始值。校准测斜管方位时，测斜管内的十字槽的一边应垂直压顶梁。

本工程采用滑动式测斜仪。滑动式测斜仪主要由测头、测读仪、电缆和测斜管 4 部分组成。在监测前，测斜仪必须经过严格的标定。基坑开挖时，测斜管随着支护结构的变形而产生变形，通过测斜仪逐段测量倾斜角度，就可得到测斜管每段的水平位移增量。监测时将测斜仪探头轻轻滑入预埋的测斜管底部，自下而上每隔 50cm 向上拉线读数，测定测斜仪与垂直线之间的倾角变化，即可得出不同深度部位的水平位移。水平位移监测原理如图 3.16-36 所示。

3）地下水位

依据设计图纸共设 7 口观测井。观测时将水位仪探头自上而下慢慢往下放，当探头接触水面时，接收系统便会发出蜂鸣声，此时的深度即为水位值。

4）内力监测

将钢筋应力计直接布设在钢筋笼主筋上，钢筋应力计可现场焊接，即在埋设钢筋应力计的位置上将钢筋截下相应的长度，并将钢筋应力计的连接杆与钢筋焊接上。为了保证焊接强度，在焊接处需加焊邦条，并涂抹沥青，包上麻布，以便与混凝土脱离。焊接好后，要检查钢筋应力计的绝缘电阻和频率初值是否正常，钢筋计缆线用细塑料管保护，置于钢筋间并用绑扎线固定，各线头置于施工不易碰撞处并做好编号。

基坑开挖后，埋设的钢筋应力计受力后频率发生变化。根据钢筋应力计的应力与频率之间的率定关系，由测得的钢筋计频率就可求得钢筋计的应力。

5）竖向位移

根据该工程现场及周围环境的条件，选择在受施工影响以外的适当位置设置 3 个基准点，做为埋设混凝土标记或选择在建成多年的建筑物上埋设钢钉，编号分别为 BM1、BM2、BM3。

测量采用独立高程系统，以基准点 BM1 为起算点，严格按照二级水准测量要求采用环形闭合路线进行观测，支线点作单程双测站观测。各项限差符合表 3.16-4 要求。

各项限差　　　　　　　　　　　　　　　　　　　表 3.16-4

等级	基辅分划读数之差（mm）	基辅分划所测高度之差（mm）	环线路线闭合差（mm）	单程双测站所测高差较差（mm）	视线长度（m）	前后视距差（m）	前后视距累积差（m）	视线高度（m）
二级	0.5	0.7	$\leqslant 1.0\sqrt{n}$	$\leqslant 0.7\sqrt{n}$	$\leqslant 50$	$\leqslant 2.0$	$\leqslant 3.0$	$\geqslant 0.2$

测量所用水准仪及水准尺定期在国家授权计量检定站进行检定。作业中应经常对水准仪 i 角进行检查，当发现观测成果出现异常并认为与仪器有关时，及时进行检验与校正。

工作基点和沉降观测点的首次（即零周期）观测按往返观测，从第二次观测开始按单程观测，支线点按双测站观测。作业过程中采用相同的观测路线，并固定观测人员和仪器，选择最佳观测时段在基本相同的环境和条件下观测（如遇特殊情况除外）。观测过程中定期对三个基准点进行观测，检验其稳定性。

每次沉降观测结束后，核对和复查观测结果，验算各项限差，确认全部符合规定要求后，对观测数据进行平差计算。计算得出本次观测高程值减去上次观测高程值，得出观测点在这一时段的沉降量。

主体垂直度由主体沉降观测数据计算得出。

6）坑底隆起

共 9 个监测点。埋设时用小口径工程地质钻机钻孔至基坑坑底设计平面以下 20cm，将回弹标志用钻杆送入至孔底。

基坑分步挖土回弹观测，采用几何水准测量配以铅垂钢尺读数的钢尺法。钢尺在地面的一端，用三脚架、滑轮和重锤牵拉，在孔内的一端，配挂磁锤以便能在读数时准确接触回弹标志头。每一测站的观测按先后视水准点上标尺面、再前视孔内尺面的顺序进行，每组读数 3 次，以反复进行两次作为一测回，每站两测回。

基坑开挖后的回弹观测，先在坑底一角埋设一个临时工作点，使用与基坑开挖前相同的观测设备和方法，将高程传递到坑底的临时工作点上。然后，细心挖出各回弹观测点，按所需观测精度，用几何水准测量方法测出各观测点的标高。

（4）监测频率

监测频率如表 3.16-5 所示。

监测频率 表 3.16-5

施工进程		监测频率
开挖深度(m)	≤5	1 次/2d
	5～10	1 次/1d
	>10	1 次/1d
底板浇筑后时间(d)	≤7	1 次/2d
	7～14	1 次/3d
	14～28	1 次/5d
	>28	1 次/10d
拆支撑期间		1 次/1d
备注		如变形超出预警值则每天观测不少于 2 次

当出现下列情况之一时，应加强监测，提高监测频率，并及时向设计方及相关单位报告如下监测结果：

1）监测数据达到报警值；2）监测数据变化量较大或者速率加快值及部位；3）存在勘察中未发现的不良地质条件；4）超深、超长开挖或未及时加撑等未按设计施工；5）基坑及周边大量积水、长时间连续降雨、市政管道出现泄漏；6）基坑附近地面荷载突然增大或超过设计限值；7）支护结构出现开裂；8）周边地面出现突然较大沉降或严重开裂；9）邻近的建（构）筑物出现突然较大沉降、不均匀沉降或严重开裂；10）基坑底部、坡体或支护结构出现管涌、渗漏或流砂等现象；11）基坑工程发生事故后重新组织施工；12）出现其他影响基坑及周边环境安全的异常情况。

（5）安全预报和反馈

为确保监测结果的质量，加快信息反馈速度，全部监测数据均由计算机管理，每次监测必须有监测结果，及时上报监测周报表，并按期向有关单位提交监测月报，同时附上相应的测点位移时态曲线图，对当月的施工情况进行评价并提出施工建议。监测反馈程序如图 3.16-37 所示。

基坑及支护结构监测报警值如表 3.16-6 设置。

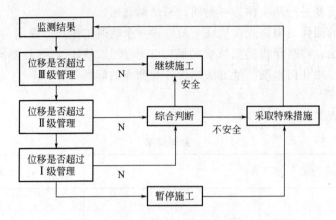

图 3.16-37 监测反馈程序框图

基坑及支护结构监测报警值　　　　　　　　　　　　表 3.16-6

序号	监测项目	支护结构类型	基坑类别								
			一级			二级			三级		
			累计值		变化速率(mm·d⁻¹)	累计值		变化速率(mm·d⁻¹)	累计值		变化速率(mm·d⁻¹)
			绝对值(mm)	相对基坑深度 h 控制值		绝对值(mm)	相对基坑深度 h 控制值		绝对值(mm)	相对基坑深度 h 控制值	
1	墙(坡)顶水平位移		25~30	0.2%~0.3%	2~3	40~50	0.5%~0.7%	4~6	60~70	0.6%~0.8%	8~10
2	墙(坡)顶竖向位移		10~20	0.1%~0.2%	2~3	25~30	0.3%~0.5%	3~4	35~40	0.5%~0.6%	4~5
3	围护墙深层水平位移		40~50	0.4%~0.5%	2~3	70~75	0.7%~0.8%	4~6	80~90	0.9%~1.0%	8~10
4	立柱竖向位移		25~35		2~3	35~45		4~6	55~65		8~10
5	基坑周边地表竖向位移		25~35		2~3	50~60		4~6	60~80		8~10
6	坑底回弹		25~35		2~3	50~60		4~6	60~80		8~10
7	支撑内力		60%~70%f			70%~80%f			80%~90%f		
8	墙体内力										
9	锚杆拉力										
10	土压力										
11	孔隙水压力										

建筑基坑工程周边环境监测报警值如表 3.16-7 所示。

周边环境监测报警值　　　　　　　　表 3.16-7

监测对象		项目	累计值		变化速率 （mm·d^{-1}）	备注
			绝对值（mm）	倾斜		
1	地下水位变化		1000	—	500	—
2	管线位移	刚性管道　压力	10—30	—	1～3	直接观察 点数据
		刚性管道　非压力	10—40	—	3～5	
		柔性管线	10—40	—	3～5	
3	邻近建（构）筑物	最大沉降	10—60	—	—	—
		差异沉降	—	2/1000	0.1H/1000	—

注：1. H—为建（构）筑物承重结构高度。

　　2. 第 3 项累计值取最大沉降和差异沉降两者的小值。

这里主要介绍了基坑监测点的布置及实施监测过程及数据分析、相关警戒值的设定等内容。

基坑和周边安全监测是保证地下逆作施工提供数据及安全分析的重要依据，因此其无论是专业单位独立施工，还是总包直接施工，均应设置严格的监测和监控对象，并按既定的方法建立监测体系并进行数据采集、分析和总结，以确保施工安全及采取相应的可靠措施。

7. 模板施工

（1）模板的选择

1）楼板模板：－2～－4 层采用 100mm 厚 C15 混凝土垫层，900mm 的立杆短支模，筏板采用混凝土垫层模板，为了防止地基土饱含水对模板刚度的影响，混凝土模板下铺设 150mm 厚碎石，作为隔水层和模板刚度的加固层，保证模板的刚度不受影响。

2）梁和承台模板：采用砖胎膜。

3）正作法剪力墙和二次叠合层混凝土模板 \ 人防墙采用组合钢模版。

4）楼板预留洞、通风井、电缆和管井采用砖胎模和竹胶板模板。

（2）主要施工方法及措施

1）逆施平台模板施工

① 基层处理

土方开挖时，先用机械大面挖到平台标高以下－1.2m 处，人工挖土到板底以下－1.5m 和梁底 250mm 处，进行平整夯实，上面铺设 150mm 厚碎石以增加基层承载力。如施工机械对基层土产生扰动形成"橡皮土"则需用石子换填并平整夯实。

② 平台模板支撑体系采用短肢钢管支撑，竹胶板模板。

2）地下一层壁桩转换梁模板施工

地下一层核心筒转换梁底标高为－6.05m，模板采用 15 mm 竹胶板，竖向龙骨选用 ϕ48 的钢管 1000mm 长，间距 250mm 布置，水平龙骨采用 ϕ48 的钢管间距 400mm，ϕ12 的对拉螺杆固定，由于转换梁需要同负一层底板一同浇筑（图 3.16-38）。

3）负一层核心筒模板施工

负一层正施核心筒剪力墙，墙宽 900mm，墙高 4750mm，由于本部分工程量不是很大，而且墙截面和高度均较大，为了加强模板的整体性，负一层核心筒剪力墙模板采用 15mm 厚竹胶板，采用 10 号槽钢做水平龙骨，间距 300mm 布置，ϕ48 钢管双钢管做竖向

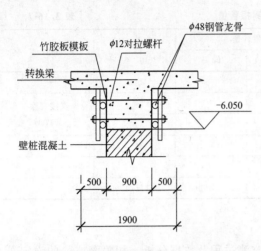

图 3.16-38　核心筒转换梁支模示意图

龙骨间距 600 布置，采用 $\phi12$ 的对拉螺杆固定。

4）负一层顶板模板施工

负一层顶板模板结合地下明挖土方，实施短支模施工。

5）壁桩及工程桩叠合部位的板模板施工

① 核心筒壁柱部位的模板采用 15mm 竹胶板单面支模，需搭设通常临时支撑架（纵向及横向应布置适当的剪刀撑满足平面内以及平面外的稳定）以固定模板，采用 10 号槽钢做背楞，间距 300mm 布置，$\phi48$ 钢管做小背楞间距 600mm 布置，距楼板顶 500mm 处支设浇注混凝土用的喇叭口，待混凝土浇注到此部位后封闭喇叭口，在楼板预留 $\phi100@500$ 的浇注口浇注喇叭口以上部位的混凝土（图 3.16-39）。

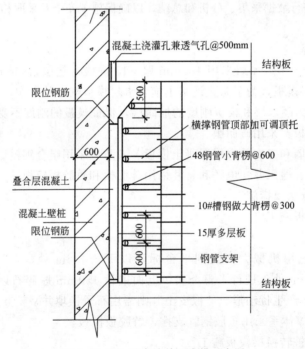

图 3.16-39　叠合墙单面支模示意图

② 对于 KZ2 叠合为圆柱的支模采用定型钢模板，模板内径根据现场工程桩施工情况（垂直度、表面平整度）来确定。

工程桩叠合部位对于 KZ1、KZ3 这种由工程桩叠合为方柱的支模材料同叠合墙，具体支模工艺见图 3.16-40、图 3.16-41。

6）核心筒平台模板

土方开挖时，超挖 1500mm，浇筑 100mm 厚 C15 混凝土垫层作为模板支撑的地基；

使用钢管作为平台的支撑体系,间距1200mm,竹胶板平台模板,见图3.16-42。

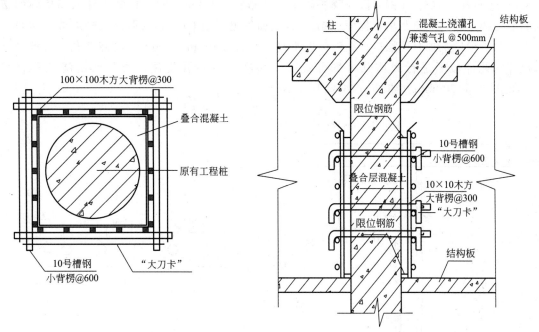

图3.16-40 柱后叠合墙支模图(一)   图3.16-41 柱后叠合墙支模图(二)

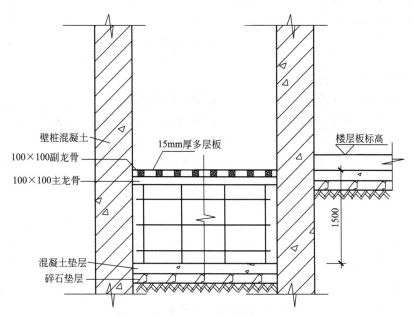

图3.16-42 核心筒处楼板支模图

7)正施剪力墙、人防墙模板施工

地下室剪力墙待地下室所有水平结构施工完毕,从-4层开始向上施工,由于楼板混凝土均已浇注完毕,故需要在楼板施工时预留剪力墙钢筋插筋并在剪力墙部位预留混凝土浇注孔。

剪力墙模板采用 15mm 厚多层板，采用 100mm×100mm 木方做大背楞，间距 300mm 布置，ϕ48mm 钢管做小背楞间距 600 布置，ϕ12mm 的对拉螺栓穿入墙体内的塑料套管固定。第一道距离结构面 300mm，上面每道间距 600mm（如是人防墙取消塑料套管，待拆模后割掉对拉螺栓）在剪力墙半高处留置 300mm×300mm 的浇注孔，待混凝土浇注到此部位后进行封堵其余部分混凝土由楼板预留孔浇注，楼板预留浇筑孔直径 100mm 间距 500mm。如图 3.16-43 所示。

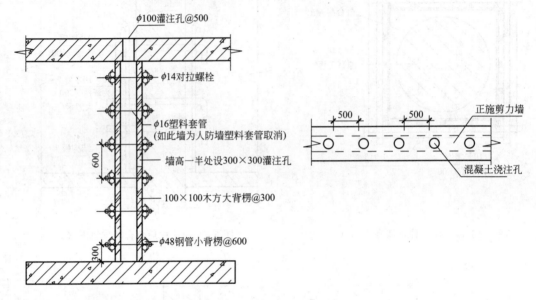

图 3.16-43　剪力墙正施支模图

8）人防门洞口模板支设

① 门窗洞口模板采用钢木结合形式，门窗洞口模角部配置L 125×125×12、L 75×75×12 一对角钢（与洞口模同宽），洞口模面板采用 12mm 厚竹胶板，面板内侧紧贴厚 50mm 木龙骨（红白松），门窗洞口模宽度为墙体截面厚度减 2mm。窗宽大于 1500mm 时，应在窗模板底开两个排气孔（ϕ20～30mm），当门洞宽大于 1500mm 时，在窗底模中间开一个排气孔，以防门洞下混凝土填充不到位。

② 门洞口模板应根据洞口大小设置相应的内支撑，支撑宜采用木龙骨，且应使用无变形、开裂、腐朽木材加工，木龙骨厚度应不小于 50mm，宽度应不小于门洞口模宽度的三分之二。门洞口模内侧顶部、窗洞口模内侧顶部与下部两侧应位置设置斜向支撑，斜向支撑角度宜控制在 45°～60°。纵向及竖向支撑间距应根据支撑大小确定，一般应控制在 500mm。

a. 为防止门（窗）洞口模板侧向移位变形，在门（窗）洞口模安装时应在模板侧面加设"U"形固定筋（见图 3.16-44），固定筋一般用 ϕ10～12 钢筋制作。

b. 门（窗）洞口模板应在洞口角部距角 50mm 部位均应设置"U"形固定卡。相临角部间距大于 1000mm 时均应加设中间固定卡。

c. 为保证"U"形固定卡与暗柱钢筋不发生滑移，"U"形固定卡宜与短固定筋焊接夹紧竖向主筋。任何情况下均不得与主筋直接焊接。

9）楼板后浇带侧模及底模支设（图 3.16-45、图 3.16-46）

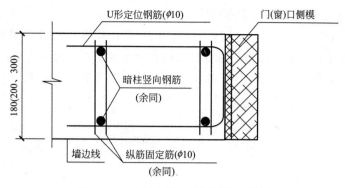

图 3.16-44 门窗洞口模板固定示意图

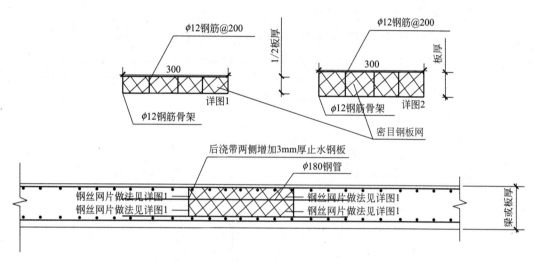

图 3.16-45 后浇带侧模做法构造示意图

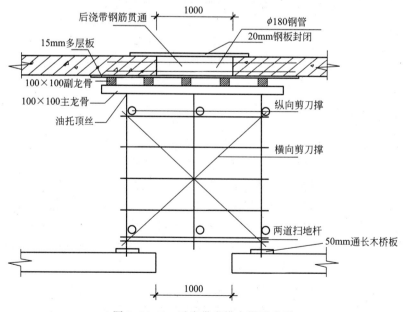

图 3.16-46 后浇带底模支模示意图

10）塔楼、集水井和核心筒承台模板

① 塔楼和核心筒承台模板：采用砖胎模，核心筒内模采用竹胶板吊模，砖胎模采用 M5.0 水泥砂浆黏土砖砌筑，砌筑后表面抹 20 后 1：2.5 水泥砂浆分两层抹光。

② 砌筑砖胎模时应随砌筑随回填，除写字楼核心筒承台外，塔楼、集水井承台砖胎模墙体厚度为 240 墙，写字楼砖胎模按图 3.16-47 施工。

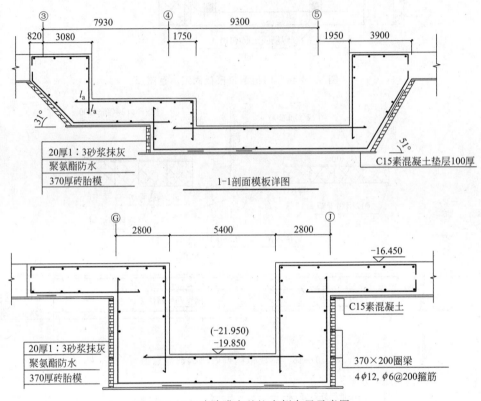

图 3.16-47　砖胎膜在基坑底侧布置示意图

由于集水坑深度最大达到 5.5m 左右，底板混凝土浇筑过程中为了防止筒模上浮，采用在筒模上面用钢管和千斤顶反压筒模，负三层应参与负四层楼板的卸荷，具体做法见图 3.16-48。

11）冠梁的模板支设

冠梁外侧利用原地连墙的 1.5m 导墙，下部为砖砌 240mm 砖胎模，砖胎模外面抹砂浆。冠梁内侧采用单面支模，模板采用 15mm 多层板，水平向龙骨采用 50×100 木方，竖向龙骨采用 ϕ48 的双钢管，水平向龙骨在内测间距 250mm 布置，竖向在外侧间距 500mm 布置，在外侧所有纵横龙骨交接处用 ϕ48 钢管撑在放坡面上，采用三节对拉螺杆 ϕ18mm 进行加固，1.5m 地连墙导墙上的对拉螺杆位置处剔除导墙混凝土露出导墙钢筋将对拉螺杆与导墙钢筋焊接牢固，砌筑砖胎模时也在对拉螺杆的位置处预留钢筋与对拉螺杆焊接，最下面一道对拉螺杆与地连墙主筋焊接牢固。此部位地连墙主筋之间焊接短钢筋进行加固处理。对拉螺杆中间焊 50×50×4 的止水钢板，具体操作见图 3.16-49。

这里主要介绍了逆作施工常规模板的施工方法，随着模板用材的不断更新，在实际施工中，逐步发展成以工具式的相关新工艺所代替，使施工更便利快捷。

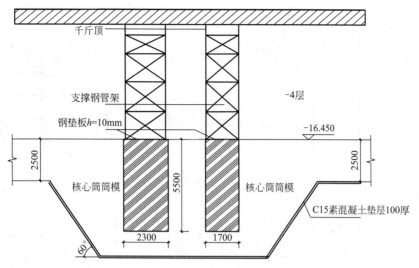

图 3.16-48 电梯井筒模防止上浮卸荷措施示意图

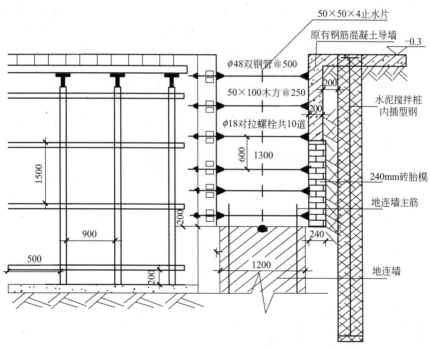

图 3.16-49 冠梁单面支模示意图

8. 逆施工阶段钢筋节点处理方法

（1）地下连续墙与基础底板节点的钢筋预留

地下连续墙在基础底板标高处预埋钢筋接驳器（根据 F 版图纸进行施工），底板钢筋型号有ϕ18、ϕ20、ϕ25、ϕ36、ϕ40，根据不同部位底板配筋在地连墙内预留钢筋接驳器，基础底板钢筋绑扎时剔出钢筋接驳器，对接驳器进行清理，然后与基础底板主筋相连接（图 3.16-50、图 3.16-51）。

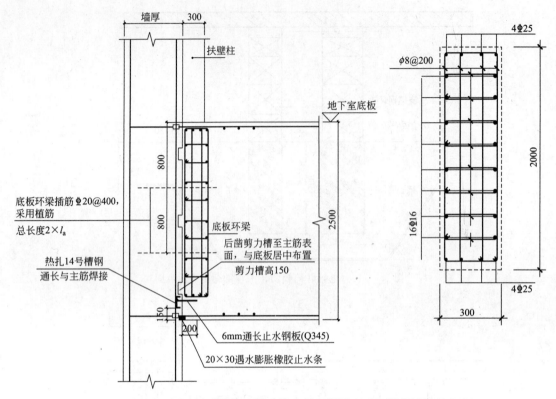

图 3.16-50　地连墙与底板连接节点大样图（2500 厚底板）

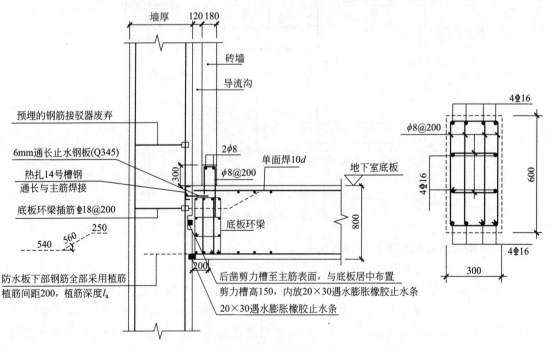

图 3.16-51　地连墙与底板连接节点大样图（800 厚底板）

（2）地下连续墙、核心筒壁桩与楼板环梁的连接节点

地下连续墙在楼板环梁位置标高处－2层、－3层设置2排ϕ10@200（水平间距）的预埋钢筋，－4层楼板设计3排ϕ10@200（水平间距）预埋钢筋，待楼板浇筑时。剔除相应位置的地连墙保护层将预埋钢筋调直锚入到环梁钢筋中（图3.16-52、图3.16-53）。

（3）逆作楼面梁与柱连接的节点

由于本工程采用工程桩作为逆施工时的竖向支撑结构的"桩柱合一"做法，即梁板逆施工时桩柱已经形成，梁主筋与节点钢板焊接，节点钢板与桩在梁标高位置处预埋的环形钢板焊接（图3.16-54～图3.16-58）。

当梁与柱子偏交时梁的一侧主筋与钢箍焊接，双面焊焊缝长度＞5d。

（4）平台板、梁与钢柱连接节点见图3.16-59。

（5）楼板在地下连续墙、叠合墙位置处的钢筋预留（图3.16-60）

剪力墙采用一级直螺纹连接，在楼板有剪力墙、柱的位置在楼板逆施工时预留钢筋，预留钢筋结构在结构板下用泡沫板保护，待下层土方开挖后与下一层剪力墙主筋连接。

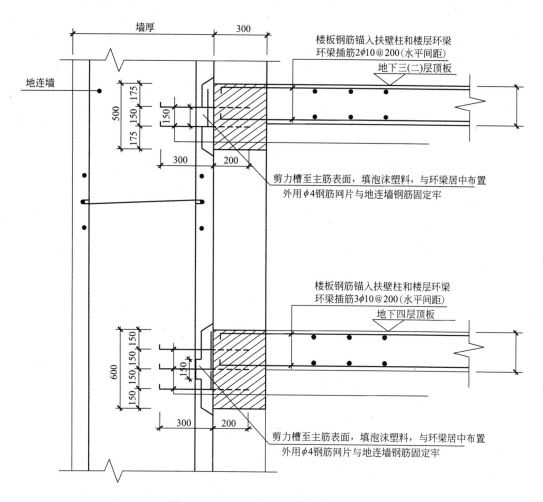

图3.16-52 地连墙与楼板连接节点大样

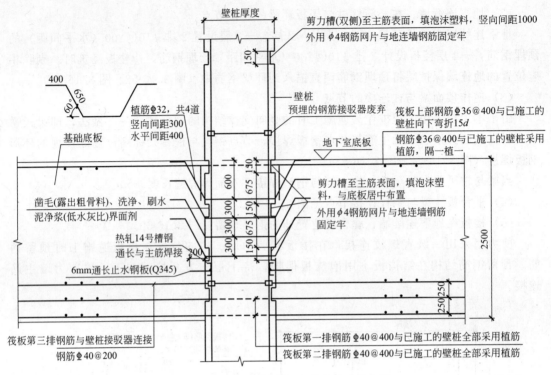

图 3.16-53　核心筒壁桩与主楼底板连接大样

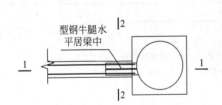

混凝土梁与桩柱连接节点1
型钢高 H＝梁高−50−梁上铁直径；型钢宽 B＝梁宽−50
型钢翼缘厚度为28mm；腹板厚度为20mm

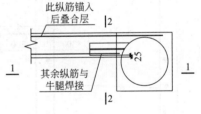

混凝土梁与桩柱连接节点2
型钢高 H＝梁高−50−梁上铁直径；型钢宽 B＝150mm
型钢翼缘厚度为28mm；腹板厚度为20mm

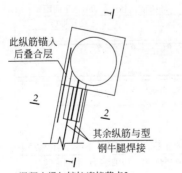

混凝土梁与桩柱连接节点3
型钢高 H＝梁高−50−梁上铁直径；型钢宽 B＝215mm
型钢翼缘厚度为28mm；腹板厚度为20mm

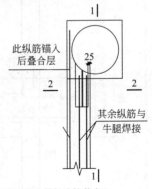

混凝土梁与桩柱连接节点4
型钢高 H＝梁高−50−梁上铁直径；型钢宽 B＝215mm
型钢翼缘厚度为28mm；腹板厚度为20mm

图 3.16-54　混凝土梁与桩柱及墙连接节点图

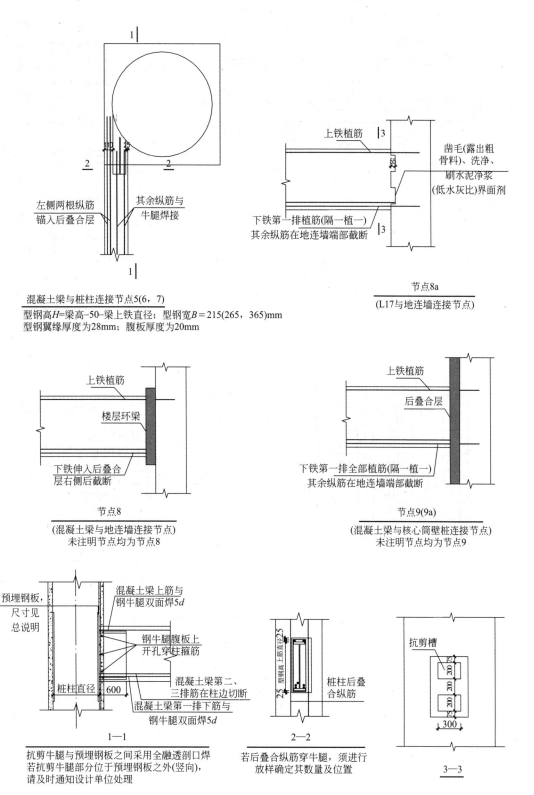

混凝土梁与桩柱连接节点5(6，7)

型钢高H=梁高-50-梁上铁直径；型钢宽B=215(265，365)mm

型钢翼缘厚度为28mm；腹板厚度为20mm

节点8a

(L17与地连墙连接节点)

节点8

(混凝土梁与地连墙连接节点)

未注明节点均为节点8

节点9(9a)

(混凝土梁与核心筒壁桩连接节点)

未注明节点均为节点9

抗剪牛腿与预埋钢板之间采用全融透剖口焊

若抗剪牛腿部分位于预埋钢板之外(竖向)，

请及时通知设计单位处理

若后叠合纵筋穿牛腿，须进行

放样确定其数量及位置

图 3.16-54　混凝土梁与桩柱及墙连接节点图（续）

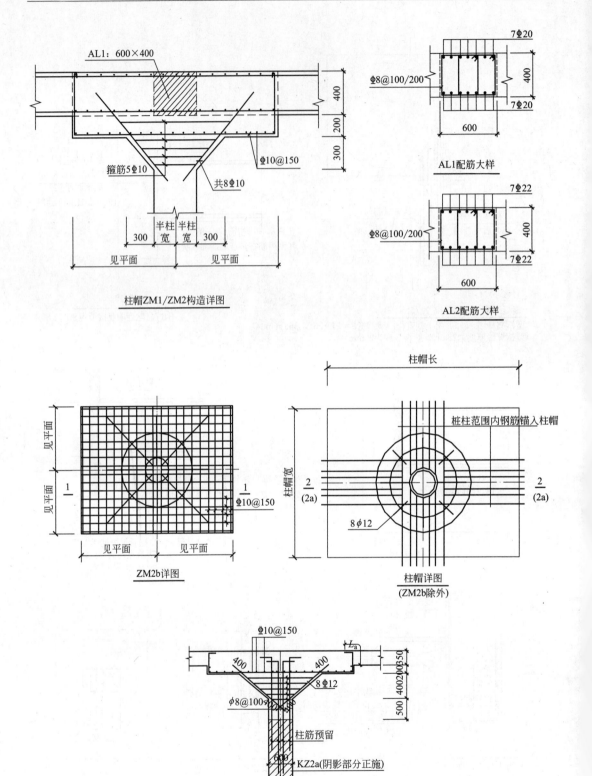

图 3.16-55　桩柱柱帽节点构造示意图

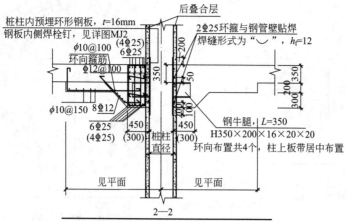

2—2

用于人防区柱帽ZM1，ZM2，ZM5，ZM6，ZM7
扩号中数据用于桩柱直径720mm情况

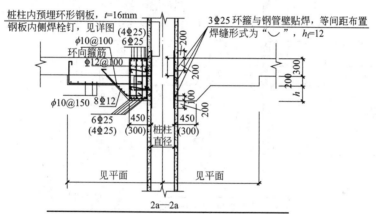

2a—2a

用于非人防区柱帽ZM1a，ZM2a，ZM3a，ZM4a，ZM8a
扩号中数据用于桩柱直径720mm情况
对于带(#)柱帽，h=200mm；其余柱帽，h=300mm

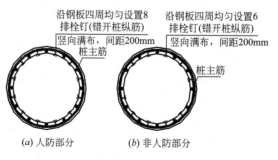

(a) 人防部分　　　　(b) 非人防部分

MJ2环形钢板详图

栓钉直径为13mm，长度55mm

图 3.16-55　桩柱柱帽节点构造示意图（续）

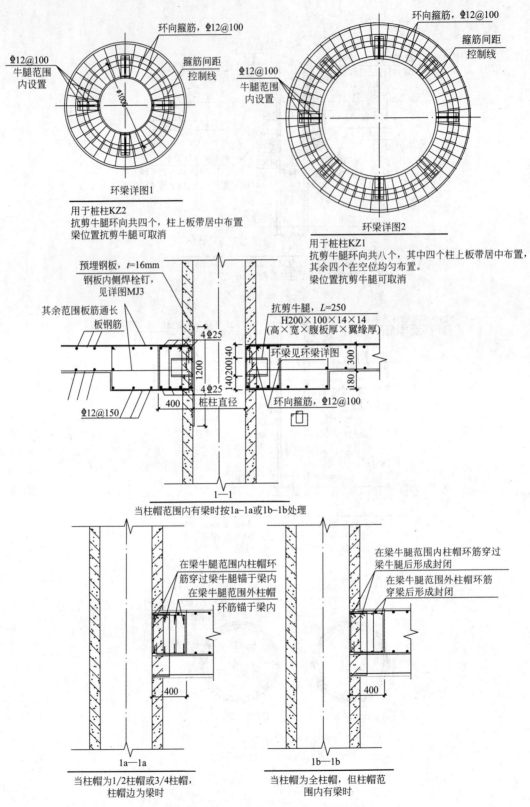

环梁详图1

用于桩柱KZ2
抗剪牛腿环向共四个，柱上板带居中布置
梁位置抗剪牛腿可取消

环向箍筋，Φ12@100

箍筋间距控制线

Φ12@100
牛腿范围内设置

环梁详图2

用于桩柱KZ1
抗剪牛腿环向共八个，其中四个柱上板带居中布置，
其余四个在空位均匀布置。
梁位置抗剪牛腿可取消

预埋钢板，t=16mm
钢板内侧焊栓钉，见详图MJ3

其余范围板筋通长
板钢筋

4Φ25

抗剪牛腿，L=250
H200×100×14×14
（高×宽×腹板厚×翼缘厚）

环梁见环梁详图

1200

4Φ25

400 桩柱直径

Φ12@150

环向箍筋，Φ12@100

1—1

当柱帽范围内有梁时按1a-1a或1b-1b处理

在梁牛腿范围内柱帽环
筋穿过梁牛腿锚于梁内
在梁牛腿范围外柱帽
环筋锚于梁内

在梁牛腿范围内柱帽环筋穿过
梁牛腿后形成封闭
在梁牛腿范围外柱帽环筋
穿梁后形成封闭

400

1a—1a

当柱帽为1/2柱帽或3/4柱帽，
柱帽边为梁时

400

1b—1b

当柱帽为全柱帽，但柱帽范
围内有梁时

图3.16-56　全逆施工艺具体工艺流程图

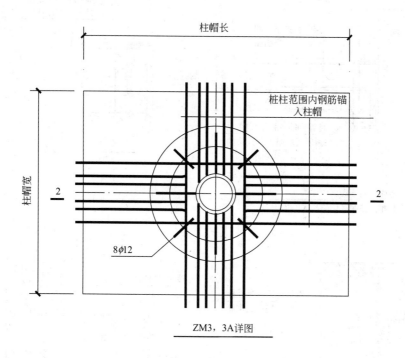

ZM3，3A详图

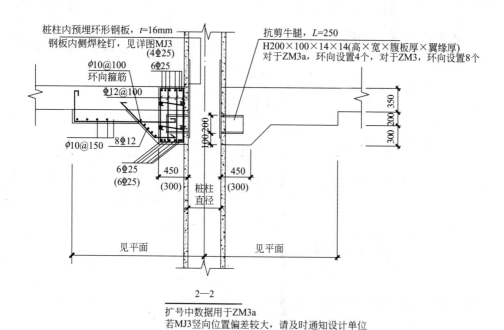

2—2
扩号中数据用于ZM3a
若MJ3竖向位置偏差较大，请及时通知设计单位

图 3.16-56　全逆施工艺具体工艺流程图（续）

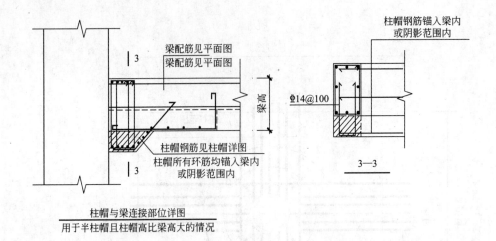

柱帽与梁连接部位详图
用于半柱帽且柱帽高比梁高大的情况

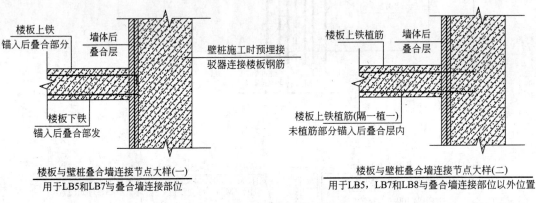

楼板与壁桩叠合墙连接节点大样(一)
用于LB5和LB7与叠合墙连接部位

楼板与壁桩叠合墙连接节点大样(二)
用于LB5，LB7和LB8与叠合墙连接部位以外位置

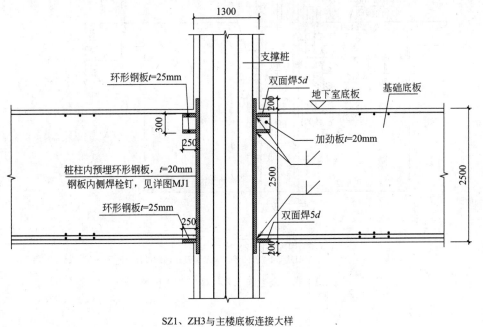

SZ1、ZH3与主楼底板连接大样

图3.16-57 柱帽与环梁等连接节点图

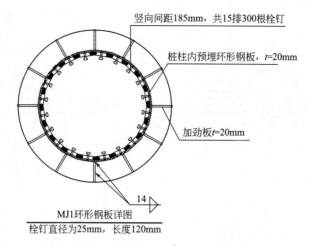

图 3.16-57 柱帽与环梁等连接节点图 (续)

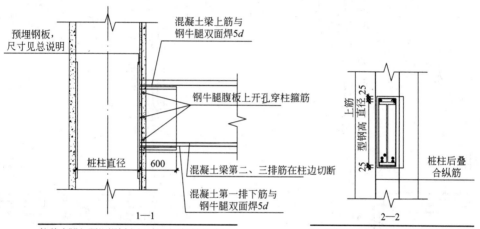

图 3.16-58 桩柱预埋牛腿构造断面示意图

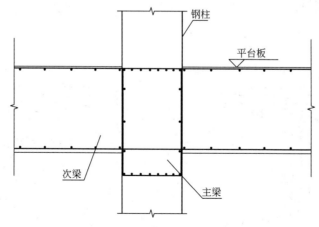

图 3.16-59 平台板、梁与钢柱连接构造节点示意图

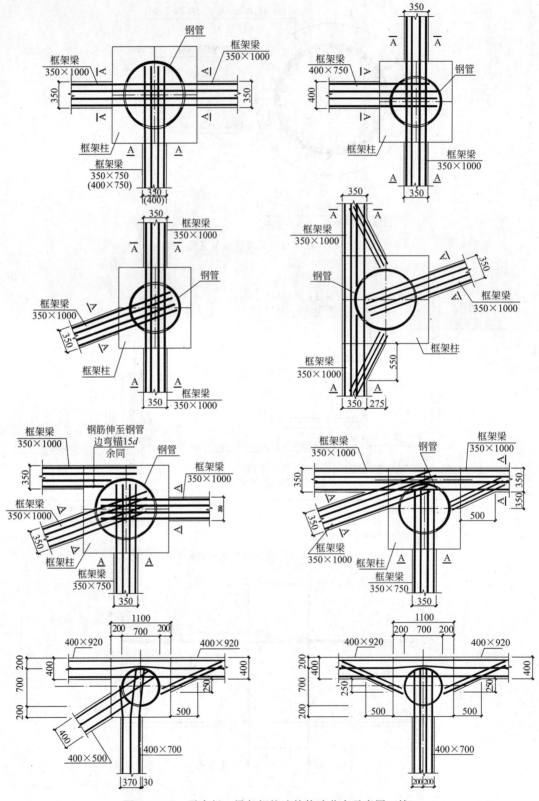

图 3.16-59　平台板、梁与钢柱连接构造节点示意图（续）

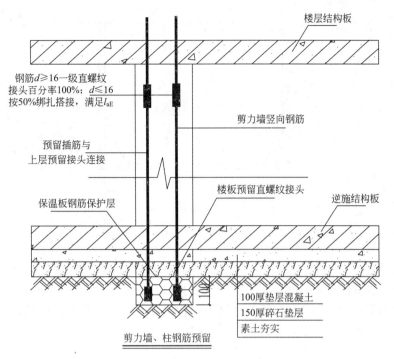

图 3.16-60　剪力墙、柱钢筋连接示意图

（6）钢管柱与桩柱连接节点详图

KZ1 在负一层结构时由混凝土叠合柱转换为钢管混凝土叠合柱，为了便于钢管内的混凝土能够顺利流到钢管外侧与桩壁之间的间隙内，将埋入的钢管 1m 以下开口，具体节点见图 3.16-61、图 3.16-62。

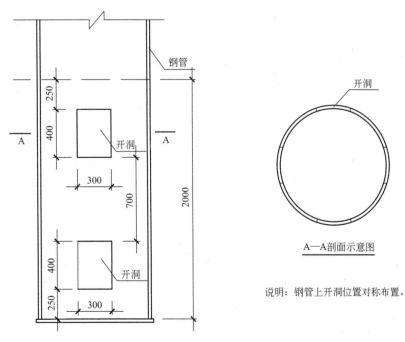

A—A剖面示意图

说明：钢管上开洞位置对称布置。

图 3.16-61　钢管开洞示意图

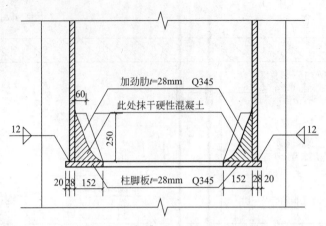

图 3.16-62 钢管靴构造示意图

由于钢管柱靴 90°部位在水下混凝土浇筑中容易在钢柱内侧柱脚部位滞留泥浆，使得此部位混凝土强度降低，因此在钢管加工时在此部位抹高强度干硬性混凝土做成 60°斜坡防止该部位泥浆的存留，该部位可焊接钢筋拉钩，配合比掺 30％建筑胶使其带有柔性，防止混凝土振动时破坏剥落。

（7）剪力墙与叠合柱连接节点

由于地下室剪力墙水平构造筋全部为 $\phi 8$，叠合层厚度为 75mm，剪力墙水平构造筋弯锚到叠合层，弯锚平直长度＞$0.4 l_{aE}$。

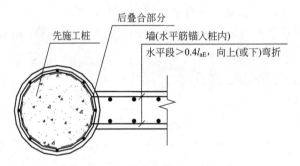

图 3.16-63 墙与叠合柱连接节点

（8）壁桩与叠合层钢筋连接节点

壁桩钢筋绑扎时须将拉钩（箍筋）的钢筋在壁桩内预留一个搭接长度，待叠合层施工时将壁桩混凝土保护层剔除后把预留的钢筋弯直与叠合层的另一半拉钩（箍筋）进行焊接（双面焊焊缝长度 $5d$ 或单面焊 $10d$）。见图 3.16-64。

（9）桩柱与基础底板钢筋连接

在桩基实施时，底板标高预埋螺旋钢板，底板及承台钢筋与之焊接的方式进行，为了增加桩柱与基础底板的抗剪强度桩柱在基础底板高度范围内采用后植筋见图 3.16-65。

（10）出土口的梁筋、平台筋布置

出土口的梁筋、平台筋在洞口边沿断开，做好直螺纹套丝，直螺纹套筒内涂满黄油并盖好保护帽，外面用胶布缠好，做好防锈保护处理，后续洞口两端钢筋连接使用一级直螺纹机械连接。

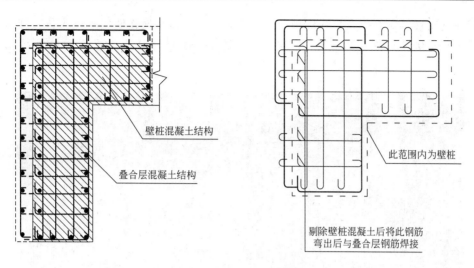

图 3.16-64 壁桩叠合预埋钢筋示意图

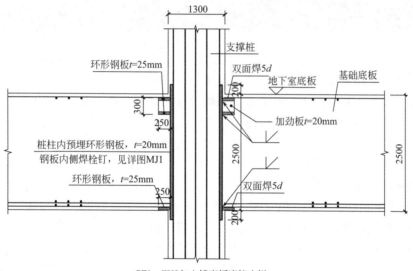

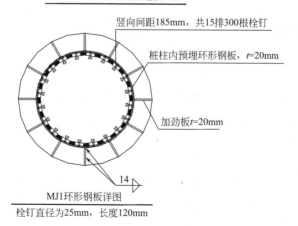

图 3.16-65 桩柱与底板连接节点示意图

壁桩之间连梁钢筋以及与壁桩相交的框架梁施工：由于地连墙壁桩梁头位置接驳器预留的精度很难满足后期正施连梁结构的精度要求，故此部分连梁采用后植筋技术（图3.16-66）。

图 3.16-66　预埋接驳器示意图

通过地下逆作钢筋工程的节点构造和预留预埋的构造，不难发现其施工方式方法与正作施工存在着差异，主要集中在先后施工预留预埋的节点布置、施工过程中先施工的桩柱与后施工的梁板构造等，细部节点和施工处理等，钢筋工程相对比较复杂，在施工之前应针对具体节点提前做好设计和优化，使施工实施便利，结构更合理。

9. 混凝土工程

（1）梁板混凝土浇筑施工要点

1）混凝土采用地泵浇筑（施工现场配备发电机组，以防停电，满足施工现场需要），混凝土浇筑之前，必须将垃圾清理干净并用空压机吹风吹净，浇水湿润，楼板浇筑混凝土前搭设马道，以免操作人员踩踏顶板钢筋。地连墙与环梁交界处施工缝处剔凿浮浆露出石子，并清理干净浇水湿润，用1∶2接头同混凝土强度等级的水泥砂浆接缝，混凝土坍落度应控制在120～140mm。

2）混凝土浇筑振捣采用交错式进行振捣，振点间距400mm，梅花状布置，振捣要密实。顶板混凝土拉线控制标高，先用木刮杆刮过，再用木抹子搓毛不得少于两遍。考虑楼地面一次成活，待混凝土表面较干时，采用细尼龙扫帚顺同一方向拉出均匀细纹，一次成型，墙根位置应用一长尺整面墙找平，控制好平整度，并距内墙面100mm范围内一次性赶实压光，以达到墙体大钢模支设时对平整度的要求。

3）梁、板混凝土应同时浇筑，先浇梁的混凝土，待浇至板底位置时再与板的混凝土一起浇筑。

4）浇筑板的混凝土虚铺厚度应略大于板厚10～20mm，浇筑板混凝土时不允许用振捣棒铺摊混凝土。当混凝土泵送到浇筑点时，应及时用铁锹或钢耙将其分散，以免集中荷载过大造成顶模变形。

5）柱帽部位钢筋较密时，浇注此处混凝土宜用小粒径同强度等级的混凝土，并用小直径振捣棒振捣。

（2）地下室剪力墙、人防墙混凝土浇筑

1）地下室剪力墙、人防墙混凝土浇筑是在地下室正施工阶段开始，其对应的楼板处混凝土已经浇筑完毕，在楼板混凝土浇筑时在相应下层有剪力墙的部位预留直径100mm的浇筑孔间距500mm，剪力墙混凝土从楼板处的浇筑孔进行浇筑和振捣。

2）剪力墙、人防墙在上下层楼板位置处施工缝的处理：剪力墙上下两层的结构顶板墙体根和墙顶部施工缝在墙体两侧外皮线内3mm处弹线，沿线用云石机切割3mm深直缝。将两缝间松散石子、浮浆剔凿干净。

3）剪力墙混凝土的浇筑：浇筑墙体混凝土时应按层浇筑，每层浇筑厚度为300～500mm；保证混凝土下料高度小于3m，以防止混凝土产生离析现象；应多点下灰，不应该集中在一点下灰。

振捣时，应分层进行，振点应均匀，间距不大于500mm；混凝土的分层厚度为振动棒的实际有效振动长度的1.25倍。本工程使用ϕ60振动棒，其实际有效振捣长度为37.5cm，混凝土分层厚度为37.5×1.25＝47cm，为了让振动棒能够插入下层混凝土5cm，所以本工程混凝土分层浇筑的厚度控制在30～50cm以内。混凝土的分层厚度采用标尺杆来控制，标尺杆采用木制，每30cm范围涂刷不同颜色以示区别。现场混凝土浇筑人员必须配备手电筒，确保混凝土分层浇筑的准确性（图3.16-67）。

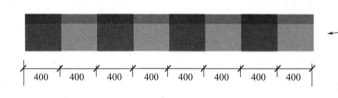

图3.16-67　全逆施工艺具体工艺流程图（一）

靠近门、窗、预留洞、预埋件位置，应相距至少200mm以上；振捣时振动棒应快插慢拔，以消除混凝土下层气泡及振动棒抽走后在混凝土内留下的空洞，振捣时间每点一般为20～30s，以表面不大量泛气泡，较平坦为准；上层混凝土振捣时振动棒应插入下层混凝土中50mm左右，以消除混凝土上下层之间的接缝（图3.16-68）。

浇筑时，应控制好两层混凝土的浇筑间隔时间不应超过2h，以防止两层混凝土之间出现冷缝。当遇突发事件不能连续浇筑时，应及时通知现场技术负责人及监理工程师进行处理。

（3）叠合层高强混凝土施工要点

使用部位：地下室桩柱以及核心筒壁桩叠合层混凝土。

按我国新设计规范《混凝土结构设计规范》GB 50010—2002规定，混凝土强度等级≥C50者称为"高强混凝土"。目前已在国内推广使用。也是一项建筑业新技术。

1）自密实混凝土原材料及配合比的设计

为了确保工程质量，必须针对高强高性能混凝土的特性着重解决好以下问题：

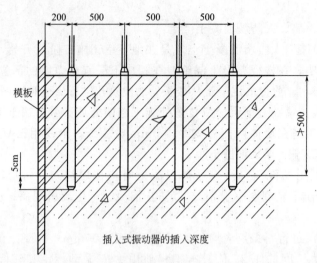

插入式振动器的插入深度

图 3.16-68 全逆施工艺具体工艺流程图（二）

① 根据叠合层混凝土浇筑厚度来确定混凝土自密实性能等级指标

混凝土自密实等级分为三级，根据本项目叠合层浇筑厚度为 90mm，钢筋净距 35～60mm，结构断面尺寸很小，属于一级自密实等级，一级自密实等级其中主要控制的等级指标为坍落扩展度为 700±50mm；扩展时间 T50：5～20s。

② 优选各项原材料，科学设计配合比。

A. 粗骨料的最大粒径和单位体积粗骨料量。

a. 粗骨料最大粒径不宜大于 20mm；

b. 单位体积粗骨料用量为 0.28～0.3m³。

B. 单位体积用水量、水粉比和单位体积粉体量。

a. 单位体积用水量宜为 155～180kg；

b. 水粉比按体积比宜取 0.8～1.15；

c. 根据单位体积用水量和水粉比计算得到单位体积粉体量，单位体积粉体量宜为 0.16～0.23m³；

d. 自密实混凝土单位体积浆体量宜为 0.32～0.4m³。

C. 优选原材料。

a. 水泥：拟选用常用的普通硅酸盐水泥，水泥出厂期不超过 1 个月。质量指标应符合《硅酸盐水泥、普通硅酸盐水泥》GB 175—99 标准的要求。水泥用量不宜超过 450kg/m³。

b. 砂：选用质地坚硬、级配良好的河砂（严禁使用淡化海砂）其细度模数≥2.6，含泥量≤2%。

c. 石子：选用质地坚硬，级配良好的花岗石碎石。骨料最大粒径不宜大于 20mm（13～20mm），含泥量≤1%。

d. 掺合料：根据试配结果最后确定。初步考虑：掺 I 级磨细粉煤灰或 I 级原状粉煤灰。掺量 100～150kg/m³ 混凝土。

e. 外加剂：拟用加混凝土-140H 型外加剂及 HEA 微膨胀剂。掺量一般为胶凝材料的 0.5%～1.5%。

2) 混凝土拌制、运输与浇筑

① 混凝土拌制

与生产普通混凝土相比应适当延长搅拌时间，投料顺序宜先投入细骨料、水泥及掺合料搅拌 20s 后，再投入 2/3 的用水量和粗骨料搅拌 30s 以上，然后加入剩余水量和外加剂搅拌 30s 以上。当在冬期施工时，应先投入骨料和全部净用水量后搅拌 30s 以上，然后再投入胶凝材料搅拌 30s 以上，最后加入外加剂搅拌 45s 以上。

生产过程中应测定骨料的含水率，每一个工作班不应少于 2 次。当含水率有显著变化时，应增加测定次数，并应依据检测结果及时调整用水量和骨料用量，不得随意改变配合比。

② 运输

采用专用的混凝土搅拌运输车，直接运到现场，运输过程中严禁向车内的混凝土加水，混凝土运输时间应符合规定，宜在 180min 内卸料完毕，当气温低于 25℃时，运输时间可延长 50min（混凝土内可适量添加缓凝剂）卸料前搅拌运输车应高速旋转 2min 以上方可卸料，在混凝土卸料前，如需对混凝土扩展度进行调整时，加入外加剂后混凝土搅拌运输车应高速旋转 3min，使混凝土均匀一致，经检测合格后方可卸料。

③ 界面处理

由于桩柱及壁桩都是水下混凝土浇筑作业，桩叠合层 100mm、壁桩叠合层 150mm，混凝土浇筑质量不容易密实，故在叠合层施工时需要将桩柱、壁桩的外侧剔除混有泥浆的混凝土并且将接触面做"毛化"处理，主要有以下几个步骤：

a. 用钢丝刷机械刷毛，清除水泥浮浆、薄膜、松散砂石、软弱混凝土层。

b. 用清水冲洗混凝土表面，使得旧混凝土浇筑新混凝土前保持湿润。

c. 正常的施工缝处理常规方法是铺设 2~3cm 厚砂浆。但从仔细观察和分析中可以看出，铺设砂浆并不很理想，因为本工程叠合层的特殊性，在施工缝处理后需要支设叠合层的模板，待模板支设完毕后施工缝铺设的砂浆后会因间歇时间过长而晾干，反而影响施工缝面的结合。而采用混凝土里的混凝土浆也可以改善不铺砂浆的层面结合质量；采用二级配混凝土比采用其他层面处理方法的结合质量较好。

④ 浇筑

浇筑最大自由下落高度宜在 5m 以下，最大水平流动距离应根据施工部位对混凝土性能的要求而定，最大不宜超过 6m（否则混凝土易产生离析现象），对于桩柱叠合部位在混凝土浇注时采用浇注口进行浇注，为了方便施工在楼板处留 4 个直径 100mm 的浇注孔，在进行本层叠合柱混凝土浇注时，将浇注溜槽设置在本层楼板浇注孔正下方，工人再将自密实混凝土卸料在本层楼板上，通过浇注孔和溜槽进行叠合柱部位的混凝土浇注，为了保证叠合柱混凝土的灌注高度带，将整个叠合柱部位混凝土浇灌到柱帽底标高时超灌到溜槽一部分，待拆除模板及溜槽后将超灌部分剔除（图 3.16-69）。

壁桩叠合墙浇筑：壁桩叠合层厚度为 150mm，叠合层主筋为 $\phi22$，水平筋为 $\phi12$，混凝土壁桩连梁、框架柱及墙体一同采用微膨胀自密实混凝土浇筑，在浇筑壁桩叠合墙部位的混凝土时，在楼板上预留浇筑孔自密实混凝土直接从浇筑孔进行叠合墙的浇筑。

⑤ 梁板与叠合墙、叠合柱不同强度等级混凝土节点的处理方案

本工程主楼地下室叠合墙、叠合柱混凝土强度等级为 C65，其余楼板及柱帽的混凝土

强度等级为 C40，楼板与叠合层相交部位的混凝土强度等级相差 5 个等级，由于本工程逆作法先施工楼板柱帽，如采取在施工楼板时将楼板与叠合层交接处浇筑 C65 混凝土放量很小又比较分散，实际操作难度很大，建议采用在逆施楼板浇筑混凝土时在叠合层部位插入同叠合层主筋相同的短钢筋，插筋数量同叠合层主筋，插筋深度上下各取 15d（图 3.16-71）。

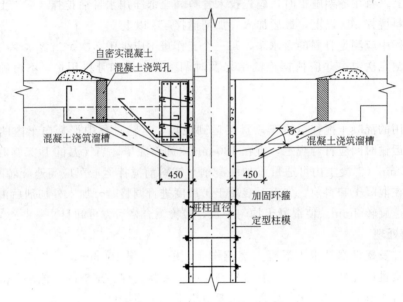

图 3.16-69　叠合柱浇筑示意图

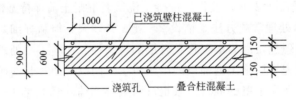

图 3.16-70　壁桩叠合墙混凝土浇筑示意图

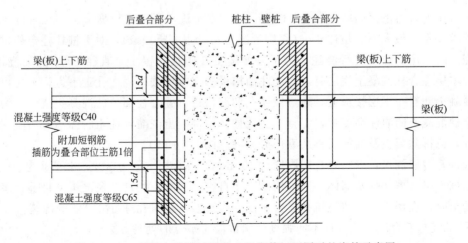

图 3.16-71　楼板与叠合墙混凝土强度等级不同时的浇筑示意图

在混凝土的施工过程中，主要应考虑新老接口的处理，局部叠合施工部位狭小空间混凝土的浇筑处理等，在施工中应加强控制，对特殊环节应采取高强度、免振捣、流动性较好的配合比设计。

10. 防水工程

本工程地下连续墙防水采用堵、疏、排结合的防水方法，基础底板建议采用水泥基渗透结晶防水材料，后浇带及承台基础与基础底板施工缝处采用止水钢板，基础底板与地连墙施工缝采用膨胀止水条和止水钢板的综合防水体系。

（1）地连墙与基础底板施工缝处的防水

逆作法在施工到地下室基础底板部位时，待垫层混凝土干燥后将垫层混凝土与地连墙之间的施工缝用防水密封膏延基础底板外边线交圈封闭，将地连墙在基础底板厚度的中间位置处用设置30mm的遇水膨胀止水条和止水钢板（图3.16-72）。

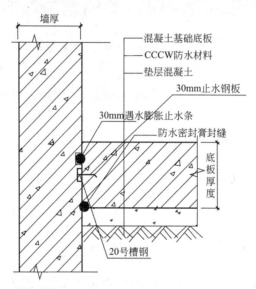

图 3.16-72　地连墙与基础底板交接处防水节点

（2）地下室底板防水

地下室基础底板采用水泥基渗透结晶型防水材料（简称CCCW），其中基础底板防水采用干粉撒覆工艺。

1）工艺流程

基层处理→绑扎基础底板钢筋→隐蔽验收→浇水湿润垫层→设置标准方格网→撒覆干粉CCCW→浇筑基础底板混凝土。

2）施工准备

① 基层牢固、结实，表面较粗糙且必须保持洁净，无尘土、油污等。

② 基础底板钢筋绑扎完毕，并通过隐蔽验收。

③ 配备6kg标准计量容器。

④ 施工前浇水湿润垫层，浇水必须均匀，表面不允许有积水。

3）施工重点

① 干粉用量为 $1.5kg/m^2$，用6kg标准计量容器量取。

② 施工时间控制在基础底板混凝土浇筑前 30min 开始。

③ 干粉撒覆时，用 2m×2m 长直条围成若干个标准方格网（每方格网 4m²），将防水材料均匀撒在方格网中，用量略大于 6kg，以补充撒落在钢筋上的那一部分干粉，图 3.16-73。

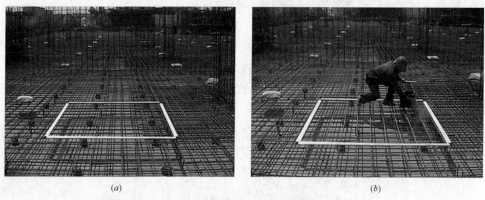

（a）　　　　　　　　　　　　（b）

图 3.16-73　水泥基渗透结晶型防水材料施工示意图

（a）设置标准方格网；（b）撒覆 CCCW 干粉

④ 在基础梁、纵横梁交接节点等钢筋较密区域，干粉用量增加 2 倍。

⑤ 由于施工中其他原因产生的施工冷缝，在浇筑混凝土前按照规范要求进行施工缝清理后再补撒干粉，干粉用量增加 2 倍。

（3）后浇带防水

后浇带防水采用施工采用超前止水措施，即在后浇带加强层先布置一层防水，待基础底板浇筑时再采用止水钢板防水（图 3.16-74）。

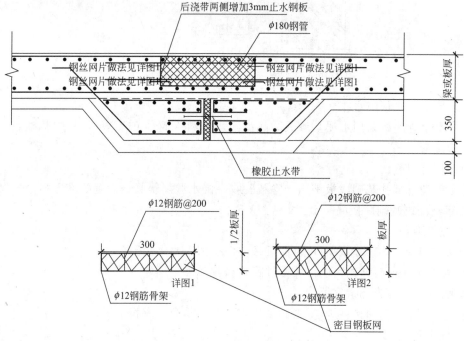

图 3.16-74　后浇带超前止水构造示意图

（4）地下连续墙外墙防水

本工程采取衬墙加导水的疏排结合的工艺，该工艺节省了基础的结构外墙和外墙防水（图 3.16-75）。

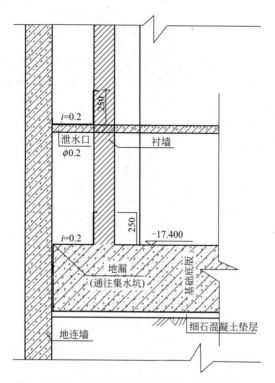

图 3.16-75 衬墙加导水的疏排结合构造示意图